本书系国家社科基金一般项目"西南地区少数民族传统生态伦理思想研究"(项目批准号:13BZX031)结项成果。

西南少数民族传统生态伦理思想研究

谢仁生 著

Study on Traditional Ecological Ethics
Thought of Minorities in Southwest China

中国社会科学出版社

图书在版编目（CIP）数据

西南少数民族传统生态伦理思想研究／谢仁生著 . —北京：中国社会科学出版社，2019.11
ISBN 978 - 7 - 5203 - 5286 - 4

Ⅰ.①西⋯ Ⅱ.①谢⋯ Ⅲ.①少数民族—生态伦理学—研究—西南地区 Ⅳ.①B82 - 058

中国版本图书馆 CIP 数据核字（2019）第 221860 号

出 版 人	赵剑英
责任编辑	马　明
责任校对	任晓晓
责任印制	王　超

出　　版	中国社会科学出版社
社　　址	北京鼓楼西大街甲 158 号
邮　　编	100720
网　　址	http：//www.csspw.cn
发 行 部	010 - 84083685
门 市 部	010 - 84029450
经　　销	新华书店及其他书店
印　　刷	北京君升印刷有限公司
装　　订	廊坊市广阳区广增装订厂
版　　次	2019 年 11 月第 1 版
印　　次	2019 年 11 月第 1 次印刷
开　　本	710×1000　1/16
印　　张	21.75
字　　数	324 千字
定　　价	99.00 元

凡购买中国社会科学出版社图书，如有质量问题请与本社营销中心联系调换
电话：010 - 84083683
版权所有　侵权必究

序　言

　　在人类历史中，生态并不"常在"；相反，它常常"缺席"，且不谈人类对生态的关注，更勿论生态学学科的建立了。

　　生态，在生态学家看来，乃是人类与生俱来需要面对的问题。李清照言，"水光山色与人亲，说不尽，无穷好"。话语简洁明了，意即，之于人类而言，水光山色之美，好在无穷，颇有促人顿悟之感。英国护理专家弗洛伦斯·南丁格尔则用这样通俗的话语来直接表达，"人生欲求安全，当有五要：一要清洁空气；二要澄清饮水；三要流通沟渠；四要扫洒房屋；五要日光充足"。五要，是人类的五大需要，深入骨髓，难以割裂。

　　从古至今，翻阅史册，我们总能找到些许关于生态的名言警句。单从这些零星的话语看，这似乎暗示着，人类对生态有着与生俱来的亲切之感。

　　的确，人类的每一步都离不开生态自然。

　　战国时有一部律法，名为《田律》。其中一部分文字为：

　　　　雨為〈澍〉，及誘（秀）粟，輒以書言〈澍〉稼、誘（秀）粟及狠（墾）田𤲸毋（無）稼者頃數。

　　这是说，在下及时雨和谷物抽穗的时候，应当报告受雨、抽穗的顷数和已开垦而未耕种田地的数量。《田律》其他部分，也多谈庄稼。因此，其被誉为世界上第一部环境保护法典。其后，各朝均有保护动植物的规章制度。可见，人类对生态的关注由来已久。

人类对生态问题如此重视，然而在现实中破坏环境的问题却又比比皆是。根据2018年7月2日发布的《全球森林观察》中美国马里兰大学获取的数据，2017年热带地区的森林覆盖面积减少了1580万公顷，面积与孟加拉国领土相当。即使我们翻阅古书，也能找到很多古人破坏环境的事例。这里就产生了一个最直接的问题：既然人类极早就注意到了生态问题，那么为什么今天却面临着更加严峻的生态问题呢？

显然，我们很难对这一问题进行直截了当的回答。因为，任何回答都难以说明人类曾经的行为——那些爱护生态，那些破坏生态的事情。我们更加难以说明我们自己。

其实，这就是事实本身。

事实是，生态是一个复杂的问题。人类对生态问题的关注，一开始就是为了生存。生态，说到底是一个环境问题。它是人类生存和发展的根本，是人类离不开的根本。一方面，环境有其自身运动、变化和发展的规律，古人已经意识到，但是无法用准确和具体的语言去描述和解释，留给后人的仍然是泛泛之谈。另一方面，在环境面前，人类并非无能为力，这是人类所持的基本观点。于是，从各方面入手保护自然，在遵循自然规律的基础上，提高人类的生存能力，就成为必然。

问题的关键是，何谓自然。

《道德经》中有一句经典话语："人法地、地法天、天法道、道法自然。"《道德经》中的自然观在人类思想史中得到了很多共鸣。诸如西方所流行的自然神论，就与《道德经》中的观点有异曲同工之妙。

自然，是人类将生存和所依赖环境的关系的一种概括。其中，一些思想家力图将"自然而然"作为自然运动的基本规律。那么，自然运动的规律有哪些呢？除了"天行有常"之类的话语之外，我们很难找到更加具体和具有参考意义的内容了。其实，这一点也不奇怪。不同于古人对自然的反思，现代人也只是多了技术手段，但困惑始终存在着。生态学，这一学科的提出，从1866年以来，不断在人类和自然的关系中摸索，而这正是自然的核心问题。这意味着，生态绝非单纯的自然，人类与自然的关系才是生态学的中心。

然而，人类在处理与自然的关系时，总是处于探索之中。其中，人类中心主义常在生态学中有所折射。在面对现实时，西方主流的生态伦理能够较好地确立人类中心地位，始终着眼于人类利益，当然也就在一定层面上弱化了自然本身，所造成的对自然的破坏也就无从克服。与之相反，西方非人类中心主义将自然置于最高境地，一切服从于自然本身，所带来的是后果是消除人类的积极性，其潜台词是人类是多余的。此外，还出现过生态学马克思主义等颇具有迷惑性的思潮。

无论是哪种生态学思潮，无论其如何变化，它所解答的问题始终都是：自然是什么？人是什么？

"自然是什么"的问题，人类每时每刻都在探寻。人类不清楚世界原来的状态，就力图通过考古、基因等手段去探索，希冀对今天的生活有所启发。人类不清楚自然是什么，但可以肯定自然有其自身的运动规律。人们不确定，自然的运动规律是否处于良性状态，但又人为假定了它的良性循环。一旦自然运动出现不利于人类的问题，人类就会将原因归之于自身。这正是生态伦理学的研究范围。

无论生态学如何发展，我们都要认识到：第一，科技是人类生存的力量，它的发展是一个不以人的意志为转移的过程，它借助于自然，对自然进行一定程度的改良和塑造，同时也在一定程度上破坏着自然，这是一个基本规律。随着社会发展越进步，科技所迸发出的力量就越大，它对自然的改造和破坏也越大。第二，人类在处理和自然的关系时，需要找到一个平衡点。这个平衡，意味着人和自然的相互平衡，是在自然存在和改善的前提下，人类生存和发展的平衡。单纯从技术上这是可行的，但是生态学所面临的远非技术问题。

当人类有意识地倡导生态学的时候，一切取决于人类自身。如何达到人类和自然的平衡，有传统资源的铺垫和支撑。

生态学，乃是实实在在地融入我们每个人生活的学问，这本书的价值正在于此。

目　　录

绪　论 ………………………………………………………… (1)
  一　基本概念的界定 ………………………………………… (2)
    （一）西南和西南少数民族 …………………………………… (2)
    （二）传统 ……………………………………………………… (4)
    （三）伦理学与生态伦理 ……………………………………… (6)
  二　国内外相关研究 ………………………………………… (11)
    （一）国外相关研究 …………………………………………… (11)
    （二）国内相关研究 …………………………………………… (21)

第一章　原始自然观中的生态伦理思想 ………………… (28)
  第一节　天地、自然万物与人同源共祖观念 …………… (29)
    一　中国文化中的天与自然 ………………………………… (29)
    二　创世神话中的生态整体观 ……………………………… (32)
  第二节　神话中的灾难与救世的隐喻 …………………… (40)
    一　与自然和谐相处的朴素生态意识 ……………………… (40)
    二　日月崇拜文化中的生态和谐意识 ……………………… (45)
  小　结 ………………………………………………………… (50)

第二章　山地崇拜文化中的生态伦理思想 ……………… (52)
  第一节　土地崇拜文化中的生态审美 …………………… (53)
    一　重土、敬土文化中的敬畏自然思想 …………………… (53)

二　民间土地庙文化中的崇土观念 …………………………… (62)
第二节　石崇拜文化中的天人合一思想 ……………………………… (66)
　　一　石崇拜文化概述 …………………………………………… (66)
　　二　拜霞文化中的敬畏自然思想 ……………………………… (68)
　　三　白石：天人沟通的中介 …………………………………… (72)
第三节　神山崇拜与生态保护 ………………………………………… (78)
　　一　山神崇拜中的敬畏自然思想 ……………………………… (78)
　　二　神山崇拜与生态保护 ……………………………………… (81)
小　结 …………………………………………………………………… (86)

第三章　动物崇拜文化中的生态伦理思想 ……………………… (88)
第一节　动物崇拜文化中的尊重与敬畏生命思想 …………………… (89)
　　一　牛崇拜文化中的爱牛、敬牛情结 ………………………… (89)
　　二　虎崇拜文化中的爱护动物思想 …………………………… (94)
　　三　其他动物崇拜文化中的敬畏生命意识 …………………… (97)
第二节　动物图腾、禁忌文化中的尊重与敬畏生命思想 ………… (102)
　　一　动物图腾文化中的尊重与敬畏生命思想 ………………… (102)
　　二　动物禁忌文化中的尊重与敬畏生命意识 ………………… (105)
小　结 ………………………………………………………………… (109)

第四章　植物崇拜文化中的生态伦理思想 ……………………… (111)
第一节　树木崇拜文化与生态保护 ………………………………… (112)
　　一　树木崇拜概述 ……………………………………………… (112)
　　二　树木神灵崇拜 ……………………………………………… (114)
　　三　风水林、寨神树等神林崇拜 ……………………………… (117)
第二节　竹文化与生态保护 ………………………………………… (122)
　　一　竹神话中的人与自然的和谐关系 ………………………… (122)
　　二　竹崇拜文化中的爱竹与敬竹意识 ………………………… (125)
第三节　植物图腾、禁忌文化与生态保护 ………………………… (129)

一　植物图腾文化中的敬畏植物意识………………………（129）
　　二　植物禁忌文化中的尊重与敬畏自然意识………………（131）
　小　结……………………………………………………………（137）

第五章　宗教文化中的生态伦理思想……………………………（139）
　第一节　佛教生态伦理思想及其在西南地区的传播
　　　　　与影响……………………………………………………（140）
　　一　佛教生态伦理观…………………………………………（140）
　　二　佛教在西南少数民族地区传播…………………………（146）
　　三　佛教对西南少数民族的影响……………………………（152）
　第二节　道教生态伦理思想及其在西南地区的传播
　　　　　与影响……………………………………………………（157）
　　一　道教生态伦理思想………………………………………（157）
　　二　道教在西南地区的传播…………………………………（162）
　　三　道教对西南少数民族的影响……………………………（167）
　小　结……………………………………………………………（170）

第六章　生产方式中的生态伦理思想……………………………（172）
　第一节　刀耕火种中的保护生态智慧…………………………（173）
　　一　西南少数民族刀耕火种概况……………………………（173）
　　二　刀耕火种与水土、植被保护……………………………（182）
　第二节　原生态的自然农法……………………………………（186）
　　一　与自然相适应的稻作方式………………………………（186）
　　二　有机冲肥与除草方式……………………………………（190）
　第三节　梯田文化的生态审美…………………………………（194）
　　一　梯田：适应自然的最优选择……………………………（194）
　　二　梯田灌溉中的生态智慧…………………………………（196）
　第四节　饭稻羹鱼：自然资源之善用…………………………（197）
　　一　适应自然与生产方式的调适……………………………（197）

· 3 ·

二　稻田养鱼模式与自然资源的合理利用……………………（200）
　　小　结 ………………………………………………………………（203）

第七章　水文化中的生态伦理思想……………………………（205）
　第一节　爱水、敬水思想 ……………………………………………（206）
　　一　水崇拜文化中敬水、惜水意识…………………………（206）
　　二　泼水节中的爱水情结……………………………………（211）
　　三　水资源管理………………………………………………（213）
　第二节　水井文化与水资源保护措施中的生态智慧…………（217）
　　一　水井文化中的适应自然与顺应自然的智慧……………（217）
　　二　水井的管理与保护………………………………………（220）
　　小　结 ………………………………………………………………（223）

第八章　饮食文化中的生态伦理思想…………………………（225）
　第一节　自然环境对饮食文化的影响………………………（226）
　　一　适应自然环境的饮食习惯………………………………（226）
　　二　自然环境与饮食偏好的调适……………………………（231）
　第二节　亲近自然的茶文化…………………………………（233）
　　一　适应自然气候的饮茶习惯………………………………（233）
　　二　茶崇拜文化中敬畏自然的思想…………………………（238）
　　小　结 ………………………………………………………………（240）

第九章　服饰文化中的生态伦理思想…………………………（242）
　第一节　适应自然的服饰选材与工艺………………………（243）
　　一　适应自然的原生态服饰材料……………………………（243）
　　二　与自然和谐的原生态染织技艺…………………………（248）
　第二节　与自然和谐的款式与色彩…………………………（250）
　　一　实用与审美完美结合的款式……………………………（250）
　　二　适应自然的色彩搭配……………………………………（254）

第三节　天人合一的服饰图案 …………………………（259）
　　　一　热爱自然与模仿自然的服饰图案 ………………（259）
　　　二　服饰中感激自然、热爱生活之情 ………………（261）
　　小　结 ……………………………………………………（265）

第十章　居住文化中的生态伦理思想 …………………………（267）
　　第一节　房屋与村落：诗意地栖居 ……………………（268）
　　　一　房屋建筑选址中的生态考量 ……………………（268）
　　　二　鼓楼与风雨桥中的天人合一观念 ………………（273）
　　第二节　自然与人文和谐的造型 ………………………（276）
　　　一　适应自然环境的干栏式建筑 ……………………（276）
　　　二　土掌房中的生态意识 ……………………………（281）
　　小　结 ……………………………………………………（285）

第十一章　乡规民约中的生态伦理思想 ………………………（287）
　　第一节　西南少数民族乡规民约概况 …………………（288）
　　　一　乡规民约的概念及其特征 ………………………（288）
　　　二　款约、榔规的性质和地位 ………………………（290）
　　第二节　乡规民约的生态保护价值 ……………………（294）
　　　一　调解土地、林地权益纠纷的乡规民约 …………（294）
　　　二　护林作用的乡规民约 ……………………………（298）
　　小　结 ……………………………………………………（307）

第十二章　西南少数民族传统生态伦理思想的当代价值 ………（309）
　　第一节　生态问题的伦理反思与价值重建 ……………（310）
　　　一　伦理反思：非理性自然观对现代性道德理性的
　　　　　扬弃 ………………………………………………（310）
　　　二　共生价值：对人类中心主义与非人类中心主义
　　　　　价值观的超越 ……………………………………（314）

第二节　西南少数民族传统生态伦理思想对当代中国生态文明建设的价值 …………………………………（317）
　　一　尊重自然、敬畏生命的实践范本 ………………………（317）
　　二　信仰对世俗化与消费主义的纾缓 ………………………（319）
　　三　善于协调人与自然矛盾的示范性作用 …………………（322）
　小　结 ……………………………………………………………（324）

余　论 ………………………………………………………………（325）

参考文献 ……………………………………………………………（328）

后　记 ………………………………………………………………（335）

绪　　论

　　蓝天白云、清新的空气、干净的饮水，原生态的果蔬……这些本是自然界最平常之物，今天却成了当代人梦寐以求的奢侈品。更糟糕的是，一幕幕触目惊心的污染事件接连上演，不断刺激着人们快要麻木的神经。

　　人类拿什么来拯救自己的家园？依赖技术吗？为什么在技术落后的古代社会却没有出现像今天这样的生态问题？就生态危机现状而言，生态文明建设最缺的并不是技术，而是人们的生态价值观念。在人类历史上，任何人类共同体首先是伦理共同体，成员之间总有或浓或淡的伦理关怀，但这种伦理关怀仅限于共同体内部，而没有将其扩展到人类世界之外的自然界的万物。用当代西方生态伦理学的话语来说，当今人类缺少关怀自然界的动植物和其他无生命实体的伦理精神。

　　作为一个文明悠久的国家，中国传统文化的百花园中蕴含大量的贴近当代生态伦理学标准的生态思想资源，例如"天人合一""道法自然""众生平等"等。但是，愈来愈"现代化"的人们早已忘却那些古老的生态观念。一些人为了利益和生存，可以不顾一切。当代中国的生态文明建设常常面临资金、技术、制度等困境，但深层次困境还是如何重建精神支柱与道德基础。幸运的是，西南地区的少数民族还相对完整地保存那些古老的生态伦理观念，还传承着许多有利于生态环境的古老习俗。以当今所谓主流的标准来看，生活在偏远之地一些少数民族无疑不够"文明与发达"，甚至显得"愚昧"。在强势的工业文明时代，他们在某些方面还恪守传统的农耕方式和简朴的生活方式,株守古老的万物有灵论,正是那些所谓"老旧""落伍"观念、生产与生活方式却为这些少数民族地区赢得了青山绿水,生态和美,也为我们建设美丽中国提供了重建精神支柱和道德基础的范本。

一 基本概念的界定

(一) 西南和西南少数民族

"西南"既是一个历史概念,亦是一个地理概念。作为地理概念,它是一种地理方位的空间表达,在历史上,此概念并不稳定。早在《山海经·海内经》中就有"西南有巴国。太皞生咸鸟,咸鸟生乘厘,乘厘生后照。后照是始为巴人"的记载,此书所提及的"西南"是以当时中原为方位参照。自汉代始,中原王朝与西南地区的联系更为紧密。汉武帝时期,中央政府对西南实行了大规模的开发。司马迁在《史记》中写道:"西南夷君长以什数,夜郎最大;其西靡莫之属以什数,滇最大;自滇以北君长以什数,邛都最大。"[①] "此皆巴、蜀西、南外蛮夷也。"[②] 也就是说,当时的"西南"不仅包括巴蜀地区,还包括巴蜀以外的西南区域。三国两晋南北朝时期,西南地区又被称为"南中",大致包括今天的贵州、四川的西南部、云南以及与云南交界的缅甸部分地区。

唐宋之际,中原王朝又设立西南道行台,范围大致包括今天的四川与重庆。此后,"大西南"概念慢慢出现,也就是说,除了云南、贵州、四川、重庆之外,广西甚至广东、湖南、湖北也被纳入"西南"范围。如明代期间"分签为四隅,东北则北京为主,而以山东及河南之汝、彰、归,南京之卢、凤、淮阳附之;东南则南京、浙江、福建、江西、广东为主,而以河南之怀庆、开封、河南、南阳,湖广之郧阳附之;西南则以湖广、四川、云南、贵州为主,而广西之

[①] 司马迁:《史记》(第 8 册),韩兆琦译注,中华书局 2010 年版,第 6858 页。
[②] 同上。

柳州、南宁、庆远、浔州、太平附之。"① 由此可见当时"西南"范围之广。1917年，民国政府在筹建全国铁路系统时明确将四川、云南、贵州、广西、广东、湖南都归属于"西南"。1939年出版的《西南揽胜》记叙："以言开发西南之区域，实以四川、贵州、云南、湖南、广西五省为其范畴，盖此五省者，为中国人力物力之所寄，蕴藏之富，视东南诸省殆无逊色。"②

新中国成立之初，人民政府将四川、云南、贵州、西藏、西康五省以及重庆市归为西南地区，为当时全国几大行政区之一。改革开放之后，学术界提出西南地区应该包括四川、云南、贵州、西藏、广西五省。1999年我国实行西部大开发战略，在经济政策上将四川、云南、贵州、广西、西藏、重庆作为西部大开发范围。直至今日，对于西南的范围，已经形成了比较稳固的说法：即狭义的西南与广义的西南。狭义的西南仅包括四川、云南、贵州、重庆，而广义的西南除了这三省一市之外还包括广西、西藏。

不管"西南"概念与范围如何变动，但它毕竟具有相对稳定性。首先，它应该是指地理上中国西南一带的地区，不是这一地区的，显然就不能纳入进来；其次，能够纳入"西南"范围的，在自然与人文环境方面应具有一定的共同特征。但是，"西南"不仅仅是一个地理概念，还具有民族、经济等含义。就其民族含义而言，由于西南地区的少数民族众多，又远离中原，在历史上，中原政府多把它称为"西南夷""西南诸蛮"等。

本课题在综合各种因素之后，主要采用狭义上的"西南"概念，即本课题所指的西南地区仅包括四川、云南、贵州、重庆。同时也兼顾它的历史文化视角，例如西藏、湘西、与贵州交界的广西部分地区就很特殊，这些地方地理上并不是本课题所定义的范围，但是在历史

---

① （清）赵翼撰：《陔馀丛考》卷26《吏部掣签》，商务印书馆1957年版，第543页，转引自张轲风《历史时期"西南"区域观及其范围演变》，《云南师范大学学报》（哲学社会科学版）2010年第5期。

② 《西南揽胜》，1939年版，转引自施康强编《四川的凸现》，中央编译出版社2001年版，第2页。

文化上，这些地方的少数民族又相当于西南地区的少数民族一种延伸，因此，如果涉及藏族，就不仅仅限于滇西北，而可能涉及西藏；涉及苗族就不仅仅限于贵州、云南，而可能涉及湘西；涉及"仡佬族"时，就不限于贵州境内，同时也包括广西境内。

本课题所研究的"西南少数民族"是指在西南地区世居的少数民族。在中国历史上，中原政权常常把西南地区视为"蛮夷"之地，多以"西南夷""西南诸蛮""西南蕃"等称呼西南地区的少数民族。的确，西南地区历来是少数民族聚居之地，世居少数民族多达30余个，因此常被称为"民族大观园"。世代生活在这里的少数民族有苗族、壮族、侗族、布依族、水族、傣族、藏族、彝族、仡佬族、白族、纳西族、傈僳族、哈尼族、土家族、瑶族、羌族、毛南族、独龙族、门巴族、珞巴族、怒族、阿昌族、景颇族、基诺族、拉祜族、京族、普米族、佤族、德昂族、布朗族、仫佬族、蒙古族、满族、回族，总共34个世居少数民族。除此之外，还有一些仍未识别的民族如穿青人、克木人、菜族人、绕家人等。

西南地区虽然少数民族众多，但是这些少数民族所处的自然地理环境差异不大。此外，历史上西南地区各少数民族之间交流频繁，文化上相互影响，因此，西南地区各少数民族在经济、文化、政治制度、风俗习惯、意识形态等方面都极为相似，这就为本课题从总体上对这些少数民族的生态伦理思想进行某种归纳、概括提供了可能。本课题选择哪些少数民族的文化作为研究对象，主要标准有两点：第一，人口数量；第二，生态文化具有代表性。两者具备一项就可能进入本课题研究范围。

（二）传统

"传统"是历史上沿传下来的思想、习俗、习惯、制度等。有研究认为，传统是指"一种特定的民族在漫长的历史实践活动中积累而成的稳定的社会文化质素"[①]。另有学者提出"传统就是世代相传的

[①] 柏贵喜：《转型与发展》，民族出版社2001年版，转引自周大光主编《现代民族学》第1册（上卷），云南人民出版社2009年版，第180页。

文化的延续继承和变化革新，是现代性对世代相传的文化的扬弃式的建构和借鉴性的互构"①。英国社会学家吉登斯（Anthony Giddens）认为"传统是认同的一种载体。无论这种认同是个人的还是集体的，认同就意味着意义"②。美国人雷德菲尔德（Robert Redfield）把传统分为大传统和小传统。所谓大传统是指有文字记载的被社会精英拥有的文化传统；所谓小传统则是指口传的、非正式记载的文化。虽然雷氏的区分不一定合理，但他毕竟注意到传统文化内部差异。吉登斯在此基础上把传统区分为"书面传统"和"口头传统"，大致对应于雷德菲尔德的大传统与小传统的区分。他把建立在书面文本基础上的如宗教、民族国家的规范、意识形态等合理化的传统称为大传统，而把形形色色的存在于地方社区的口传文化如魔术、巫术和其他一些习惯和日常生活惯例等称为小传统，"地方社区仍然属于口头传统的社会"③。这种区分对于本书分析西南少数民族传统生态伦理思想具有一定的启发作用。西南少数民族传统生态伦理有些文本属于大传统，如佛教、道德生态伦理思想；有些则属于小传统，如各种民间信仰、乡规民约等。

在本书看来，传统是我们理解过去的纽带，也是我们走向未来的基石。传统是民族认同、社会认同的基础。"传统往往带有一定的地方性含义，它是特定的人类族群或群体与其生存环境进行无数'对话'和交锋的记录，经过了反复的精炼提纯，这一过程最终凝结成了个体的行动方式，定格为了形式各异的社会程式。"④归纳起来，传统特征主要有：其一，不同的历史时期，某种社会文化表现出来的传统质素也不同。其二，传统具有多样性。各个民族在思想文化、

---

① 郑杭生：《论"传统"的现代性变迁——一种社会学视野》，《学习与实践》2012年第1期。

② ［英］安东尼·吉登斯：《为社会学辩护》，社会科学文献出版社2003年版，第35页。

③ ［英］安东尼·吉登斯：《现代性与后传统》，赵文书译，《南京大学学报》（哲学人文社会科学版）1999年第3期。

④ 郑杭生：《论"传统"的现代性变迁——一种社会学视野》，《学习与实践》2012年第1期。

道德伦理、思维方式、风俗习惯、心理素质等方面都有所不同；其三，传统具有动态性。传统不是一个封闭的系统，而是一个不断补充和形成的动态过程，它在时空中延续和发展。传统源于过去，但它是活着的过去，是延续着的过去。"传统还是一个开放的动态系统，它在时空中延续和发展，它既是过去的，又包含着现在，且开拓着未来。"① 因此，"传统"具有相对性。传统形成的过程是漫长的，但一旦形成，它就能在民族思想文化、风俗习惯、道德伦理、心理结构、思维方式等方面形成巨大惯性，而这些都是本书研究范围。从时间上而言，本书所言的"传统"是以中华人民共和国成立为分界线。

（三）伦理学与生态伦理

伦理学产生于古代希腊，是最早的学科之一。英文 ethics 一词，来自于古代希腊语"ethos"，其义为风俗、品性、风尚等。日本学者在翻译"ethics"时，由于找不到对应词，便用中文"伦理"译之。严复在翻译赫胥黎的《进化论与道德哲学》时，借用了日语的译意，译为《进化论与伦理学》，从此，此译名就一直沿用至今。

中国古代没有形成独立的"伦理学"，但却有丰富的伦理思想。所谓仁、义、礼、忠、孝、修身、齐家等无不涉及人伦关系、道德修养等伦理问题。中国古代最初是将"伦"和"理"作为两个独立概念使用。汉语"伦理"一词最早出现在《礼记》，"乐者，通伦理者也"。音乐的作用在于使社会生活和人伦关系规范化。对于"伦"，东汉郑玄将其解释为人与动物既有相"类"又有相"分"的关系。而许慎则认为"伦，从人，辈也，明道也"，人与人之间不同辈分即为"伦"，它又引申为类、比、序等义；"理，从玉，治玉也"（《说文解字》），对玉加工显示其本身的纹理即为"治玉"，因此，"理"引申为处于人与人之间的行为准则。

---

① 周大光主编：《现代民族学》第 1 册（上卷），云南人民出版社 2009 年版，第 180 页。

绪 论

国内外有关"伦理学"概念的定义大同小异，例如，弗兰克·梯利认为："伦理学现在可以大致地定义为有关善恶的科学，义务的科学，道德原则、道德评价和道德行为的科学。它从主客观两方面对道德现象进行分析、归纳和解释。"① 罗国杰主编的《伦理学》中提到："一般说来，伦理学是一门关于道德的科学，或者说，伦理学是以道德作为自己的研究对象的科学。"② 还有学者主张："一般地说，伦理学是以道德现象作为自己研究客体的科学。"③ 这几个定义基本概括了伦理学的性质。

"道德"与"伦理"是一对概念上的孪生子，最容易被人混淆。英语 moral 一词源于拉丁语"moralis"，有"风尚、习惯"等义，后来演变为"规律""规定""品质"等义。"道德"中的"道"在中文含义极为丰富，原指道路，后又指一种神秘的、不可说、不可见的化生万物的主宰力量；"德"的本义为"得"，含有"心中所得""心中得道"之义，"得"和"德"在甲骨文中互通使用，"'德'指获得奴隶或货币即财富之义。于是'有德'也就被奴隶主贵族视为荣耀，开始是有某种道德的含义。"④ 在《道德经》中，道是本，德是用，后者是前者的体现和作用的结果，所谓"道生之，德畜之"（《道德经》第51章）。战国时期，荀况首次把道与德连起来使用，"《礼》者，法之大分，类之纲纪也；故学至乎《礼》而止矣！夫是之谓道德之极。"⑤

作为意识形态的"道德"是社会关系的产物，是社会经济关系的反映，是一种特殊的社会意识形式，是调整人们之间及个体与社会之间的行为规范的总和。它是以善恶为评价方式，依靠社会舆论、传统习俗和内心信念来调整人们的行为。其作用主要表现认识、规范和调

---

① [美]弗兰克·梯利：《伦理学概论》，何意译，广西师范大学出版社2001年版，第8页。
② 罗国杰：《伦理学》，人民出版社1989年版，第2页。
③ 魏英敏：《伦理学教程》，北京大学出版社1993年版，第1页。
④ 唐凯麟：《伦理学教程》，湖南师范大学出版社1992年版，第5页。
⑤ 《荀子》，安小兰译注，中华书局2007年版，第10页。

节三个方面。

由此可见,"道德"与"伦理"两个概念的基本含义相近,都有人际关系和社会生活所需要的准则和次序,但是,伦理是关于道德的理论。伦理学研究对象是道德,是道德理论化和系统化,因此,伦理比道德更深一层次。

生态伦理学（ecological ethics）,又称环境伦理学（environmental ethics）,它是以生态伦理、环境伦理,生态道德为研究对象的应用伦理学。"生态伦理学"概念大致可以从两个方面理解:其一,这种伦理学是"生态的"伦理学;其二,这种伦理学是生态学与伦理学的交叉学科。生态伦理概念出现之后,围绕它的争论就从未停止过。

关于生态伦理学研究对象、含义和特征等方面具有代表性的观点主要有：生态伦理学"是一套行为准则,它规定任何保持环境完整性行为则为善,而那些毫无必要对自然的破坏行为则为恶"[1]。也有研究者认为"生态伦理学研究的是人类与自然之间的道德关系而非人类社会内部人与人之间的道德关系,它实现了伦理学由人际道德向自然道德的拓展"[2]。"生态伦理学的主要特点是,把道德对象的范围从人和社会的领域扩展到生命和自然界。但是,这不是传统伦理概念的简单扩展,不是简单地把人际伦理应用到环境事务中去,也不是关于环境保护或资源使用的伦理学。它是伦理范式研究的转变,是一种新的伦理学。"[3] 进而言之,生态伦理学的研究对象是生态学领域中人们的道德关系和道德现象即人与自然之间的道德关系和道德现象,而生态伦理学中的道德现象是指人们的道德关系在生态领域中的投射,它包括生态道德活动现象、生态道德意识现象和生态道德规范现象。关于生态伦理学的学科性质,主要观点有："生态伦理学是一门从道德角度研究人与自然关系的交叉学科。"[4] "生态伦理学作为应用伦理学研究中的一个重要分支学科,主要是研究人

---

[1] John Roth (Rev. Ed), *Ethics—Encyclopedias*, Salem Press, INC, 2005, p.450.
[2] 刘湘溶:《生态伦理学》,湖南师范大学出版社1992年版,第1页。
[3] 林红梅:《生态伦理学概论》,中央编译出版社2008年版,第3页。
[4] 李春秋、陈春花:《生态伦理学》,科学出版社1993年版,第1页。

与自然之间的道德问题,或者说探讨将伦理要素介入解决环境问题的方法、途径、标准等问题。"① "生态伦理学作为一种新的伦理学,它的理论要求是确立自然界的价值和自然界权利的理论;它的实践要求是,保护地球上的生命与自然界。"②

"生态伦理学"是"生态学"近邻,两者不乏共同之处,即两者都是对"生态系统"进行研究。两者区别在于:前者讨论"应该",后者讨论"是",一个侧重价值,另一个侧重事实。前者探讨的是生态系统之内善恶问题,它要求人类将道德关怀从人类社会扩展到自然界一切生命或非生命物;后者则着重讨论生态系统是什么、怎么样的问题。

生态伦理学的破土而出是人类价值观念一次重大变革,它挑战了根深蒂固的人类中心主义观念,改变人们关于人与自然的关系、自然的价值等方面的观念,对消费主义、物质主义、享乐主义的生活方式提出了批评。它要求把人类与自然的关系确立为一种普世的道德价值关系,其核心在于把人类之外一切自然存在物都纳入到伦理关怀的范围,把道德权利的概念扩大到自然界一切生命和非生命存在,赋予它们按照生态规律永续存在的权利。通过发挥道德约束力来调节人与自然的关系。当然,正如罗尔斯顿所言,生态伦理学并不是简单地把人际的伦理规则应用到环境事务中去。并且"从终极意义上说,环境伦理学既不是关于资源使用的伦理学,也不是关于利益和代价以及它们的公正分配的伦理学;也不是关于危险、污染程度、权力与侵权、后代需要以及其他问题——尽管它们在环境伦理学中占有重要地位——的伦理学。"③

从上述可知,学界对生态伦理学定义大致相同,对其研究对象也

---

① 李培超:《自然与人文的和解:生态伦理学的新视野》,湖南人民出版社2001年版,第3页。
② 余谋昌:《生态伦理学:从理论走向实践》,首都师范大学出版社1999年版,第3页。
③ [美]霍尔姆斯·罗尔斯顿:《环境伦理学》,杨通进译,中国社会科学出版社2000年版,第1页。

没有多大争议，只是在生态伦理学是否应该只研究人与自然的关系，还是将人与人之间的关系纳入其中等方面有所论争，此外，关于"生态伦理学"的定位即它是传统伦理学的一个分支还是一门革命性崭新的伦理学也有所论争。

  本书认为，作为一门应用伦理学的生态伦理学将人与人之间的道德扩展到自然界，因此人与自然之间的道德关系和道德现象都是它的研究对象，道德关系主要包括人与自然关系中的有关伦理观念、信念、态度等，而道德现象主要是指人对自然所发生的实践活动以及相关实践行为规范，道德现象中的道德活动、道德意识现象和道德规范都在它的研究范围内。如此界定尽管有失之过宽的嫌疑，但是鉴于学界基本认可人与自然的道德关系是生态伦理学的研究对象，而道德又是调整人们之间及个体与社会之间的行为规范，它涉及认识、规范和调节三个方面，因此，本书认为，首先，凡是涉及西南少数民族关于人对自然的道德义务、责任、善恶等方面的认识都应该研究，如西南少数民族所信仰的佛教包括傣族所信仰的南传佛教、藏族所信仰的藏传佛教所包含的因果报应、众生平等、积善从德、反对杀生等观念；其次，凡是有关规范西南少数民族对于自然的行为，甚至可能影响到人与自然关系的个人品德的也都应该研究，如西南少数民族的动植物崇拜的禁忌、图腾崇拜的禁忌以及涉及生态保护的乡规民约等；再次，凡是以道德评价方式，指导和纠正人对自然的实践活动，协调人与自然关系的社会舆论、传统习惯、内心信念也都应该研究，如各种形式的自然崇拜仪式、传统习俗活动，都能产生将有关道德规范内化于心的作用，从而增强道德意识，例如各种土地崇拜仪式、水井崇拜仪式就能潜移默化地把不能随意动土、不能随意污染水源等道德意识化为内心信念；最后，凡是有利于人与自然和谐的实践行为如稻田养鱼、梯田耕作、刀耕火种、田间套种、耕地轮休以及适应环境的干栏房、蘑菇房等房屋的建造，顺应自然的饮食行为、服饰制作等都涉及人对自然的道德行为，都属于本书所界定的生态伦理范围。

二 国内外相关研究

（一）国外相关研究

作为一门学科，生态伦理学从孕育、发展到逐渐成熟，经历一个漫长过程。工业革命初期是生态伦理学孕育阶段。西方工业文明所导致的环境问题是催生生态伦理学的根本原因。工业文明不仅仅是福音，同时也导致了环境污染。恶劣的环境严重影响了人们生产生活和身体健康，西方人由此开始反思他们的生产与生活方式，反思他们对待自然的方式。美国超现实主义思想运动代表梭罗（Henry David Thoreau）在《瓦尔登湖》一书中用极富浪漫主义情调的文字描绘了人与自然的亲密关系，并提出了自然界是一个"爱的共同体"。另一位环保运动领袖级人物缪尔（John Muir）在梭罗的"共同体"基础上提出：人不是自然的主人，而是与自然中动植物平等的，他们的思想为生态伦理学的真正到来开了先声。

西方生态伦理学的发展受到当时轰轰烈烈的环保运动的助推。西方资产阶级革命之后，生产力获得了解放，马克思曾形容说："资产阶级在它不到 100 年的阶级统治中所创造的生产力，比过去一切世代创造的全部生产力还要多，还要大。"[①] 与此同时，生产力飞速发展也导致了严重的环境污染问题。例如，在 19 世纪，最早进行工业革命的英国一些主要城市曾面临着严重的环境问题：森林资源锐减、野生动植物资源遭到了严重破坏，工业废水的任意排放，水源遭到了污染，废气任意排放，大气污染严重，伦敦也因此获得了"雾都"称号。其他资本主义国家在工业革命阶段都遭遇到相类似的环境问题。面对工业革命所带来的环境问题，西方一些有识之士，开始奔走呼号，自发地组织起来保护环境，逐步发展成为声势浩大的环保运动。

随着环保运动的推进，一些探讨生态伦理的著作也相继问世，例如，美国人玛什的《人与自然》（George Perkins Marsh，1864 年），

[①] 《马克思恩格斯文集》第 2 卷，人民出版社 2009 年版，第 36 页。

▶ 西南少数民族传统生态伦理思想研究

英国人赫胥黎的《进化论和伦理学》（Thomas Huxley，1893年），美国人詹姆斯的《人与自然：冲突的道德等》（William James，1910年）等。

"二战"之后，一些国家为了振兴经济、解决就业等问题而盲目快速发展。为此，不惜加速对大自然资源的掠夺，结果导致环境污染问题愈演愈烈，严重影响了人们的生活和健康。在此情况下，西方环保运动再次一呼百应。20世纪60年代至70年代，美国发生了规模空前的群众性环保运动。这些运动的精神领袖是美国的生态学家利奥波德（L. Leopold），他的《保护伦理学》《沙乡年鉴》对当时的环保运动和西方生态伦理学思想发展起到了推波助澜的作用。利奥波德认为，环境问题的思想根源在于经济决定论和人类中心主义。他认为，伦理学应该不仅仅局限于人类社会，而且应该扩展到人与自然的关系，应该把人类的角色从大地共同体的征服者变为大地共同体的普通成员，人类应该尊重这个共同体中每一位成员。

被誉为"非洲之子"的著名学者和人道主义者阿尔贝特·史怀泽（Albert Schweitzer，1875—1965年）提出了著名的"敬畏生命"理念。他主张人类应该将伦理扩展到一切动植物。他提出"如果我们摆脱自己的偏见，抛弃我们对其他生命的疏远性，与我们周围的生命休戚与共，那么我们就是道德的"[1]。在他看来，一切生命都是平等的，相互之间不应该有高等级和低等级、有价值与无价值的区别。人类不仅珍惜自身的生命，而且应该对一切动植物的生命充满敬畏之感。

1962年美国生物学家卡逊（P. Carson）的《寂静的春天》问世，立刻引发了又一次环保大运动。《寂静的春天》并非是严格意义上的学术著作，但它所表达的生态伦理观念却是惊世骇俗的。卡逊在书中告诉人们，环境危机正悄然地发生在大家周围，而人们对此的认识却远远不够。化学药品、杀虫剂等有毒物质正在危害大自然。大自然原本是美丽的，是一个相互联系、秩序井然的生态系统，但是，由于人

---

[1] [法]阿尔贝特·史怀泽：《敬畏生命》，陈泽环译，上海社会科学院出版社1992年版，第19页。

类的破坏，大自然正变为没有生机的寂静之地。

生态伦理学的发展反过来又影响环保运动。一些生态伦理方面的著作甚至被环保运动者奉为"圣经"，助推了西方环保运动。同时，西方的环保运动还与当时的反战运动、民权运动、妇女运动交织在一起，对西方社会生活和西方价值观念形成了巨大冲击。人们开始重新思考人的本质、自然的本质、人的价值、自然的价值等。在此背景下，一些研究生态伦理学的期刊也相继创办。例如"*Enviromental Ethics*"（《环境伦理学》）、"*Ecophilosophy*"（《生态哲学》）、"*Ethics and Animals*"（《伦理学与动物》）。一些有影响力的著作也陆续问世，如《人类对自然应负的职责》（帕斯莫尔，1974年）、《伦理学与环境》（施奥尔，阿廷，1983年）、《环境关系的伦理学》（阿特弗尔德，1983年）、《哲学走向荒野》（T. 罗尔斯顿）、《尊重自然界》（泰勒，1986年）、《自然界的权利》（纳什，1989年）等。

经过近百年的发展，西方生态伦理学逐步走向成熟，迄今为止已形成许多理论流派。各个流派在认识生态危机现状、生态伦理学重要性、生态伦理学之根本目的等问题上存在不少共识，但是在一些核心问题上却存在较大分歧。关于人类与自然的地位、价值等问题争论得最为激烈。根据他们对这些问题不同回答以及所持的价值观的不同，可以划分为两大思想流派：人类中心主义（Anthropocenrtism）和非人类中心主义（Non-Anthropocenrtism）（也称为自然中心主义）。

人类中心主义论者都认为只有人才有道德价值，自然本身并没有价值，人与自然并没有直接伦理关系。从对待自然态度上，可以将其划分为传统人类中心主义和现代人类中心主义、绝对人类中心主义和相对人类中心主义、认识论人类中心主义和伦理学人类中心主义、强式人类中心主义和弱式人类中心主义。

人类中心主义是西方传统"人本主义"的延续。西方传统人本主义把人看成高于其他一切自然存在，把人视为宇宙的最高存在，人是自然最高目的，具有最高价值。人之外的一切自然存在都从属于人，没有"自在"属性和内在的价值。传统人文主义还认为，没有人的世界便是一个无意义的、无法形容的世界。古希腊哲学家普罗泰戈拉认为"人是万物的尺度，是存在的事物存在的尺度，也是不存在的事物不存在的尺度"①。这是人类中心主义的雏形，它最早为人类中心主义定了调，也成为这一思想流派的核心思想。亚里士多德、托勒密的"地心说"同样也是一种古代的人类中心主义的代表。漫长的中世纪之后，人类中心主义思想得到巩固和放大：人是自然界进化的目的，人是宇宙的精华。18世纪德国哲学家康德提出的"人为自然立法""人是目的"等观点标志着传统人类中心主义理论基本完成。

应该说，人类中心主义思想在彰显人的价值、人的创造性、自主性、认识和改造自然等方面有过重要贡献。不过，随着全球生态环境持续恶化，传统人类中心主义不断遭到批评，人与自然和谐发展的重要性愈来愈受到人们的关注，批判者们要求从长远利益和整体利益来看待人与自然的关系，加强对自然环境保护的呼声不断高涨。现代人类中心主义在一些基本观点上与传统人类中心主义并无二致：人是世界唯一具有理性的存在，只有人才具有内在价值，而其他自然存在不具有内在价值，只有工具价值，人际道德规范不应该也不能扩展到其他物种，因为只有人才是道德代理人，其他物种不是人类的道德共同体成员。

环境恶化的现实使得人类中心主义几乎成了过街之鼠。面对各种责难，现代人类中心主义争辩说，环境恶化不是因为把人类利益放在首位，而是人们认识不到位即没有真正认识到人类利益必须依赖于自然界，换言之，真正的人类中心主义因为认识到伤害自然就是伤害人类的利益，所以必然肆意破坏自然，人类中心主义并不必然带来环境问题。他们认为不能把人类中心主义简单地与对自然掠夺、主宰画等号，人类中心主义并不必然导致自然破坏。美国学者墨迪是这种思想一个重要代表。他认为人类评价事物的价值，当然应该以人为中心，"所谓人类中心就是说人类被人评价得比自然界其他事物有更高的价值"②。如果换成其他物种，它们也会以自己为中心。他反对那种所

---

① 周辅成主编：《西方伦理学名著选辑》（上卷），商务印书馆1964年版，第27页。
② ［美］W. H. 墨迪：《一种现代的人类中心主义》，章建刚译，《哲学译丛》1995年第5期。

有物种都有"平等权利"的观点,如果这种观点成立,那么人类为了健康消灭细菌也是不应该的,为了营养而剥夺植物或动物的生命都是不应该。在他看来:"按照自然物有益于人的特性赋予它们以价值,这就是在考虑它们对于人种延续和良好存在的工具属性。这是人类中心主义的观点。"[①] 也就是说,自然物没有内在价值,只有工具性价值。他还说,"随着我们有关人对自然的依赖关系的知识不断增加,我们把这种工具价值赋予越来越多的自然物。当我们认识到,海洋浮游生物在向地球提供大量氧气方面扮演了极其重要的角色,这种有机物的价值就提高了。这类知识的持续增长将使我们意识到,自然界中的所有事件都对我们生活其间的那个整体有影响,因此我们要对自然界的所有事物做出价值评价"[②]。

美国学者 G. 诺顿（B. G. Norton）被称为"弱式人类中心主义"者。和所有人类中心主义者一样,他也主张唯有人才具有内在价值,其他自然物价值都是人类赋予的,但他认为,自然物具有转化人的价值观的价值,也就是说,自然物一方面满足人的需要,另一方面还能影响人类感性偏好和世界观。他提出人不应该局限在"个人偏好"上,而应该在理性指导下,协调"个人偏好"与"人类意识",即协调个人需要与人类整体利益、当代人与后代人之间的矛盾。

非人类中心主义批判人类中心主义对自然过于冷酷,他们认为全球环境问题的罪魁祸首便是人类中心主义。非人类中心主义者认为应该从思想根源上克服或扬弃人类中心主义,他们坚持人类应该赋予人类以外的生物平等权利。非人类中心主义者反对所谓只有人类才是主体的观点,主张自然界本身也具有内在价值,应该将伦理关怀扩展到其他生命,其他生命应该受到人类的尊重和保护。一些人甚至将其他生命进行拟人化、道德主体化。非人类中心主义主要理论流派有生态中心主义、生物中心主义、动物权利（解放）主义、生态女权主义

---

① [美] W. H. 墨迪:《一种现代的人类中心主义》,章建刚译,《哲学译丛》1995年第5期。

② 同上。

等。下文逐一对这些理论进行介绍和评述。

生态中心论（Ecocentrism）。这种理论最早的提出者是利奥波德，他在其哲学论文集《沙乡年鉴》中首次提出了生态中心主义的环境伦理观。其最核心的观点是人类与大地是一个命运共同体，大地有其自身的不依赖于人类的内在价值，人类的伦理道德应该扩展到人与大地的关系上。继利奥波德之后，克利考特（J. Baird Callicott）进一步发展了利奥波德的大地伦理学。他从传统的情感论和整体主义原则出发，认为人类的情感如同情、忠诚、慈爱等都是自然界选择的结果，如果缺少这些情感，人类就无法组成社会组织，随着人类社会不断庞大和复杂化，人类的道德情感和伦理也随之进化。未来的进化方向就是将自然界的动植物、土壤、水等都纳入到共同体中，对它们也要有同情、仁爱、忠诚等。罗尔斯顿（Holmes Rolston）从自然主义、个体主义和整体主义出发，提出一种"自然价值论"，进一步拓展了生态中心论的思想。罗尔斯顿认为人类作为一个道德的存在，既包含了文化因素又包含了自然因素，人类既存在于文化共同体又存在于自然共同体之中，因此，人类不仅有人道化的伦理学，也应该还要有自然化的环境伦理学，这两者结合才是完整的伦理学。"一种伦理学，只有当它对动物、植物、大地和生态系统给予了某种恰当的尊重时，它才是完整的。"[1] 人类只有将自身的伦理道德同时纳入到文化共同体和自然共同体之中，人类才是完整的道德存在。罗尔斯顿的环境伦理学思想扩展了人们的道德视野，有力地冲击了利己主义和人类中心主义的思想，具有一种彻底的利他主义精神。

生物中心论（biocentrism）。此理论的开创者为史怀泽。他认为一切生命都有生命意志，人类应该把伦理关怀扩展到一切动植物上。他提出人类应该对地球上所有的生命保持敬畏。对生命的敬畏应该是人类基本的生存态度、心理特征和行为方式。他说："有思想的人体验到必须像敬畏自己的生命意志一样敬畏所有的生命意志。他在自己的

---

[1] ［美］霍尔姆斯·罗尔斯顿：《环境伦理学》，杨通进译，中国社会科学出版社2000年版，第261页。

生命中体验到其他生命。对他来说，善是保存生命，促进生命，使可发展的生命实现其最高价值。恶则是毁灭生命，伤害生命，压制生命的发展。这是必然的、普遍的、绝对的伦理原理。"[1] 他认为以往的伦理学是不完整的，因为它们没有涉及其他生命。"实际上，伦理与人对所有存在于他的范围之内的生命的行为有关。只有当人认为所有生命，包括人的生命和一切生物的生命都是神圣的时候，他才是伦理的。"[2]

泰勒（Paul W. Taylor）进一步发展了史怀泽的理论。泰勒提出，所有的生物都是道德主体，非生物的自然则是道德客体。他提出人类要"尊重自然"，并将它作为重要的道德原则。泰勒指出人类优越论是错误的、有害的，人类在内在价值上并不比其他生物优越。人类在自然系统中的地位与其他生物是平等的。在他看来，尊重自然就是将地球生态系统中的动植物看成是有内在价值的实体，他认为："（1）人类与其他生物一样，是地球生命共同体的一个成员；（2）人类和其他物种一起，构成了一个相互依赖的体系，每一种生物的生存和福利的损益不仅决定于其环境的物理条件，而且决定于它与其他生物的关系；（3）所有的机体都是生命的目的中心（teleological centers of life），因此每一种生物都是以其自己的方式追寻其自身的好的唯一个体；（4）人类并非天生就优于其他生物。"[3] 由此，他提出处理人与自然关系的四个基本原则，即不伤害原则、不干涉原则、忠诚原则和补偿正义原则。

动物权利论又称为动物解放论或者动物福利论（animal welfare theory）。这个流派的代表人物有辛格（Peter Singer）和雷根（Tom Regan）、G. L. 弗兰西恩等。1975年辛格的《动物解放》一书开启了动物权利论新篇章。在边沁的伦理思想影响下，辛格提出动物也应该

---

[1] ［法］阿尔贝特·史怀泽：《敬畏生命》，陈泽环译，上海社会科学院出版社1992年版，第9页。

[2] 同上。

[3] Paul W. Taylor, *Respect for Nature*: *A Theory of Environmental Ethics*, Princeton University Press, 1986, pp. 99 – 100. 转引自汪琼《一种生物中心主义的环境伦理学体系——从泰勒的〈尊重自然〉一书看其环境伦理学思想》，《浙江学刊》2001年第2期。

具有道德地位。他认为动物具有感知能力，因此动物应该拥有权益，至少应该拥有最低程度的权益即不感觉痛苦的权益，从这一原则出发，人类就应该放弃给动物带来严重痛苦的行为。他倡导来一次解放运动："我所倡导的是，我们在态度和实践方面的精神转变应朝向一个更大的存在物群体：一个其成员比我们人类更多的物种，即我们所蔑称的动物。换言之，我认为，我们应当把大多数人都承认的那种适用于我们这个物种所有成员的平等原则扩展到其它物种身上去。"[①] 雷根认为，每个人都有不受损害的道德权利，这是因为人类拥有一些优先于利益和效用的价值，即内在价值。他进一步提出，凡是能够体验生命的个体，都具有内在的价值。除了人，还有许多动物如哺乳动物，也都是能够体验生命的个体，同样具有内在价值，理应受到道德关心。G. L. 弗兰西恩认为，动物与人类的差别仅仅是物种的差别，但这种差别不足以把动物排除在道德共同体之外。他主张一种"平等考虑原则"。人类与动物的"平等"并不是"等同"，而是指人类与动物有某种类似的权益，我们应该把对待人类权益相同的方法用来对待动物这方面的权益。从此原则出发，人类在食品、服饰、生物实验甚至娱乐等方面对动物的利用是不正当的。应当承认，动物权利（解放）论在看待人与动物关系上，的确具有重要启示和教育意义，他们对动物的同情态度也是值得肯定的，但是他们所关心的是动物个体权利，而没有从人与动物关系、动物总体高度来看待问题，这也是遭到"生物中心论"批评的原因。

生态女权主义（Ecofeminism）也是一个相当活跃的理论流派。1974年法国学者F. 奥波妮在《女权主义或死亡》中首次使用该词。生态女权主义又称为生态男女平等论或生态女性主义。生态女权主义认为，"西方文化中在贬低自然和贬低女人之间存在着某种历史性的、象征性的和政治的关系"[②]。奥波妮认为，当今世界两个具有威胁性

---

① ［澳］P. 辛格：《所有动物都是平等的》，江娅译，《哲学译丛》1994年第5期，第25页。

② ［美］C. 斯普瑞特奈克：《生态女权主义建设性的重大贡献》，秦喜清译，《国外社会科学》1997年第6期。

的问题即人口过剩和资源的枯竭,都与男权社会有关。男人在地球上播种、种植犹如他们在女人身上一样播种和繁殖。过度的生育导致了过多的人口,结果导致了人性和地球的毁灭,地球犹如女人一样被男权社会所抛弃。她号召女权主义者要以"身体为阵地"向男权社会和父权制进行反抗斗争,拯救女人自己和地球。20世纪80年代之后,生态女权主义日益活跃,影响越来越大,主要代表性人物有卡罗琳·莫肯特,其代表作《妇女、生态科学革命》(1980年);范达娜·西瓦,其代表作《妇女、生态和发展》(1988年);卡伦·瓦伦,其代表作《生态女权主义的权力与承诺》(1990年);瓦伦·格林,其代表作《捍卫自由女权主义》(1994年),等等。应该说,生态女权主义洞察到了西方文化中男人与女人、人类与自然、灵魂与肉体等两元对立的危害,他们在尊重差异和多样性、挑战等级观念和男权统治等方面具有积极意义。"生态女权主义是主要关注贬低自然和贬低女人间的历史联系的运动。它试图揭示出为什么欧洲社会和那些处于全球影响范围的社会现在陷入环境危机和需要灭绝生态以及穷竭资源的经济体系当中。生态女权主义者从传统的女权主义者关注性别歧视发展到关注全部人类压迫制度(如种族主义、等级主义、歧视老人和异性恋对同性恋的歧视),最终认识到'自然主义'(即对自然的穷竭)也是统治逻辑的结果。"[①] 他们高扬情感的价值、关注弱势群体的利益,对批判理性主义的强制、揭露西方社会不平等等弊端都起到了十分重要的作用。

尽管人类中心主义饱受批评,但人类中心主义也并非一无是处。客观地说,它在肯定人的价值,认识和改造自然方面起到过积极作用。在人类历史上,人类曾长期处于对自然的恐惧之中,尤其在荒蛮的年代,人类对自然认识能力极为有限,在大自然面前只是一个完完全全的屈从者,自然被视为神秘莫测的存在,受到人类的崇拜。随着实践能力提高,人类逐渐发展自己的智力,提高对自然的认识能力和

[①] [美] C. 斯普瑞特奈克:《生态女权主义建设性的重大贡献》,秦喜清译,《国外社会科学》1997年第6期。

改造能力，慢慢发现了人自身的伟大，逐步从神压迫下解放出来，将赋予神的神圣与崇高还给了人自身，重新找到了人的价值与尊严。至今，人类不再原始地依赖自然，不再受蛮荒自然的束缚，实现了从原始的荒野走进乡村、走进城镇，极大地扩大了生存空间，生存能力得到了极大提高，生活质量大幅提高……应该说，这些都有人类中心主义的功劳。客观地说，人类中心主义和非人类中心主义各有优劣。

  非人类中心主义很容易博得人们的同感，因而普遍受到欢迎。但非人类中心主义的结论也未必完全正确。非人类中心主义明显带有乌托邦的性质，他们或者从人与动物共同具有自然属性出发，模糊人与动物之间的区别，并没有真正理解人与动物的本质区别。人固然具有自然属性，但如果以此作为根据而要求自然中其他存在应该与人享有同等权利，显然这种理由还不够充分。人首先是一种自然的存在，"人作为自然的、肉体的、感性的、对象性的存在物，和动物一样，是受动的、受制约的存在物。"① 但是，人不仅是一种自然存在，而且还是一种社会性存在。马克思曾说过，人"不仅仅是自然存在物，而且是属人的自然存在物，也就是说，是为自身而存在的自然存在物，因而是类存在物"②。所谓"类存在物"是指人具有社会属性，人是一种社会性存在。无论人的自然性与动植物的自然性具有多大的同源性或相似性，人的自然性终究离不开它的社会性，一旦脱离社会性，人就降低为一种纯粹生物性的存在，所以"只有在社会中，自然界才是人自己的人的存在的基础，才是他为别人的存在和别人为他的存在，才是人的现实的要素"③。如果仅仅考虑到人与其他存在都具有自然性而主张具有等同权利，或者都是道德主体，那么显然是忽视了人的社会性。人是社会关系的总和，只有人才具有真正意义上的社会性。伦理、价值、权利、义务等一旦离开了人的社会性，就都失去了意义。因而自然界其他存在者不可能真正具有权益、价值、伦理，

---

① 《马克思恩格斯文集》第 1 卷，人民出版社 2009 年版，第 187 页。
② 同上书，第 169 页。
③ 同上书，第 122 页。

也不可能拥有与人一样的主体地位，否则，这无疑是把自然存在物抬高到与人一样的存在，或者说将人降低为单纯的自然存在者。无论是人类中心主义还是非人类中心主义都不否认环境污染越来越严重的现实，也都意识到保护环境刻不容缓，但在导致环境问题的原因，如何改善环境等方面，他们都难以说服对方。他们的论争必然还将持续下去，持续的论争必将使得某些问题变得更加清晰，也将为解决环境污染问题带来曙光。

（二）国内相关研究

我国对生态伦理问题的重视同样是与环境恶化的形势密切相关。在20世纪80年代，我国环境污染问题越来越严重，有关生态伦理问题的讨论也逐渐增多。在早期阶段，我国学者多是对西方生态伦理学理论进行译介。1980年，余谋昌对布拉克斯顿的《生态学与伦理学》一文以及苏联科学院格拉西莫夫院士的《现代生态学中的方法论问题》一文进行了译介，开创性地将环境伦理学的概念引入国内。随后他发表和出版了一系列成果，如《生态学哲学》《生态伦理学》《生态伦理学从理论走向实践》等。1992年利奥波德的《沙乡的沉思》（又译《沙乡年鉴》）译著出版，此书为当时国内第一部介绍西方环境伦理学的译著。此后，一些西方环境伦理学学者如罗尔斯顿、史怀泽、贾丁斯、辛格、纳什等人及其理论思想相继被介绍到国内。

对西方环境伦理学、生态伦理学理论译介的同时，我国学者也开始用国外的理论独立思考某些问题。早在1979年余谋昌教授就在当时的《红旗》杂志上发表题为《改造自然的得和失》学术论文，倡导人们正确看待改造自然过程中所导致的生态问题。1992年，刘湘溶的《生态伦理学》一书出版，该书从社会主义精神文明高度看待生态伦理学的重要性，对生态伦理学研究对象和基本内容都进行了有益探索。此后，对中国实际问题讨论的专著和文章日渐增多，所讨论的问题也更具体、深入。例如，李培超在《自然的伦理尊严》（2001年）一书中试图为生态伦理学做出合法性证明，呼吁人们对以往生活方式反省和批判，他认为，应对生态危机，可以从三个层面即技术分析和介入、法律制度的规范、价值观上的转变着手。作者认为，解决生态危机的文化基础在于，既要弘扬中国传统的天人合一思想，又要善于吸收西方文化优秀思想。甘绍平在《应用伦理学前沿问题研究》（2002年）一书中以西方伦理学基本理论对当代伦理学领域中的一些"热点"如"基因超人"所引发的基因伦理问题，同时对堕胎问题、安乐死问题以及对生态伦理基本问题如痛苦中心主义、生命中心主义、自然中心主义，对人类中心主义和非人类中心主义都进行了详细分析，他认为代际公正是生态伦理核心问题。傅华所著的《生态伦理学探究》（2002年）主要对西方生态伦理学发展历程做了概述，同时对人类中心主义、非人类中心主义等做了介绍，作者对我国生态伦理学者所争论的问题及存在的问题也进行了阐释，对生态伦理学中人与自然、自然权利等问题深入剖析，作者认为面对生态危机问题，应该重建现代人类中心主义。曹孟勤所著的《人性与自然生态伦理哲学基础反思》（2004年）主要从人性角度分析了生态危机的根源。他指出生态危机是人性危机，是真正人性的迷失并对此给出自己的解释。他还认为生态伦理学是人为自身立法，是人之为人、人性的自我实现的需要。刘湘溶所著《人与自然的道德话语——环境伦理学的进展和反思》（2004年）主要对生态伦理基本概念、生态伦理学产生与发展历程做了梳理，然后从生态伦理学产生发展的背景，所涉及的利益、价值观、权利义务等问题进行深入阐述，并从合理生产、合理消费、合理生育、加强教育等问题，为解决生态问题指明路向。此外，何怀宏所著的《生态伦理学——精神资源与哲学基础》、叶平的《环境的哲学与伦理》《道德自然：生态智慧与理念》、余正荣的《生态智慧学》《中国生态伦理传统的理性重建》、雷毅的《深层生态学思想研究》等著述以及难以数计的学术论文和硕博学位论文都为繁荣中国的生态伦理学研究提供了理论资源。但真正引发国内学者对生态伦理问题空前大讨论，则是始于中国共产党第十七次全国代表大会之后。在党的十七大上，生态文明建设提升到中国实现小康社会的奋斗目标的高度。此后，有关生态伦理学问题的研究曾成为一时热潮，至今余热犹存。

中国学界从翻译、介绍国外生态伦理学开始，已有近半个世纪。其概况大致可以分为五大方面：第一，生态伦理学的理论基础性研究，主要表现在：翻译、介绍和分析西方生态伦理学的重要理论以及围绕生态伦理学某些问题进行论争，例如，生态伦理学的学科性质问题，生态伦理学的研究对象、生态伦理学的基本概念、基本范畴等；第二，针对某些具体生态伦理学主题研究，如自然的价值问题、动物权利问题、人类中心主义的缺陷与批判等问题、人与自然关系问题；第三，发掘中国传统文化中的生态伦理思想以及如何用中国传统生态伦理思想来审视当代生态问题；第四，用西方生态伦理理论注解中国传统伦理实践，运用生态伦理学理论观照某些生态危机现象并解释中国生态伦理问题产生的根源；第五，结合中国国情，阐发加强生态伦理学的宣传和教育重要性，指出生态伦理学对于当代中国生态文明建设的重要意义等。

值得注意的是，在中国国力不断提升的大背景下，随着西方生态伦理学研究的深入，一些研究者开始提出我国生态伦理的研究应该走出西方话语，建立中国话语体系的生态伦理学或者说使生态伦理学"中国化"，或主张将西方生态伦理学与中国传统生态伦理思想相结合，例如刘福森的《中国人应该有自己的生态伦理学》、顾超的《论生态伦理的当代中国形态》、周兰珍的《关于生态伦理学中国化思考》、朱晓鹏的《论西方现代生态伦理学的"东方转向"》等。刘福森主张我国应该坚持中国传统文化的"放德而行，循道而趋""顺乎自然"的哲学精神，以中国文化的"中道"精神取代西方文化的两极对立思维方式，超越西方理性主义的、"知识论"范式的生态伦理，把生态伦理学建立在中国哲学"境界论"上。顾超认为中国的生态伦理学不能仅仅局限于西方话语系统，必须具有中国自身的特质，应该在吸收西方生态伦理学、马克思的生态学思想、生态学马克思主义、中国传统生态学等思想资源的基础上加以建构。这些研究表明我国一些学者文化自觉意识开始增强，他们开始意识到中国特色社会主义生态文明建设需要中国自己的生态伦理学理论体系。当然，也有学者对此表示担忧，例如朱晓鹏在其文中表示，建构中国的生态话语体系固然重要，但切莫简单将西方生态伦理学抛弃。

对少数民族传统生态伦理思想的讨论必然是在传统伦理学大背景下进行。伦理学具有民族性，每个民族的道德情感、道德生活、道德信念、善恶标准等方面都具有自己民族的特点。作为一个历史悠久、统一的多民族国家，我国具有丰富多样的民族伦理资源，因此，中国传统伦理学的研究，不能不重视少数民族伦理的研究。早在20世纪60年代，我国少数民族伦理的研究就已经开始了，但是真正形成规模的研究则是始于改革开放之后。20世纪90年代，民族伦理学研究得到突飞猛进的发展，并产生了许多有中国特色的成果。如通论性的著述有，张哲敏主编的《民族伦理研究》（1990年），高发元主编的《中国少数民族道德概览》（1992年），熊坤新著的《民族伦理学》（1997年），高力著的《民族伦理学引论》（1998年），贺金瑞、熊坤新著的《民族伦理学通论》（2007年）。以某个少数民族或某个区域的少数民族为研究对象的著述如刘明华、龙国辉主编的《贵州省少数民族传统道德研究》（1991年），马绍周、隋玉梅编著的《回族传统道德概论》（1998年），杨国才著的《白族传统道德与现代文明》（1999年），刘俊哲等著的《藏族道德》（2003年），熊坤新、李建军著的《新疆诸民族伦理思想研究》（2008年），杨虎德、熊坤新著的《西北世居民族伦理思想研究》（2008年）。

总体而言，有关少数民族伦理的研究内容大多集中于以下几个方面：

第一，少数民族伦理相关概念的界定。绝大多数研究者认为，少数民族伦理道德就是少数民族在改造自然和社会过程中，所形成的以善恶为标准的，以社会舆论、传统习俗和内心信念为维系系统的，用来调节人们自身修养，或人们之间或人与社会之间关系的行为准则和伦理意识、生活风范的总和。由于历史、地理环境等原因，少数民族伦理在表现形式如礼仪、节庆、风俗、交往、艺术、宗教等方面各具特色。少数民族伦理是少数民族精神文化和社会实践活动的反映。少数民族伦理主要内容有：政治规范如尊贤敬能、德威并施、反对侵略、民族团结等；社会公德如尊老爱幼、孝敬父母、诚实守信、勤劳勇敢等；个人道德修养如宽容、节制、勤奋、仁爱等；人际关系如公平正义、互助互爱、见义勇为、扶危济困等。

第二，少数民族伦理的起源与发展。学界对此问题研究多从历史唯物主义视角出发，认为少数民族伦理也经历了一个从产生、发展到逐步完善的过程。作为一种意识形态的伦理道德随生产方式的变化而变化，例如，原始社会由于生产力低下，人类主要以打猎、采集为生，没有私有财产，产品平均分配，此时服从和维护共同体的利益行为就被视为一种高贵品格。随着生产力的发展和阶级的出现，伦理道德也发生了质的变化。同样，少数民族伦理道德是一定经济关系的产物和反映，与少数民族的形成、文化和社会结构之间是密不可分的。"首先，民族道德的起源就是作为道德主体的民族形成问题。其次，民族道德起源的现实基础就潜藏在民族社会为生存发展而进行的生产活动中。再次，民族道德的起源是与民族文化的形成相关的一个文化结构问题，各民族早期的伦理道德观念不是一种独立存在的文化形态，而是与艺术、宗教、社会管理等观念相互渗透混合在一起的。"[①]

第三，汉族文化对少数民族伦理道德思想的影响。尽管有地理、战争、政治等方面的阻碍，地处偏远的少数民族与中原文化从来就没有中断过交往，彼此之间互相影响，互相补充。通过教育、移民、使臣流官、民间贸易、宗教传播等方式，儒释道思想不断传入少数民族地区。以儒家思想为例，早在秦汉之际，儒家思想就开始向少数民族地区渗透，许多少数民族地区很早就尊孔崇儒，并把儒家的思想糅进本民族文化中。同时，少数民族伦理道德思想亦反过来被儒家伦理吸收，尤其在魏晋南北朝以后，少数民族伦理对儒家思想的影响更加明显。

改革开放之后，我国学界对少数民族伦理学的研究进入到一个快速发展时期，少数民族伦理愈来愈受到重视。其研究范围和内容不仅仅限于少数民族伦理的界定、起源以及少数民族与中国传统伦理思想

[①] 王泽应：《我国少数民族伦理道德研究的回顾与展望》，《湖南师范大学社会科学学报》2001年第4期。

的相互影响等问题，而是过渡到逐渐对单个民族的伦理思想深入研究，并开始对特定主题进行应用化研究。在生态危机日益加剧和我国政府逐渐重视生态问题的背景下，许多学者开始从我国少数民族传统文化中寻找解决生态危机的思想资源，于是，少数民族生态伦理学的研究逐渐增多，相关成果也日益丰富。

第一，梳理和发掘少数民族生态伦理思想，如宝贵贞的《少数民族生态伦理探源》，李本书的《善待自然：少数民族伦理的生态意蕴》，张世友的《乌江流域少数民族生态伦理思想论》，李伟、马传松的《乌江流域少数民族的生态伦理观》，苏日娜的《论民族生态伦理与民族生存环境的关系》等。

第二，专门研究某个少数民族生态伦理的专著有艾姊雅·买买提的《文化与自然：维吾尔传统生态伦理研究》，亦有从传统文化中的生产方式、民间文学、原始宗教、乡规民约等不同视角对少数民族生态伦理进行诠释，如葛根高娃等的《生态伦理学理论视域中的蒙古生态文化》、何丽芳等的《侗族传统文化的环境价值观》、谢青松的《傣族传统道德研究》等。这些学者对某个民族的伦理思想做了较为系统的研究，例如谢青松从傣族的生产与生活方式、宗教信仰等方面做了深入研究，尤其是从傣族的饮食、服饰中概括出其中的生态伦理思想，颇具创新性。

第三，研究少数民族生态文化。近些年出现了不少研究少数民族生态文化的专著成果，如廖国强、何明、袁国友合著的《中国少数民族生态文化研究》，黄绍文、廖国强、关磊、袁爱莉合著的《云南哈尼族传统生态文化研究》，马宗保等著的《西北少数民族的生态文化》，葛根高娃、乌云巴图的《蒙古民族的生态文化》，杨红的《摩梭人生态文化研究》，何峰的《藏族生态文化》等。相关论文成果更是汗牛充栋，如袁国友的《中国少数民族生态文化的创新、转换与发展》，廖国强、关磊的《文化—生态文化—民族生态文化》，林庆的《云南少数民族生态文化与生态文明建设》，郭家骥的《云南少数民族的生态文化与可持续发展》，董淮平的《佤族传统生态观的当代解读》，黄绍文、何作庆的《哈尼族传统采集狩猎与生物多样性》等。

另外，高校研究生选择少数民族生态文化或生态伦理学作为毕业论文者不计其数，由此可见这方面的研究是何等盛况。这些少数民族生态文化的研究一般从宗教信仰、自然观、农耕文化等方面展开。由于对于"文化"概念的外延界定较为宽泛，所以有些研究者如黄绍文、廖国强等从地理环境、服饰、农耕方式、饮食文化、制度文化、建筑文化等方面进行研究，几乎囊括了文化一词所能涉及的一切，但是，此类研究所提及生态伦理思想仅仅在某个章节中展开而已。

俯瞰国内研究现状不难发现，有关少数民族传统生态伦理思想或传统生态文化的研究成果尽管丰富，但其研究对象与范围或者是单个少数民族，或者是笼统地研究我国所有少数民族，或者只在某个章节涉及生态伦理思想，而针对某个区域内的少数民族的系统性研究却极为少见。即使是某个区域内少数民族生态伦理思想的研究，也一般以两三个少数民族为案例，其成果以论文居多，而系统地对西南少数民族传统生态伦理思想进行发掘、整理、阐发的研究成果却不多见。

第一章 原始自然观中的生态伦理思想

自然观是人们对整个自然界的总体看法，是关于自然的起源、演变规律和结构以及人与自然的关系的一种根本观点。自然观是一个历史概念。在人类童年时代，人们对自然、人自身的认识，总是以拜物为形式，以神话为叙事方式。当人类刚刚从自然界脱胎而出时，人的意识还不足以将自身与周围自然加以区别，他们往往把自己视为自然的附属物。对他们而言，神话无疑是最好的"知识"。在神话体系里，神灵高高在上，无所不在，人类渺小自卑，诚惶诚恐。然而，即便如此，人类从来也没有熄灭内心之中那种驾驭自然、寻求心灵自由的欲动，各民族林林总总的神话无不确定了这一点。神话是古代先民最重要的叙事方式，是人类特殊的文化符号。作为一种形象思维的神话，它主要是以象征、隐喻来表达，在一定程度上反映了古代先民对人、自然的认知，这些认知触及生态伦理的核心问题：人与自然的关系。

西南少数民族的先民在生产与生活实践中，在与自然界"对话"过程中积累了丰富的有关人与自然关系的思想。以神话作为一个切入口来认识西南少数民族的生态伦理思想，首先是因为"一个群体的神话乃是这个群体共同的信仰体系。它永久保存的传统记忆把社会用以表现人类和世界的方式表达了出来；它是一个道德体系，一种宇宙论，一部历史"[①]。其次作为一种文学艺术的神话普遍存在于西南地

[①] [法]涂尔干：《宗教生活的基本形式》，渠东、汲喆等译，上海人民出版社2006年版，第495页。

第一章　原始自然观中的生态伦理思想

区各少数民族文化之中，几乎每一个民族都有自己的神话。但是，同一个主题的神话在不同的民族文化中，往往版本不同。尽管如此，由于许多神话的基本内容和主要思想具有相似性和一致性，这就为概括和归纳其中的生态伦理思想提供了可能。

当古代先民把天地、自然描绘成神通广大的神圣形象时，就已经具有了一种崇拜自然、敬畏自然的生态伦理观念。西南少数民族文化有大量的创世神话，但本章第一节只选取彝族、侗族、苗族、布依族、哈尼族等几个有代表性少数民族相关的神话，以便聚焦这些少数民族如何以感性的、形象的思维形式来表达天、地、自然、人同源共祖的关系；第二节主要描述少数民族的祭祀日月、射杀日月的文化现象，阐明少数民族先民原始人与自然关系的意识：人离不开自然界，自然是人类必须依赖的资源，人应该与自然和谐共存。同时，人与自然又要产生矛盾，自然也可能给人类带来灾难。那些射日月的神话实际上是以隐喻的方式表达了西南少数民族先民面对自然灾难，不畏困难，渴望天人和谐和建设美好家园的意识。

第一节　天地、自然万物与人同源共祖观念

一　中国文化中的天与自然

在殷商时期，人们已经开始使用"天"之概念。郭沫若先生曾有过解释："在这儿却有一个值得注意的现象，便是卜辞称至上神为帝，为上帝。但绝不会称之为天，天字本来是有的，如像大戊称为'天戊'，大邑商称为'天邑商'，都是把天当为了大字的同义语。"[①]傅斯年也认为，"帝"在殷人那里为至上神，这已经隐含"天"的观念。周王朝灭了殷商王朝之后，周人因袭了殷人的文化。以祭祀论，商人每事必祭祀，周人也大致如此。史载周武王摄政期间，为动员周人讨伐叛军的讲话中就谈及用龟壳占卜之事："予不敢闭于天降威，用宁王遗我大宝龟，绍天明"，"天降威，知我国有疵，民不康，曰：

---

① 郭沫若：《青铜时代》，科学出版社1960年版，第5页。

'予复！'反鄙我周邦，今蠢今翼。日民献有十夫予翼，以于敉宁、武图功。我有大事！休？朕卜并吉！"①周人对天命亦深信不疑："假乐君子，显显令德。宜民宜人，受禄于天。保右命之，自天申之。"②

自周代始，中国人所信仰的"天"不仅指自然之天，而且还是意志化、人格化的天。人类的行为能够影响天，人不能违背天的意志，否则，就得遭受惩罚，这种观念同样存在于侗族先民的意识中。具体而言，侗族人的天首先也是指一种自然之天，实际上是天空与地面组合起来的一个自然空间。其次，侗族先民意识中的"天"是有意志的，人们的一切言行都能被天所知，都能影响天对人世间的行为。天能够左右世上万事万物，左右人世间的一切祸福吉凶。"在侗族先民的观念里，世上万物以天为根，天在世间是最大的，天是有感情的、无所不能的神，他主宰着人世的祸福吉凶，操纵着人们的命运，主持着一切的自然现象，是世界上各种美好与艰难困苦的赐予者。"③ 也就是说，天无所不知、无所不能。人们一旦违背天的意志，都逃不过天的"眼睛"，必定会受到警告或惩罚。人世间的水灾、旱灾、火灾、瘟疫等，都是天的意志体现。

在古代，无论是帝王将相还是平头百姓都可以信"天""地"，但对"天""地"的祭祀权却垄断在号称"天子"的皇帝手中。祭祀天地是皇权的象征，"因为在中国传统社会里，帝王被称为天子，祭天不仅是祈求天地日月的保佑与赐福，同时也是天子地位的重申和强调。与此同时，社稷之祭、封禅大典等，也都成为帝王受命于天，统治天下的象征。至于民间祭祀和崇拜，其对象不能是与皇权或王权密不可分的神祇，而只能是土地爷、城隍老爷、灶神、财神以及家祖等'管理民事'的神祇"④。但是，由于西南地区地处偏远，受中原政治辐射较弱，正所谓"天高皇帝远"，古老祭祀天地观念与习俗并没有随着时代流变而消失，在西南少数民族那里，各种形式的天地、天体

---

① 《尚书》，幕平译注，中华书局2009年版，第154页。
② 《诗经》，青岛出版社2012年版，第194页。
③ 吴嵘：《贵州侗族民间信仰调查研究》，人民出版社2014年版，第13页。
④ 金泽：《中国民间信仰》，浙江教育出版社1990年版，第26页。

的崇拜至今依然普遍存在于乡土社会。

中国文化中"自然"一词含义丰富,对此概念的解释也层出不穷:或认为"自然"是一个名称,或认为"自然"为形容词,或认为"自然"为副词,或认为自然为状词,等等。这样的分析和理解只是借用了西方的语言学理论,汉语本无名词、形容词、副词等词性上的区别。"自然"是由"自"和"然"合成,"'自'有'自身''自己'等义;'然'有'是''宜''成'等义。把这两个字的意思合起来,'自然'的字面意义可以说就是'自是'(即'自己所是的样子')、'自宜'('自己恰如其分')或'自成'('自己成就')。"①

在中国思想史上,老子最早使用"自然"一词。《老子》一书中出现"自然"一词多达27处。在此书中,"自然"含义无非两种,一是指自在的自然界,二是指自己如此、自化自生、自自然然等即无须借助外力,而凭借自身就能够如此,它是指一种与"人为"相对立的"本来""本然""天然"的不造作的状态,如"道之尊,德之贵,夫莫之命而常自然"②。"自然"是一个与主体相对的客体,是一种天然的非人为的客体。"是以圣人欲不欲,而不贵难得之货;学不学,而复众人之所过。能辅万物之自然,而弗敢为。"③"人法地,地法天,天法道,道法自然。"④ 在老子哲学中,"自然"意味着事物自生自长,自生自灭,这种从"本然""天然"等意义上理解自然,是基于"人"与"天"绝对分离和各自独立的立场。此外,韩非子与庄子也都曾在此含义上理解自然一词如"故冬耕之稼,后稷不能羡也。丰年大禾,臧获不能恶也。以一人力,则后稷不足;随自然,则臧获有余。故曰:'恃万物之自然而不敢为也'"⑤。"汝游心于淡,合气于漠,顺物自然,而无容私焉,而天下治矣。"⑥

---

① 王中江:《道家形而上学》,上海文化出版社2001年版,第193—194页。
② 《老子》,李存山注译,中州古籍出版社2008年版,第111页。
③ 同上书,第129页。
④ 同上书,第79页。
⑤ 《韩非子》,高华平等注译,中华书局2010年版,第236页。
⑥ 《庄子》,方勇注译,中华书局2010年版,第125页。

二 创世神话中的生态整体观

西南少数民族的先民普遍相信人与自然、人与天是同根同源，人与自然万物是同源同生、互相依存。人与神、自然万物共处于整个世界之中。例如，彝族先民认为天地未分之前，宇宙处于混沌状态，各种版本的"混沌说"比比皆是，例如四川大凉山、云南元谋等地彝族地区版本："远古的时候，上面没有天，有天不结星；下面没有地，有地不生草；中间没有云过，四周未形成，地面不刮风；起云不成云，散又散不了，说黑又不黑，说亮又不亮之时；天的四方黑沉沉，地的四角阴森森。天地还未分明时，洪水还未消退时，一日反面变，变化极反常，一日正面变，变化似正常。混沌演出水是一，浑水满盈盈是二。"① 天、地、人、自然万物都是从"混沌"中产生，人是自然的一部分，是自然的产物。云南红河州的石屏、建水、元阳等地彝族地区的创世史诗《查姆》表达了同样的观念："远古的时候，天地连成一片。下面没有地，上面没有天；分不出黑夜，分不出白天。只有雾露一团团，只有雾露滚滚翻。雾露里有地，雾露里有天；时昏时暗多变幻，时清时浊年复年。天翻成地，地翻成天，天地浑沌分不清，天地雾露难分辨。空中不见飞禽，地上不见人烟。"② 由此可见，彝族先民很早就有了朴素唯物论的思想：天地、自然并非人类创造，反而人类是天地、自然演化而成。

把世界分成不同层次，上面为天，下面为地，天代表了神界，地代表了人世界，这是古人普遍具有的观念。在彝族人看来，世界万物都是从清浊二气演化而来，从混沌演出水，水又蒸腾为气，于是形成天，而浊气下沉为地。彝族的《宇宙人文论》中叙述道："却说天地产生之前，清气熏熏的，浊气沉沉的。清、浊二气互相接触，一股气、一路风就兴起了；两者又接触，形成青幽幽、红彤彤的一片，清

---

① 《凉山彝族奴隶社会》编写组：《凉山彝文资料选译》第1集，西南民族学院印刷厂1978年版，第1—2页。
② 《查姆》，郭思九、陶学良整理，云南人民出版社2009年版，第4—5页。

第一章 原始自然观中的生态伦理思想

的上升为天,浊的下降为地。有了天地,哎和哺同时出现,且与舍一并产生,天地之间,日月运行,高天亮堂堂,大地分为南、北、东、西四方。"① 这张原始的天地构图反映了彝族先民试图认识和把握自然现象规律和生命特征的思想意识,代表了他们原始的宇宙观和自然观。

在汉族的五行学说影响下,彝族人也相信金木水火土是组成宇宙万物的基本元素和生殖条件。彝族人认为,构成宇宙万物的清浊二气分开,天地始成,日月运行,但金木水火土尚未产生,大地上还未诞生生命。很久之后才有了哎和哺的雏形,然后才有了五行。金木水火土各有本源,各主一方。金主管西方,木主管东方,水主管北方,火主管南方,土主管中央。五行运转不息,生命绵绵不绝。人体也是五行构成,人的骨、筋、血、心、肉,以及肺肝肾心脾都分别由金木水火土构成:"五行水者呢,人血是的啊。五行金者呢,人之骨是呀。五行火者呢,人之心是啊。五行木者呢,人之筋是呀。五行土者呢,人之肉是呀。"② 人体结构与天地物质对应:"天上有日月,人就有一对眼睛;天上有风,人就有气;天会鸣雷,人会说话;天有晴明,人有喜乐;天有阴霆,人有心怒;天有云彩,人有衣裳。天有星辰八万四千颗,人有头发八万四千根;天有周围三百六十度,人的骨头三百六十节。"③

彝族先民把上天比作父,大地比作母。他们相信人是来自于宇宙,是宇宙整体的一部分,与天地万物同源,彼此有内在联系。人只不过是大自然中的一员,人的生命与大自然息息相关,没有大自然,人就将无处安顿。

侗族先民对人类的起源、自然与人的关系也有本民族的神话解释方式:传说天地之间只有姜良姜妹两兄妹,为了繁殖后代,他们开亲结成夫妻,生下盘古。盘古力大无穷,撑开了天,后又生下马王,打

---

① 《宇宙人文论》,罗国义、陈英译,马学良审订,民族出版社1984年版,第11页。
② 同上书,第87—88页。
③ 同上书,第96页。

开了地。从此，天上有了四方，地有了八角。接着又在天上造日月，在地上开江河。他们又造山林草木，创造了人类男女。有些侗族地区的创世神话版本与此有所差异，比如有些版本中天地的创造者不是姜氏兄妹，而是罗亦和马王。他们两人分工合作，马王创造天，罗亦创造地，然后把天地合拢。罗亦非常勤快，没日没夜地创作，很快就造出了一块巨大无比的地面。马王则没有罗亦那么刻苦，他生性贪玩，结果到了约定的天地合拢的日期，他却只造了一块不太大的天。当他创造的天与罗亦创造的地合拢时，却由于天盖偏小，无法完全合拢，当他们强行将天地勉强合拢时，地面却形成了许多皱褶，于是地上就凹凸不平，形成了地上山峰、平地、河流。

在侗族地区，另有一则更为完整的开天辟地的神话故事。相传，在远古时期，世界黑如夜，天地混沌不分，后来出现了一位长有四只手脚的萨天巴（义为生了百千个姑妈的神仙婆）。这位叫萨天巴的神婆"住在荒凉的天宫中，八面张起银丝网"，她神力无比，法力无边。她生下了天与地。天是四方帐，地是四方块，天牢牢地罩在地上。神婆的儿子姜夫用四根四十八万八千里长的玉柱，在东西南北四个方向把天撑起来，天地从此分开，并且天上有了风雷雨电。另一个儿子马王在地上造出了山川河流，五湖四海。神婆用身上的肉痣造出了人类始祖松恩和松桑。松恩松桑长大后，两人结为夫妻，生孩十二个，即龙、虎、蛇、豹、猴、猫、狗、熊、雷、鸡鸭、姜良、姜妹（或译称丈良、丈妹，丈美等）。作为人类的姜良与姜妹与作为野兽的其他兄妹共处一起，相处久了，矛盾也产生了，最后发展到武力相向。姜良姜妹放火烧山，企图把其他非人的龙、虎等兄妹烧死，这些动物兄妹各自逃命，猛虎进山，龙跳入江海，长蛇进洞，雷公上天。

从这些神话故事中可以看出，在侗族先民的观念里，人与自然万物是同源的，人来自于大自然，彼此之间为兄弟姐妹的关系，共同处于一个生态整体之中。这些神话故事同时也反映了人类与其他生物之间不可避免的矛盾，如古歌中的丈良、丈妹用火烧山林，他们的兄弟即龙、虎、豹等纷纷逃窜。但不久之后，丈良、丈妹还是遭到他们的动物兄弟姐妹们的报复，"云起天昏，风起地暗。雷声隆隆，大雨哗

第一章 原始自然观中的生态伦理思想

哗。雷婆叫蛇堵塞水井,叫龙截断河道。洪水滔天,天下昏昏"[1]。最后,兄妹俩不得不与他们的动物兄弟姐妹握手言和,改变了对自然万物的态度,如,丈良救蛇,丈妹救蜂,并与蛇、蜂、啄木鸟、画眉鸟联合起来,打败雷婆,雷婆不得不放出十个太阳(或七个、十二个)。在太阳的烘烤下,大地洪水被迫退去,但他们之间的冲突并没有就此结束,当太阳持续烘烤后,大地变得干燥缺水,结果导致"种稻稻不长,种菜菜不出。鱼塘没有鱼,山坡没有树",人类的生存又面临巨大的威胁,在这个关键时刻,丈良用弓箭射落多余的太阳,留下一大一小在天空,大的白天出来即太阳,小的晚上出来即月亮,从此万物生发。

在侗族人开天辟地神话中,天、地及其万物与人同根同源,不过两者存在差距,天、地具有无穷的神秘力量,能够左右人间的一切,这是人类所不具备的,因此他们对天地充满了敬畏,例如,今天贵州黎平一带的侗族人还保留了"喊天节"。"喊天节"也叫"祭天节"或"求雨节"。关于喊天节起源,黎平县双江乡黄岗村一带,还流传一个古老的传说。据说古代黄岗一带曾遭受连年大旱。干旱导致了草木枯萎,河水枯竭,庄稼大幅减收甚至颗粒无收。寨老吴万为了化解这场天灾,不辞辛劳跋山涉水去拜见当时最有名的天师吴为民,请求他为自己的村寨求雨。吴天师有感于寨老吴万的真诚,遂答应吴万的请求,决定农历六月十五那天为黄岗村寨举行祭天求雨。从此,黄岗变得风调雨顺,五谷丰登。寨民为了纪念这位天师,也为了答谢上天的恩赐,于是把每年的农历六月十五定为自己民族的节日。

每到农历六月十五,黄岗一带的侗族人一大早便身穿盛装,把生猪、鸡鸭等祭品摆上祭坛,既定的时辰一到,便开始烧香、放铁炮,大家在主祭者的带领下跪拜于地,齐声喊天,向天祈祷。在当地侗族人看来,之所以要祭天、喊天是因为地上的人们弄脏了雷婆(在侗语中,喊天叫作"谢萨向",义为祭雷婆),所以为了不使雷婆生气不降雨,就得虔诚地祭祀。时至今日,无论是否存在旱情,农历六月十

---

[1] 杨权:《侗族民间文学史》,中央民族学院出版社1992年版,第33页。

五的"喊天节"照样举行,早已成为当地一个传统的民俗活动。侗族的喊天节表明在侗族先民的观念里,天是有意志、有情感的超越性存在,是应该加以敬畏的对象。人们只有尊敬天、顺应天,才能得到天的青睐,才能实现天人和谐。侗族人这种尊天敬天行为本质上是一种自然崇拜,对天的敬畏实际上源自对自然的敬畏。

傣族对人与天地万物起源有着相类似的观念:"远古时没有太阳、月亮和星星,天地未成。太空里充满滚动翻腾的气体、烟雾和狂风,下面则为一片白茫茫的大海,海面上浮满泡沫。狂风不停地刮了亿万年,把烟雾、气体和泡沫一起搅拌,最后凝成一个大圆球。大圆球在太空中翻腾滚动亿万年,形成傣族创世神王——英叭神。神王不吃食物,仅饮水食雾补养身体。威力无穷的英叭神决定开天辟地、始造万物。他用巨手搓下身上的污垢,掺水搅拌做成一个圆球,圆球随英叭的吼声不断长大后凝成地球。地球漂在海里上下左右不停翻腾,为了固定地球,他又搓下污垢掺水搅拌做成一个巨大的支架,支架入海后变成一头巨象,四条象腿托起地球,象身撑开天地,地球才稳固了下来。"[①] 这里描绘了一幅原始的宇宙图景,既有朴素的唯物论成分,也有神创论元素。反映了傣族先民对人与自然万物起源的一种理性猜想。

苗族是一个有着悠久历史和灿烂文化的少数民族。苗族史诗中有许多关于宇宙、天地万物起源的记述。苗族古歌《开天辟地》中叙述:天地之初,万物未成之前,宇宙中只有"云雾",云雾是万物的根源。盘古从东方走来,用一把大斧子一劈,天地分开。为了不让天塌下来,盘古把天地永久撑起,他说话就成了雷鸣,眨眼就成了闪电,呼吸成了风,眼泪汇成了江河,头发变成了草木,身子变成了山冈。

流传在贵州西北苗族地区的叙事诗《洪水滔天》中叙述道:"今年洪水滔天淹天下,世间万物将被淹。召友召亚很吃惊,开口张嘴把

[①] 征鹏主编:《西双版纳传说故事集》(第1集),中国民族摄影艺术出版社2005年版,第1—5页。

第一章　原始自然观中的生态伦理思想

话问：洪水滔天淹天下，我们如何渡难关？列老史处格米爷觉郎努，开口张嘴来指导，你俩兄弟快造船，要把飞禽走兽成双带船上。召友召亚不再耕耘，召友召亚不再开垦。召友召亚开始造船，召亚造出杉木船，召友造的是铁船。到了蛇月转马月，洪水滔天来到了。"① 此类神话反映了苗族先民朴素的自然生态观念：他们来自天地，他们生存离不开天地，也离不开其他自然万物。

在生产力极为低下的原始社会时期，布依族先民与其他民族先民一样，在面对自然界种种现象时，无法用理性加以解释，于是用幻想的、虚构的、超自然的方式来解释他们身边的自然现象。例如在宇宙万物起源问题上，布依族人与大多数少数民族一样，也有本民族版的开天辟地故事：宇宙最初是一片迷雾，混沌渺茫，天地不分。后来，盘果王用一个神鞭把宇宙劈成上下两半。上扬者为天，天上有日月星辰，风雨雷电；下沉者为地，地上有山川河流等自然万物。

在布依族先民的观念里，人与自然万物都是从混沌中产生，都是有生命的。布依族古歌《力嘎撑天》叙述了巨人力嘎率众撑开天地的传说。天地之初，彼此相隔太近，只有三尺距离，不见日月星光，巨人力嘎把天撑起，为了不让天再次掉下，他用头发当铁钉把天钉牢固，后来他的牙齿变成天上的星星，拔牙后流出的血变成了彩虹。他呼出的气变成了风，流下的汗成了雨水。天变得牢固之后，他又把自己的眼睛贡献出来，右眼挂在天的东边，遂成太阳；左眼挂在天的西边，遂成月亮。力嘎死后，身体的各个器官都变成自然万物：头发变成了树木，眉毛变成了野草，双耳变成了花朵，骨骼变成了石头，膝盖和手腕成了山峦。另一首布依族古歌《辟地撑天》则描绘了天地是由布依族的始祖翁戛用大南竹撑开，并且翁戛又造了太阳和月亮。他用靛蓝把天空染成蓝色，用火把太阳烤红，用水把月亮洗白了。这些开天辟地的传说是布依族人对人类和万物起源的极富想象力思考的结果，是他们对人类和万物起源的猜测和艺术化，表达了布依族人对

---

① 王维阳整理：《苗族古歌·卷四：苗汉对照》，贵州民族出版社2015年版，第25页。

自然化育人和万物的伟大力量的赞美，同时也反映了布依族朴素的自然观念：天人一体，人与自然万物是同源同生，互相依存的。

　　与其他少数民族一样，原始时期的哈尼族先民对宇宙、自然和人的起源的解释，同样采取原始神话的方式。在哈尼族的神话体系中有许多具有丰富想象力的创世神话。例如神话《天、地的来源》中讲到：远古时期，宇宙是一个大水塘，后来气候逐渐变热，水塘中的水全部蒸发，水分上升为天，水塘底变为大地。后来天地又生出了日月与万物。再者，《神的古今、神的诞生》中叙述：远古时期，宇宙是一个无边无际的混沌一团的迷雾，后来迷雾中诞生了大海，海中又诞生了一条巨大的金鱼。金鱼用它身上的鳍扇出了蓝天与大地，金鱼的脖颈处的鱼鳞抖落下来便成了日月，背脊上的鱼鳞抖落下来便成了天神俄玛和地神密玛。腰部的鱼鳞抖落下来就成了一个男人和一个女人，从此，宇宙万物就逐渐诞生出来了。

　　对于人与自然万物的起源，哈尼族先民还有更完整更充满神秘色彩的解释：他们把宇宙想象为三个层次。第一层为"天"，最上面为神的世界，最下面的一层是"地下"，是阴魂世界，哈尼族的先辈们就处于这个层次；处于上下两个层次之间的是"世间"，即人类所处的世界。人间所有一切都由上层的神主管，他们护佑人们四季平安。处在下层先辈的阴灵也保护活着的人们安居乐业。由此可见，在哈尼族的三个层次的宇宙中，上中下三个层次是相互联系的。神、鬼、人、动植物以及其他万物相互之间有血缘关系，都是在一个统一的整体中。另一则神话传说《动植物的家谱》对此有进一步的解释："摩依姑娘生下一个小囡，名字叫遮妠，她是六种野物的先祖；直略姑娘生下的小囡，名字叫遮奴，她是六种家畜的先祖。两个姑娘相亲相爱，生出来的后代也做了一家。但是六种野物和六种家畜要认一认大小先后才好叫呀，两个姑娘就走来商量，把十二种弟兄的名分排下来了。头天生下来的是老鼠，两个姑娘定它是十二种野物家畜中的老大，老鼠生下地的日子定做鼠日。第二天生下来的是牛，水牛下地的日子定做属牛日，它是十二个兄弟里的老二。第三天生下来的是老虎，它下地的日子定做虎日，虎是老三。第四天生下来的是兔子，它

第一章　原始自然观中的生态伦理思想

下地的日子定做兔日，兔是老四。老五、老六、老七、老八、老九、老十、老十一、老十二分别是龙、蛇、马、羊、猴、鸡、狗、猪。"①"数完动物的家谱，又来数数植物的家谱。这高能的天神优奴来撒世人盼望的籽种……这下世上有了人吃的庄稼：谷子有啦，苞谷有啦，荞子有啦，姜也有啦……可惜优奴天神只撒出三把庄稼种，世上只生出三百三十种人吃的东西……天神优奴又撒出七把老林种……这下有青松啦，嗑松有啦，樱桃树有啦，麻栗树有啦……大树青草长满了大地，野物们的吃处住处有啦，七千七百种野物喜欢啦，会过啦。"②

云南普米族文化中也有许多开天辟地的神话故事，这些故事同样也反映了普米族先民的原始朴素的天人合一观念。据说，天地混沌之际，世界荒芜，除了一只神鹰之外，没有其他生命。后来神鹰产下一颗蛋。没过多久，蛋核变成了人类的始祖昂古咪，蛋的其他部分变成了飞禽走兽以及其他动植物。女始祖昂古咪在其他生物的帮助下，奋力把天地撑开，于是天地、日月、星辰、山川河流就形成了。有一天昂古咪坐在一块大石块上，感受了石块的精气，于是怀孕了，几个月之后便生下六男六女，从此便有了人类。

生活在云南普洱、临沧、玉溪、西双版纳等地的拉祜族是古代氐羌部落的后裔。古代被叫作"喇乌""倮黑""苦聪"等。1953年我国政府正式用"拉祜"代替旧名。拉祜族的先民在生产生活的实践中创造了许多创世神话，表达了他们对天地、自然万物与人类自身起源的思考。拉祜族民间流传了许多关于开天辟地的神话。拉祜族的史诗《牡帕密帕》中有所记载。相传，在很古老的时候，世界一片荒凉，没有天地万物，更没有人类。天神厄莎长大之后，决心创造出天地。他搓手搓脚，用垢泥做成了四根天柱，分别放在四条鱼身上。由于四根天柱还不够稳固，于是天神厄莎又造了四根天梁和四个地梁。为了加固，他又造了无数的天椽和地椽分别架在天梁和地梁上。后来

---

① 黄绍文、廖国强等：《云南哈尼族传统生态文化研究》，中国社会科学出版社2013年版，第312页。

② 同上。

· 39 ·

他又搓搓手脚，变出一对大蜘蛛，蜘蛛在天椽和地椽上不停结网，整整9年之后，天地才完全造好。

人与自然的关系中，天、地、日、月似乎与人类生命活动更为紧密，于是它们便成了人们思考最多的对象，此类主题的神话是古代西南少数民族先民对自然宇宙的认识与思考的结晶。在生产与生活实践中，最能影响人类活动应该就是"天"，天上的日月，风雨雷电对他们影响太大了。没有太阳照耀，庄稼就不能生长，气温就要下降，太阳出来，云开雾散，气温升高，月亮的阴晴圆缺也直接影响到夜晚的照明，这些都是劳动者非常熟悉的自然现象。因为这些自然现象直接与人们的生产与生活相关，于是，天、太阳、月亮理所当然地成为人们密切关注的对象，也理所当然地成为人们认识和崇拜的对象。

从彝族的"混沌"中诞生人与自然的神话，到侗族的姜氏兄妹开天辟地，傣族的英叭神开天辟地、始造万物，再到苗族的盘古开天地，嘎赛咏铸造日月以及布依族的力嘎率众撑开天地……这些神话传说生动地表现了西南少数民族先民对天地、自然、日月这些与他们生产生活密切相关的自然物和自然现象的理解。不管是天造万物，还是英雄开天辟地，其中都蕴含了人与自然万物同源共祖的关系的观念以及天、人、万物处于相互关联的生态整体之中朴素的生态整体意识。

第二节　神话中的灾难与救世的隐喻

一　与自然和谐相处的朴素生态意识

就自然地理条件而言，中国是一个自然灾害多发的国家。英国历史学家汤因比对此评论："人类在这里所要应付的自然挑战要比两河流域和尼罗河的挑战严重得多。人们把它变成古代文明摇篮地方的这一片原野除了有沼泽、丛林和洪水的灾难之外，还有更大得多的气候上的灾难，它不断在夏季的酷热和冬季的严寒之间变换。"[①] 生活在

---

① ［英］阿诺德·汤因比：《历史研究》（上册），曹未风等译，上海人民出版社1959年版，第92页。

第一章 原始自然观中的生态伦理思想

这片土地上的民族经常要面对各种自然灾难。为了生存，他们不得不努力克服灾难，积极与自然和谐相处。无论是"女娲补天"还是"后羿射日"，或者"大禹治水"神话都是先民渴望改造自然，克服险情，努力与自然和谐相处，建设美好家园的集体心理反映。在西南少数民族神话中，大洪水灾难与多个太阳炙烤大地的灾难最为常见，下文就以多个太阳灾难神话为例。

一般说来，天体崇拜的主要对象是日月，由此衍生的文化具有非常普遍的意义。人类学家爱德华·泰勒认为凡是太阳照耀的地方都存在太阳崇拜现象。在上古时期，这种现象普遍存在世界各地，几乎每一个民族都有这种崇拜文化。

早在殷商时期，中国就有日月崇拜的文字记载。"殷人在日出和日落时要举行'宾日'和'饯日'的祭祀仪式。周人讲究'祭日于坛，祭月于坛'，'祭日于东，祭月于西'，'祭日以牛，祭月以羊彘特'。日月星辰都享受烟祭，即将祭神的牲体和玉帛放在柴上，烧柴烟起，使祭物升达于天。"[①] 以太阳为母题的神话传说在我国古代十分流行。《山海经》中有帝俊之妻羲和生十日之说："东南海之外，甘水之间，有羲和之国，有女子名曰羲和，方日浴于甘渊。羲和者，帝俊之妻，生十日。"[②] "昔者十日并出，万物皆照"[③]，"十日代出，流金砾石些。"[④] 其他的神话故事如夸父追日、天狗吃月、嫦娥奔月等无不说明了中国古代日月崇拜现象的普遍性。此外，人们所熟悉的太白星、晨星、二十八宿等星神都是古代中国人祭祀的对象。

在西南地区，许多少数民族都有天体崇拜的文化现象，其中尤以日月崇拜最为普遍。例如，侗族人对天的崇拜颇具代表性。具体表现为对天上的日月星辰、风雨雷电等天体或自然现象的崇拜，这不仅因为日月星辰等挂在天空上，抬头便见，更重要的是日月星辰、

---

① 金泽：《中国民间信仰》，浙江教育出版社1990年版，第24页。
② 《山海经》，王学典编译，哈尔滨出版社2007年版，第234页。
③ 《庄子》，方勇译注，中华书局2010年版，第34页。
④ 屈原：《楚辞》，汤章平评注，中州古籍出版社2005年版，第203页。

风雨雷电等自然物或自然现象与人们的生产、生活息息相关，尤其是太阳，它给大地带来光明、温暖同时也常导致高温、干旱等现象，这些看似"矛盾"的自然现象显然超出原始先民的理解力。由于认识能力有限，他们把太阳人格化，并凭着想象力，创造了许多与太阳相关的有趣的神话。例如在侗族地区至今还流传着"射太阳"与"救太阳"的神话故事。相传，两个极为孝顺的兄妹，为给母亲治病，居然想到了用雷公的胆给母亲治病。他们千方百计到处寻找雷公，雷公知道非常生气，于是雷电交加，洪水滔天，结果大地上只剩下躲在葫芦里的姜良、姜妹等。雷公放出 12 个太阳，企图通过暴晒、烤干大地，报复人类。姜良、姜妹被炙热的太阳折磨得难以忍受，于是用桑木自制弓箭，顺天梯而上，连射十箭，10 个太阳纷纷落下，只剩下两个，正当姜良要将它们一网打尽之时，姜妹连忙阻止，说要留一个白天照哥哥犁田，留一个晚上照妹妹纺纱。结果一个留在白天出来，另一个被吓得躲在蕨萁叶下，白天不敢露脸，只好晚上偷偷出来，这就是月亮。

类似的"射日"神话在各地都有流传。关于"射日说"，历来有多种解释，其中英国人类学家安德烈·朗格（Andrew Lang）的解释最为流行。他认为十日或十二日等多日神话表明了很早很早以前发生过大旱，出现过焦禾稼、杀草木的现象。也就是说，古人曾经历过异常炎热的天气，所以才借助于想象，表达了渴望消除干旱和酷热的心情。"射日"神话普遍存在我国许多少数民族文化中。这些神话母题大多是按照这样的线索展开：天地、人被创造出来之后，又经过大洪水，数日并出，人与万物无法生存，此时一个英雄出现，他克服种种苦难，射掉多余的太阳，拯救人与万物。

四川凉山彝族地区流传一个英雄"支格阿龙"创造日月星辰又射杀多余太阳的故事。相传，龙王的女儿蒲莫尼衣在织毛衣时，突然一只神鹰飞到她的发辫上、披毡上、褶裙上，在这三处各滴下一滴血，然后就飞走了。不久，蒲莫尼衣就有了身孕，很快她生下了一个男孩，取名为"支格阿龙"。奇怪的是，这孩子一生下来，既不想吃，又拒绝妈妈抱，无奈之下蒲莫尼衣只好将他放在岩下。没想到岩下的龙王把孩子养大,并教他骑马射箭。那时,天地混沌一片,天上没有日月星辰,地上没有山川河流,人们难以生存下去。见此情景,支格阿龙将一束神草揉碎后撒向天空,于是天上就有了日月星辰,撒在地上,地上于是有了山川河流。但是,此时天上的太阳有6个之多,结果使得地上的人和动植物都无法生存,于是支格阿龙又用神箭射掉了其中5个。

作为一个有着悠久历史的少数民族,苗族先民创造了许多有关天地日月、人类起源的神话故事。在许多苗族地区都有"造日月"和"射日月"的民间传说,多以诗歌形式传承至今,但各地的具体内容有所差别。黔东南苗族地区流传《铸日造月》,黔西北和滇东一带的苗族地区流传《杨亚射日月》,而云南文山苗族地区流传《九十八个太阳和九十八个月亮》和《九个太阳和九个月亮》等。

黔东南苗族人代代传讲一个名为"铸日造月"的神话故事。相传,苗族的四个祖先宝公、雄公、且公和当公用金银为原料,以水波纹为模型,造出了12个太阳和12个月亮。按地神的规定,这些日月按照顺序出来,没想到它们不守规矩,活泼好动一起出来,结果大地遭殃、万物枯死、人类遭罪。于是苗族先民又找到四个铸日造月祖先,求他们帮忙。四个祖先只好又铸造了一把巨大的弓箭准备射掉12对日月,由于弓箭太大、太重,没有人抬得起,只有一个叫作"桑扎"的苗族小伙才拿得起。天上的日月看到桑扎要消灭它们,纷纷逃亡到高处,桑扎只好爬上玉树,用了整整11年的时间,终于射掉了11个太阳和11个月亮。

再如《杨亚射日月》中叙述:天上的日月都是由六个铜匠和七个铁匠用金银造出来的。他们一共造出了八个太阳和八个月亮,结果大地一片炽热,万物遭殃,人类生存面临危机。在此危急时刻,苗族的英雄杨亚挺身而出,他将河边仅有一棵岩桑树砍倒,做成弓箭,决心把多余的日月射掉。"杨亚砍倒岩桑树,将主干削成弓,树尖削成箭,扛着弓箭向太阳出来的方向走去。到了天边,就站在大海旁的山上,拉开弓,搭上箭,只七箭,天上的七个太阳和七个月亮便被射掉了。大地阴凉了,万物又得到了生长的机会,人类也才又得到了安宁。"① 这种故事与汉族地区的后羿射日大致雷同。

苗族史诗《亚鲁王》中也讲到苗族先民如何创造天上日月,后来又射掉日月的故事。相传,亚鲁王由于误射,将天上的日月全部射下了,导致地上缺少阳光,天空灰蒙蒙,地上黑漆漆,庄稼不能种,饿了没饭吃,冷了没衣穿,这样黑暗的生活持续了3年。为此,亚鲁王只好派其儿媳嘎赛咏去铸造日月。嘎赛咏爬到天空请教祖奶奶如何铸造日月,后者告诉她要用黄金与白银为原料才能制造出太阳与月亮。嘎赛咏用黄金做成12个手镯,又用白银做成12个手镯,于是天空又有了12个太阳和月亮。但是,由于数量太多,地上之水被晒得如开水,大地如被火烤,牛羊被渴死,庄稼被干死,于是苗族的英雄"桑扎"又像后羿射日一样,也把多余的11个太阳和11个月亮射掉。

水族文化中也有类似的射日神话。水族的《开天地造人烟》古歌中叙述,牙巫创造天地之后,又造了日月,但由于他性子急,一不小心造出了10个太阳,结果把万物炙烤得无法生存,植物枯死,动物渴死,所以他又只好把铁箭和铜箭赐予人类。水族的英雄阿劳勇敢地承担这项任务,用箭射下了8个,留下了一双即太阳和月亮。但不幸他遭到太阳的报复,他和妻子、孩子全被烤焦,粘在石洞壁上,成为千古风物化石婆。

在中国哲学中,自然与人的关系实质上就是天人关系。从隐喻角度看,西南少数民族大洪水灾难以及射杀日月的神话故事,首先隐含了人与自然之间的矛盾;其次也说明了原始先民已经意识到人类依赖于自然,自然既能给予人所需要的一切,自然也可以毁灭一切;最后,大洪水、"射日"神话还说明了原始先民并不愿意匍匐在自然面前,不愿意完全服从神的旨意,而是试图挣脱自然的束缚。这些神话也反映了在面对自然灾难时,原始先民积极努力改变自然、利用自然,内心渴望有一个风调雨顺、人与自然和谐相处的自然环境。

---

① 贵州省民间文学工作组编著:《苗族文学史》,贵州人民出版社1981年版,第42页。

二 日月崇拜文化中的生态和谐意识

面对大自然中的灾难，西南少数民族先民不仅在实践上积极自救，而且在思想观念上也认识到改善人与自然关系的重要性，他们试图改善自然与人的关系，与自然和谐相处。在他们众多神话中，不仅有反映人与自然矛盾的神话，也有反映人与自然和谐的神话，例如侗族等少数民族传统文化中就有"救太阳"的神话。此外，西南少数民族把天上的太阳月亮奉为神灵，加以崇拜，是这些少数民族试图改善人与自然关系和渴望有一个美好家园的集体心理表现。

相传在古时候，太阳不是朝升夕落，而是整天挂在天空，因此受到人们的喜爱。但凶神商朱却非常不满，因为太阳照得他无法露脸，于是他心生毒计，用大铁棍将太阳从金钩打落，天地因此变得一片黑暗，人们不得不在黑暗中生活，而商朱则在黑暗中横行霸道。侗族兄妹广和闷两人同众人一道商量后，决定营救太阳。广带领众人砍来又直又高的杉木，造天梯到天上寻金钩，闷则带领女人割葛麻藤，做成麻绳。广手拿绳的一端，爬天梯到天上，闷却持绳的另一端在地下找太阳。他们约定找到太阳后，摇铃提示对方，通过努力，广找到了金钩，闷找到了太阳。闷用长绳拴住太阳，摇铃相告，却不想铃声引来了商朱，结果闷被商朱所杀。她的心变成了朝阳花、血化为太阳黑子。广用长绳将太阳挂在金钩上，与众人一起用麻绳把太阳拉上天空。霎时，天空光芒万丈，阳光又普照大地，商朱无法动弹，被众人打死。广从此就每日护理着麻绳，拉动太阳东升西落，从此，人们又过上了安居乐业的生活。这个有趣的神话是一种典型的太阳崇拜文化，它生动地反映了侗族人所倡导的人与自然、天与人之间的关系，反映了侗族人的伦理道德、价值取向，可以升华为一种宝贵的生态伦理观念：自然是人类的朋友，万物不是掠夺的对象，而是与人类相互依存。

侗族人相信太阳是天上最重要的神，没有了太阳就没有天。今天侗族地区还有不少祭天的活动，而其中最隆重的活动就是祭"天魂"，即祭"日晕"。侗族人甚至认为日晕是太阳之母。每年农历八月十六，很多侗寨都设立神坛，举行祭天魂活动。活动主要方式是载歌载舞，以悦天神。舞蹈也分阶段进行，第一个舞蹈一般由五位掌管神坛的祭师表演。他们所穿的服装、舞步都有讲究。他们一般身披金丝方格纹法毯，戴上绘有蜘蛛①的面具，围绕一个中心，缓缓前行，手举一把象征着太阳的花伞，边走边旋转花伞，伞上的羽花随之飞向四周，如同太阳的光芒，其余四人也在各自位置上，围绕主祭师尽情跳舞。其舞步、舞姿造型都类似网状，犹如太阳的光芒，寓意太阳给予了宇宙万物以光明和生命。

　　至今，侗族人许多祭祀品的寓意都与太阳崇拜有关。如祭品中常见的糍粑就形似日晕，此外，侗寨的建筑布局也隐含了侗族人的太阳崇拜。一般地，鼓楼是每一个侗寨的中心，其余各家各户的住宅都围绕鼓楼层层辐射，犹如四射的太阳光芒。鼓楼前的平地中央一般有一个大圆圈，圆的四周均匀地分布四根射线，这样便形成了一个日晕形状。此外，在侗寨的歌坪、晒谷场、庙堂等地，均有一些圆圈和射线组成的日晕图案，侗族人的太阳崇拜还广泛地表现于雕刻、舞蹈等艺术形式中。太阳崇拜是侗族人重要的信仰内容，是他们重要的精神支柱。

　　侗族最具代表性太阳崇拜表现在他们的铜鼓文化上。鼓面的纹饰酷似太阳，中心的圆圈代表太阳，四周的丝纹代表了太阳的光芒。侗族人认为，天是由太阳主宰，天不能没有太阳，没有太阳则没有天，没有天则没有地，也就没有万物和生灵。这种古老的崇拜也产生了诸多禁忌。例如，不许对着太阳、月亮小便，不能手指太阳，否则手指会烂掉。如果在日暮时分见到有人打桩，自己魂魄就容易被夹。

　　侗族不仅崇拜太阳，也崇拜月亮。"月亮"是侗族传统文化中一个重要的文化因子。例如，侗族青年男女都喜欢的"行歌坐月"活

---

① 在侗族语中，"蜘蛛"亦叫"萨天巴"，与侗语的太阳读音一致。侗族人认为，天魂在天是日晕，在地上就是蜘蛛。蜘蛛所结的网就如同太阳的光芒、智慧与力量，能够护佑人们的灵魂。

动就与月崇拜有关。侗族不仅有"救太阳"的神话,还有"救月亮"的神话:据说,有个妖魔被月亮照得无处遁藏,于是魔王就变成大榕树,企图挡住月光,以便在黑暗中趁机害人。大武士叟决心为民除害,其箭法高超,百发百中。武士叟借助大杉树来到月宫,奋力砍伐大榕树,可是大榕树即砍即合。叟不仅无法砍断榕树,还面临着粘在树上的危险。于是,武士叟怒喝三声,大榕树随之倒下,月光再次普照人间。武士叟为了监视魔王,从此留在月宫。

"祭月"曾是中国古代中秋节一个重要活动,但此习俗在今天很多地方并不多见。不过一些侗族地区至今还相对完整地保留着这种习俗。每到农历八月十五月圆之时,侗族人便开始了赛芦笙的"祭月"活动。活动当日,侗寨的男女老少都身着盛装,拿着芦笙一起到场上边舞边吹,以示对月亮的喜爱和敬畏。这种习俗在当地侗族社会已有很长的历史。靖州苗族侗族自治县侗寨新街立有民国乙卯年(1915年)的碑文,上面便记载了当时的赛芦笙的盛事:"上古立极制笙,众物贯地而生也,春祈以应气候而万物发生,秋报以享上帝而五谷丰收,垂流于后也。""各寨不论贫富男女,务要赴芦笙场吹笙歌舞,庶不失上古之礼。"[①] 足见当时祭月活动之盛况。

在中国文化里,月亮属于夜晚,代表了柔和、阴性。月亮的阴晴圆缺规律与人和动物的生理规律极为相似,所以,月亮往往与"女性"和"生殖"相联系。有研究者由此认为,侗族文化具有浓郁的女性化文化特征。从被尊为"大祖母"的萨岁崇拜,到月亮崇拜,都体现了侗族爱好慈祥、善良、宁静、和谐的文化心理特征。

受月亮崇拜文化的影响,侗族的民间文学常常带有忧郁婉约却又通脱淡泊的女性化文学特征。"其民间文学中的《阴阳歌》《金汉烈美》和民歌中的'苦情歌'、情歌中失意情歌如'旧情人歌'堪为代表。'旧情人歌'唱给成为别人新娘的情人,且在婚礼时浅吟轻唱,既有无限的忧伤和缠绵又有对新娘的祝福,而且作为一种民俗,新郎和一切宾客都给予了认可、理解和关怀,它是侗族特有的一种

---

① 廖开顺:《"月亮"与侗族文化》,《民族文化》2001年第1期。

文化事象。"①

　　侗族人对以日月为核心的天地崇拜，充分展现了侗族人敬畏自然、善于顺应和依靠自然，善于与自然打交道的实践智慧。日月神话的动人故事展示了侗族人在处理人与自然、社会以及人与人相互关系的生存智慧，表明了侗族人民热爱和谐、宁静、慈爱、柔美的文化精神气质，也充分展现了侗族文化中宝贵的万物同源、天人和谐的生态伦理思想，为我们今天保护生态环境提供了宝贵的实践经验和思想智慧。

　　云南拉祜族传统文化中也不乏日月崇拜文化。相传，在宇宙混沌时期，天地还未形成。突然一团圣火出现，在混沌宇宙中不断燃烧。燃烧的烟雾上升变成了天，后来烟灰又落下来了，变成了地。一天，大地激烈抖动，一座高山被震垮了，两块巨石滚下来，一块白色发亮，另一块红得发亮。"那两块发亮的白石头和红石头，先后飞上天。先飞上天的那块白石头，变成了月亮，高高地挂在天上。后飞上天的那块红石头，变成了太阳，高高地挂在天上……有了太阳，有了月亮，从此世间就分成了白天、黑夜。"② 在云南澜沧县竹塘乡一带，当地拉祜族人每到农历八月十五便举行祭拜日月的仪式，当地人又把这天称为"吃斋节"。是日，村民们都将一碗米交给祭师，祭师汇总后，带上黄瓜、糯米等物品对着日月祭献，并念道："白天靠太阳，照得五谷丰登，晚上靠月亮，照得大地明亮。"然后祭司给每户赠送一块糍粑，村民则把糍粑放在自己家的箩筐上，寓意年年丰收。

　　这些神话故事当然都是少数民族先民在生产生活实践中主观创作的，是这些少数民族先民在处理人与自然关系时所形成的对自然的一种素朴认识。日月崇拜是古代劳动人民认识自然、把握自然的一种方式。他们在生产和生活实践中认识到太阳与月亮的不可或缺性，人离

---

① 廖开顺：《"月亮"与侗族文化》，《民族文化》2001年第1期。
② 吕大吉、何耀华主编：《中国各民族原始宗教资料集成·拉祜族卷》，中国社会科学出版社2012年版，第35页。

第一章 原始自然观中的生态伦理思想

不开大自然。这些神话故事隐晦地反映了西南少数民族一些传统的生态观念：

首先，几乎所有的射日月神话，都是遵循从生日月再到射日月，最后到与日月和平共处顺序，这一过程实际上反映了人类与自然关系的变化过程以及人类认识自然的过程。"生日月"阶段反映了人类与自然相互依存性，人类还处于理性刚刚萌芽时期，此时人类还未完全清楚自己与自然界之间的差别，也无能力创立自己的文明；"射日月"神话的出现，表明人类已经逐渐觉醒，理性有了大发展，开始创立自己的文明生活，对自然界的认识有了巨大进步，已经认识到自然界与人类自己之间的巨大差异性。随着人类自身生存技能提高，人类不再完全遵循自然界的规律亦步亦趋，而是在认识的规律基础上，试图摆脱自然力的束缚，并以一种幻想的意识来表达，这是"人与日月和平共处"期，表明了原始初民对自然界认识变得深刻了，他们对自然界的某些现象不再迷茫了，认识能力、生存能力有了较大进步，尤其是在农业生产方面。

其次，所有西南少数民族的日月崇拜神话中的日月都是被造出来的，而且是被他们祖先造出来的。换言之，在他们看来，人类自身与日月这样的自然物同宗共源，这就隐含了人和万物都是自然界产物的唯物主义观念，也隐含了"平等""共生"这样的观念。同时，日月之所以被人类创造出来，是因为人类需要它们。也就是说，日月这样的自然物是人类生存繁衍不可或缺之物，这又反映了人类可以通过双手创造自己美好生活的愿望和能力的观念。神话中日月危害人类的内容其实是曲折地反映了自然与人类之间存在矛盾。多个日月炙烤大地就是寓意自然灾害。在残酷的自然灾害面前，少数民族的先民并不是俯首就擒，而是积极努力，最终化险为夷，创造了自己美好的生活。同时也看到，无论日月如何作恶，少数民族的先民并不是全部消灭他们，而是留下其中一部分，说明少数民族先民已经认识到：人类无论如何是离不开自然界而孤立地存在的，自然与人类是相互依存的关系。虽然自然界可能给人类带来灾难，但是人类总有办法与自然和谐共处，这其中包含一种乐观主义精神。

▶ 西南少数民族传统生态伦理思想研究

小 结

神话被认为是人类的胎记和文化的原点，西南地区各少数民族神话文本虽然有所差异，但在人与自然关系方面却几乎是一致的，"可以说，它们是借助于一些具体的形象、直观的符号与材料，来表达对人与自然秩序的阐释，这便是神话生态伦理意象"[①]。在人与自然关系上，人类中心主义坚持人是自然界的主体，而万物为客体，宣扬人是唯一具有理性的存在，因而自在的就是目的。人类中心主义最饱受诟病之处在于它认为只有人才是一切价值的源泉，而自然界其他万物的价值只是人的内在情感的主观投射。与此相反，西南少数民族在人与自然关系上，将人与自然万物置于一种平等地位。"对神话和宗教的感情来说，自然成了一个巨大的社会——生命的社会。人在这个社会中并没有被赋予突出的地位。他是这个社会的一部分，但他在任何方面都不比任何其它成员更高。生命在其最低级的形式和最高级的形式中都具有同样的宗教尊严。人与动物，动物与植物全部处在一个层次上。"[②] 人类不应该高高在上，而应该与自然万物平等相处，人、天地、自然万物相互依存，相互作用。

从神话的特点来看，在人类理性尚未充分发展之前，人与自然的关系是浑然一体的，人对待自然的方式是感性的，而非抽象的、理性的，对自然的认识是直观的，而非逻辑的。人类起源的各种神话反映了人与自然的生命同源性、一体性，是对人类的自然属性的直观形象表述。"从人类意识最初萌发之时起，我们就发现一种对生活的内向观察伴随并补充着那种外向观察。人类的文化越往后发展，这种内向观察就变得越加显著。人的天生的好奇心慢慢地开始改变了它的方向。我们几乎可以在人的文化生活的一切形式中看到这种过程。在对

[①] 康琼：《论中国神话的生态伦理意象》，《湖南大学学报》（社会科学版）2011 年第 6 期。

[②] ［德］恩斯特·卡西尔：《人论》，甘阳译，上海译文出版社 2004 年版，第 106 页。

第一章　原始自然观中的生态伦理思想

宇宙的最早的神话学解释中,我们总是可以发现一个原始的人类学与一个原始的宇宙学比肩而立:世界的起源问题与人的起源问题难分难解地交织在一起。"①

彝族、侗族神话中人与天地万物起源与"混沌说""五行说"以及姜良姜妹兄妹创造万物的故事、傣族的创世神话、苗族的古歌《开天辟地》等,都是以神话思维的形式表达自然万物与人都是同源共祖的,天、地、自然万物与人一样都是有生命的,正因如此,这些少数民族才对天地、自然充满了敬畏。

从神话内容来看,它涉及人与自然万物尤其动植物关系的生态伦理问题。尽管这些"同源共祖"的神话是一种虚幻的形式,但都是少数民族的先民在长期的生产与生活实践中,对人与自然万物关系的素朴认识,表达了少数民族先民对宇宙的生成、万物的起源和演化、人类和动植物的关系等现象的思考,透露出质朴的生态伦理智慧。用神话的形式肯定了人类与自然物的平等关系,指出了人类与自然界中的动植物是相互依存、相互影响的关系以及人与自然万物是共同构成一个统一生态整体。此外,形形色色的开天辟地神话以及"混沌说"等文化形式中已经包含了一种"天人合一"的整体观,即认为自然生物与人都是从自然演化而来,人与自然是不可分割的统一体。

从创造日月到救日月,再到射杀日月,这些神话反映了西南少数民族探索宇宙奥秘的勇气,蕴含了一种理性进取精神,同时也反映了西南少数民族先民的生态观念的逐步深化。既反映了人与自然万物之间的"共生"关系,例如神话中所提到的:天不能没有太阳,人与自然万物不能没有太阳,缺少太阳,大地黑暗,庄稼枯死、牛羊渴死;也反映了人与自然万物之间的"竞生"关系,例如,神话中射日的主题就反映了当自然界不能满足人们需求时,人类该如何处置,从另一个方面反映了西南少数民族先民渴望美好生态环境和生存状况的愿望。

---

① [德]恩斯特·卡西尔:《人论》,甘阳译,上海译文出版社2004年版,第6页。

第二章　山地崇拜文化中的生态伦理思想

土地沙漠化、石漠化、土壤污染等现象无不宣示了生态环境恶化之程度，如何守护承载万千生命的大地，是关涉人类存亡之大事。土地是生态之本，保护土地是生态文明建设的重要内容。保护土地首先应该具备爱土、亲土乃至敬土的意识。以农耕为主的西南少数民族对土地有着强烈的依赖与眷恋之情，这种情感不仅蕴含在遍布各地的土地庙文化中，也真实地再现在各种各样的石崇拜、神山崇拜等文化形态中。他们所热爱的"土地"不仅指耕作之地，还包括大地之上的石块、大山等，甚至将土地以及其附着物如大石块、大山进行神圣化，顶礼膜拜，形成了形态各异的土地崇拜文化。这些文化隐含了一种古老的万物有灵的思想，也饱含了西南少数民族深厚的土地情结，真实表达了他们那种爱土、亲土和敬土之情。本章将从三个方面阐发西南少数民族土地、石块、神山崇拜文化中的生态伦理思想。第一，以彝族、侗族、哈尼族、布依族等少数民族的土地崇拜文化为代表，阐释少数民族先民爱土、亲土和敬土之情；第二，以水族的石崇拜传说、拜霞文化，苗族的神石崇拜，普米族的锅庄石崇拜，羌族、藏族的白石崇拜为典型，阐释西南少数民族先民原始的物我不分、万物同情和天人合一的思想；第三，神山崇拜在西南少数民族那里是一种普遍的文化现象，但本节只选取有代表性的藏族、傣族等少数民族神山崇拜文化为代表，以阐释西南少数民族尊重自然、适应自然的生态伦理思想。

第二章　山地崇拜文化中的生态伦理思想

第一节　土地崇拜文化中的生态审美

一　重土、敬土文化中的敬畏自然思想

土地崇拜始于狩猎采集时代对山地的依赖，在很长时期内它并没有真正成为一种崇拜和信仰。人类学会农业生产之后，人们所需要的生活资料大多是从土地中获得，人与土地的关系变得更为亲近。中国自古以农立国，正所谓"自始到今建筑在农业上面的"[①]，土地、农耕无疑是中国文化最深厚的底色。所谓"土，吐也，吐生万物也"[②]。对于依靠土地为生的民族，土地数量的多寡、土质的状况都是人们最为关切的问题。土地是普通百姓，乃至整个国家的主要财产，土地的数量之多寡、肥瘦之程度直接影响到人们的贫富和社会地位的状况。土地也决定了一个国家的实力状况，因此人类对土地的争夺从来就没有停止过，历史上无数的战争莫不与土地有关。自古以来，我国就有重土、重农的思想。从高高在上的天子，到普通的黎民百姓，无不对土地怀有一种深厚的情感，积淀成具有中国特色的土地信仰文化。

早期人类对于农作物以及耕种规律的认识还较为模糊，全都靠天吃饭，人们很容易认为是神灵在控制他们的庄稼丰歉状况。由于认识能力的局限以及对丰收的祈盼，于是产生土地神观念以及相应的土地崇拜文化。考古发现，在红山文化时期，土地就被尊为女神，而且土地崇拜与生殖崇拜交结在一起。殷周时期，土地就被人们尊称为地母、后土、社神等。女娲造人故事就在一定程度上说明了中国人对土地的态度与认知，尽管只是神话，但神话却反映了早期人类的原始思维，透过这些神话我们还能依稀看见早期人类是如何理解人、自然和社会的。

在中国古代，对土地神的祭祀被称为"祭社"。"社"的最早含

[①] 钱穆：《中国文化史导论》，商务印书馆1994年版，第15页。
[②] 刘熙：《释名》，中华书局1985年版，第10页。

义就是指土地神。《说文》中把"社"理解为"地之主"。社、稷为土、谷之神。"社稷"就是土地与五谷的合称。几乎每一个朝代都设有大大小小级别不等的"社稷坛",用以祭祀土地神和谷神。宋代以降,社稷坛逐渐被土地庙所代替,至明代,土地信仰更为普遍,土地庙遍及全国各地,十分盛行。

我国西南地区的少数民族多居住于山区或半山区,自古以来多以农耕为主,形成灿烂的农耕文明,也产生了丰富多彩的土地崇拜文化。例如,西南地区的彝族就是一个爱土、崇土的少数民族。彝族人大多生活在山区,他们在山地上种植粮食、瓜果、麻棉和花草树木,同时还饲养家禽、家畜。土地给他们带来了他们所需要的物质生活资料,他们对土地心存感激。种地靠天吃饭,在土地上辛勤劳作可能一无所获,尤其在高山坡陡的地带进行农业种植,海拔高,气温低,土地相对贫瘠,农业生产相对困难,产量没有保障,彝族先民在感激土地同时也对土地充满敬畏,他们相信土地决定了庄稼的丰歉,于是想方设法地取悦土地,这样,在漫长的农业生产与生活过程中,彝族先民逐渐产生了土地神观念。

彝族人认为水稻、玉米、麻棉等农作物之所以能够在土地中生长、开花、结果,完全依仗土地神或地母。因此,彝族人普遍信仰土地神。每一个彝族村寨,无论人口多少,都要供奉土地神。村民们常常在寨子后面的山坡上,选择一个相对僻静之地,搭建一个很小的简易房,里面放置土地神像,如此便成了一座简易的小土地庙。有些地方的土地庙中放置一个小泥塑偶像,有些只是放置几块砖块或石头,而有些地方如贵州毕节三官寨彝族地区的土地庙,则放置一个茅草把子,草把子中间穿根木棍。在传统的彝族社会,如果谁家添丁了,便到土地庙焚香、跪拜,以示对土地神的感激。如果娶亲嫁女途中经过土地庙时,新娘新郎便暂停结婚进程,一起到土地庙前进行焚香、跪拜。

在传统彝族社会,土地祭祀非常普遍,大多很隆重。清代《伯鳞图说》记载:"酒摩(彝族支系)……奚卜(祭司)能为农祭田祖,

第二章　山地崇拜文化中的生态伦理思想

以纸囊盛螟虫，白羊负之，令童子送之境外，云南府属有之。"① 彝族对土地的祭祀主要有三种，即血祭、牲祭和禽祭、普通祭祀。② 所谓血祭，就是用牲口之血，敬献给地母"米斯"。例如，生活在云南大理彝族支系漾濞彝族对土地神的祭祀就颇具典型性。当地彝族在乔迁之时，必定要举行祭祀土地神的仪式，他们往往"选择迁入新居后的一天，把阿毕请到家中接土地神，阿毕在院子里烧一堆熊熊大火，从山上找回一支长有三个叉的松树枝和几片椎梨树叶子，就接到了'土地神'，接着把'土地神'插在一个装有粮食的新斗里，把升斗安放在火堆的左上方，动手杀鸡，杀鸡前鸡头、鸡脚上淋水，阿毕一边淋水、一边口中念道：'鸡头洗干净，鸡脚洗干净，干干净净的鸡献给你，你都看见了'。念完后，杀鸡，把鸡血滴几滴在'土地神'上，拔下鸡翅膀上的毛三、四根插在一旁，表示'生祭'"③。

对土地的祭祀，最早源于祈盼丰收以及向土地神报告收成和敬意。祭祀土地时，农作物是很常见的祭祀品，后者又演变为一种神灵祭祀，且与土地神的祭祀结合在一起如"稻神"和"荞神"的祭祀。自古以来，稻米是彝族人主要食物来源，他们对水稻充满了感情，这种感情充分展露在各种虔诚的"稻神"祭祀文化中。每年农历六月左右，各地彝族都会举行祭祀"稻神"活动。云南楚雄的武定等地，一般在农历六月二十日左右举行祭祀活动。在节日当天，当地村民在稻田旁设立祭坛，祭坛上要铺上松树叶，插上松树枝，摆上祭品，然后焚香、磕头。而昆明市周边的彝族则"各村每家一人拿着五色纸做的三角旗涌到土主庙祭谷神，当场杀猪一头，各人将小旗杆上抹点猪血，拿回家中插在谷堆头上，以为来年谷子长得好。"④ 其他地方的彝族在祭祀仪式和内容上，都有自己地方特色，例如，曲靖地区的彝

---

① 吕大吉、何耀华主编：《中国各民族原始宗教资料集成·彝族卷　白族卷　基诺族卷》，中国社会科学出版社1996年版，第27页。
② 陈永香：《论彝族的土地祭祀》，《民间文化》2000年第2期。
③ 吕大吉、何耀华主编：《中国各民族原始宗教资料集成·彝族卷　白族卷　基诺族卷》，中国社会科学出版社1996年版，第64页。
④ 同上书，第325页。

族则是在五月初九祭五谷神,"在自家的耕地上,用羊血淋在庄稼上,祈求粮食丰产。在火把节时祭田公地母,也就是在农历六月二十四日,在地里,选择数株长势苗壮的玉米,烧香化纸……用鸡血煮稀饭三碗和酒三盅,加上鸡等祭之。有的地方农历六月六日祭土地菩萨,用羊血酒抹在'白豆沙'树枝上,插于自家的耕地上,祈求丰收无灾。昆明彝族撒弥支系祭地母是将猪拉到树林中椎死,不能用刀,血灌注到地面,让它慢慢渗入土层中。"①

自古以来,彝族人就喜欢种植"苦荞",彝语称为"作此麻"。苦荞是彝族人最原始的耕作物之一,它养育了一代代的彝族人,彝族人对苦荞充满了深厚情感。每年农历七月初九,楚雄等地的彝族都要举行祭祀"荞神"活动。节日当天,彝族人在种植荞麦的田地旁,选择一棵马樱花树或松树设立祭坛。先插上一根松树枝,再将松树叶铺在祭坛上,接着在上面摆上一些荞麦籽、酒水等祭祀品,然后焚香、磕头,同时毕摩在一边念叨祭词。最后,青年男女齐声唱一曲"打荞调"。

并非所有地方的彝族的土地祭祀都选择农作物作为祭品。有些地方彝族的土地祭祀主要选择动物作为祭品,尤其以猪、羊、鸡等较为常见,如云南的景东等地彝族就以猪或鸡作为祭品祭祀土地神。有些地方对用作祭物的鸡的毛色还十分讲究,如云南的弥勒等地彝族,在选择公鸡时,要求公鸡的毛色是纯白,不能有丝毫杂色,而有些地方例如大理地区的彝族虽然也选择鸡作为祭品,但不讲究毛色是否纯正,不过,其仪式又更复杂。四川大凉山地区彝族的土地祭祀活动则主要在火把节期间举行,其他地区常常在水稻插播时节:"最普遍而最重要的是三四月禾苗播种毕时,家家便以酒肉放于门外,献祭鬼神,祈求不要发生水旱和凶灾,不要降冰雹以打伤禾苗,祈祷毕,将献之肉割三四小块,向着四方抛掷,并以酒肉少许倾倒于地上。"② 这种仪式已

---

① 陈永香:《论彝族的土地祭祀》,《民间文化》2000 年第 11 期。
② 吕大吉、何耀华主编:《中国各民族原始宗教资料集成·彝族卷 白族卷 基诺族卷》,中国社会科学出版社 1996 年版,第 333 页。

第二章 山地崇拜文化中的生态伦理思想

经考虑到彝族生产与生活特点，变得相对简便，因此也最为流行。

"稻神"祭祀和"荞神"祭祀，无论牲祭或禽祭，还是最简便的普通祭祀，都是土地崇拜的衍化形式。"彝族土地祭祀中，土地的形象最早是大地本身，把血渗于地而行祭，随着人们抽象思维的发达，土地神的形象也由其它一些东西所替代，献祭不再直接向大地献，而是向替代物行祭。彝族土地神较为常见的形象是自然物。"① 其原因在于彝族人认为土地是万物生长之母，土地神必然喜欢土地上所生长的东西，因此，把生活中所喜欢的，生命所不可或缺的水稻、荞麦、牲口、家禽等作为土地神的祭品，显然有敬畏土地神，讨好土地神的含义，其目的不仅在于感谢土地养育了他们，也在于祈盼土地神保佑他们年年丰收，等等。

彝族人对土地的崇拜还表现在其他许多方面，例如，当彝族人在新房选址时，有一个向土地神"购买"土地的环节。通常做法是：在土中预先埋下一些碎银。房子开挖墙基时，还要举行"破土"仪式。当事人一般选择一个良辰吉日，请巫师在宅基地中心插上一根松树枝，再宰杀一只公鸡，然后撒上一些米、盐、酒等祭品，最后烧香化纸。之后，巫师要查看鸡卦如何，如果是好卦，则立刻破土开挖，否则就需要择时再举行仪式。房子建成之后，还要举行"安土"仪式。他们把母鸡刚产下的蛋放在一个盘子中，用手端着盘子，跪在新房子正堂上，口念安土词，祈求土地神保护全家平安无事，全年风调雨顺，之后便把鸡蛋埋入堂屋土层之中。

生活在云南的哈尼族人亦是一个以农业生产为主的少数民族，他们的生命活动与土地紧紧联系在一起，这不仅体现在物质上，还表现在精神上的某种联系，这种联系深深影响了哈尼族先民的传统观念、个性心理和行为习惯，并由此产生了具有民族特色的土地崇拜。

在长期与土地打交道过程中，哈尼族先民积累了许多有关土地的知识：土地具有超强的"繁殖"能力，他们所收获的一切，无不都是土地中"繁殖"出来的。他们视之为土地有灵的表现，是对他们

---

① 陈永香：《论彝族的土地祭祀》，《民间文化》2000年第11期。

的"恩惠"。因此，在收获庄稼的同时，他们也不忘土地的功劳，于是用粮食、果蔬甚至是禽畜等敬献给土地，以表达他们的诚意，同时也祈盼土地能永远赐予"恩惠"。就此而言，哈尼族人的土地崇拜与其他少数民族的土地崇拜相类似，不仅对土地崇拜同时也对土地之上的粮食、山石、树林、泉水等物崇拜。但是它颇具特色之处在于，哈尼族人有崇拜地母"寨神"的习俗。哈尼族人把护寨神称为"咪收"，在哈尼族语中，"咪"即地之义，"咪收"就是地母或大地之母的意思。哈尼族人相信，地母"咪收"是他们的村寨的保护神。据说，地母"咪收"还是天神"莫咪"的女儿。地母受天神派遣经常来到哈尼族各个村落中，保护村寨人畜平安，五谷丰收。每到春夏之际，哈尼族人都要举行祭祀寨神仪式，以酒肉等为祭品，义为宴请地母，感谢她对村寨的护佑之功，也希望她继续为村寨带来平安。

中国文化中的土地崇拜往往还与其他崇拜如祖先崇拜等糅合在一起，哈尼族人的土地崇拜也不例外。例如，云南红河地区的绿春县等地的哈尼族人把祖先崇拜、水崇拜、土地崇拜结合在一起，形成了独特的"阿倮欧滨"祭祀文化。"阿倮欧滨"在哈尼族语中义为泉水"汩汩而出之处""东边方向那片土地丛林"。据说，哈尼族的祖先"简收"是一个出身富贵、十分聪慧的女人，她为了给哈尼族人寻找一个生存之地，历尽艰辛，最后找到了一个泉水汩汩往外流的"阿倮欧滨"，于是她将手中的芦苇拐杖插入泉水边，不一会儿，拐杖变成了参天大树，"简收"也升上天空。哈尼族古歌唱道："阿倮欧滨的十二股水，是哈尼人活命的水；阿倮欧滨的十二股水，养活了七十代的祖先；阿倮欧滨的十二股水，养大了七百代的后人；阿倮欧滨的十二股水，流到了哈尼分开的十奥含；阿倮欧滨的十二股水，流到了一玛河下方……多娘阿倮欧滨的水，不是出在山中的泉水，也不是父母留下的井水，是天神摩咪赐给的福气；不是山中树叶中淌出来的水，是祖先阿培烟沙给的福水。"[①] 每年农历正月第一个属牛日，当地的

[①]《都玛简收》，白门普等演唱，卢保和等翻译、整理，云南民族出版社 2005 年版，第 244 页，转引自黄龙光等《绿春哈尼族"阿倮欧滨"祭祀的生态实践——兼谈哈尼族传统文化对生物多样性的保护》，《云南师范大学学报》（哲学社会科学版）2011 年第 5 期。

第二章 山地崇拜文化中的生态伦理思想

哈尼族人都要举行隆重而神秘的"阿倮欧滨"祭祀活动。"阿倮欧滨"祭祀活动与其他祭祀活动的不同之处在于它是各个村寨联合举行，因此祭祀规模较大，而且更为庄严和隆重，例如主祭必须是终生不食狗肉、鳝鱼等，祭祀前不得与妻同床。祭祀期间如果村中有人亡故，火灾，或其他灾难，那么原定的祭祀就不能举行，只能往后推延到下一个属牛日。"阿倮欧滨"作为一个神圣之地是神圣不可侵犯的，任何人不得随意进入。所以在绿春县的"阿倮欧滨"祭祀区域都树立一块警示牌，上面常写着："阿倮欧滨祭祀中心方圆五百米内，不准采用一草一木；不准埋葬；不准野炊、洗澡、钓鱼；不准穿行、放牧。违者最低罚款三百六十六元，上不封顶。阿倮欧滨祭祀林区，一直是当地哈尼人的祭水圣境。"①"阿倮欧滨"文化还具有保护森林植被和水土的作用。

所谓爱屋及乌，哈尼族先民对土地热爱延伸至对土地上的动植物和其他自然物的热爱。土地上所生长之物，丛林中的动植物，地下冒出的汩汩水流都是他们所依赖的自然对象，是他们生活所不可或缺的东西，对这些自然之物的感情是他们对土地情感的延伸，或者他们所理解的土地本来就包含了这些。土地崇拜是一种综合性的崇拜，它真实展露了哈尼族先民的原始信仰与潜意识，反映了哈尼族人在与自然相适应过程中所体现出来的热爱自然、敬畏自然之情。

侗族也是一个自古以农耕为主的少数民族，他们在山高林密、交通闭塞的大山深处开垦荒地，种植庄稼，世世代代离不开土地，对土地产生了深深的依赖和崇敬之情，由此也形成了丰富的土地崇拜文化。其中以土地神的祭祀最为典型。在侗族村寨，土地庙极为常见，几乎每一个村寨的村头或桥头、路边都有一个或大或小的土地庙。里面或放置土地公（或地母），或简单地放置几块砖石。土地公（或地母）有的为木雕，有的为泥塑。每到过年或每月初一、十五，侗族村民就要提着酒、肉和香纸到土地庙前进行相对简单的祭祀。在贵州的

---

① 黄龙光：《少数民族水文化概论》，《云南师范大学学报》（哲学社会科学版）2014年第3期。

剑河、镇远、岑巩、黎平等地的侗族村寨，土地神的祭祀就要相对隆重点，这些地方的侗族一般选择立春之后的第五个戊日为"春社日"。当然，"春社日"并非侗族人的创举，而是中国一个古老的节日。中国古代很早就有"春社日"。汉代之后，又有了"秋社日"。早在南北朝时期的宗懔在其《荆楚岁时记》中记叙道："社日，四邻并结综会社，牲醪为屋于树下，先祭神，然后飨其胙。"① 春夏之际，正是播种季节，"春社日"祭祀之目的在于祈盼土地神赐予大地五谷丰登，而秋天举行的"秋社日"显然是庆祝丰收，向土地神报告丰收成果。

与中原文化的"春社日"相比，侗族的"春社日"要较为隆重。每到此日，当地侗族就要举行隆重而庄严的"赶春社"的活动，当地侗族把这个活动叫作"赶社"或"赶春社"。据说，"赶春社"是为了迎接土地神阿点龙的灵魂，而"秋社日"的祭祀则是为了欢送土地神回家。侗族的"春社日"祭祀与"祭萨"活动交结在一起，或者说，"春社日"祭祀最重要的内容就是祭祀"萨岁"即祭祀"萨玛神"。在侗族信仰体系中，"萨玛神"不仅是保护农耕生产的地母神，也是管理社稷之神。侗族祭祀"萨玛神"的神坛就是用土堆成的，至今，许多侗族村寨还保留"土王用事日"② 禁止动土的习俗。侗族习俗规定，大戊日即为"土王用事日"，当天，禁止从事相关的"破土"或"动土"的行为，例如耕田、挖土等，在活动当天，侗族人都要暂停一切活动，以举行节日聚会。例如，在湘桂黔三省交界之处的侗族，在"土王用事日"常举行歌会、斗鸡、合拢宴等活动。

侗族的土地崇拜往往与萨岁崇拜混合在一起。侗族的萨岁崇拜是一种具有原始的母系社会文化特征的宗教文化现象。"萨岁"（sax

---

① （梁）宗懔：《荆楚岁时记》，姜彦稚辑校，岳麓书社1986年版，第23页。
② 据说，天上玉皇大帝召集金木水火土五个大王开会，商议在一年之中每个大王分管的时间段。会议开始之后，金木水火四大王全到齐，唯独不见土王，玉皇大帝只好把一年四季分布交给到会的四大王分管。刚好分配任务之后，土王就到了，他要求重新分配任务，可是其他大王都不同意，最后玉皇大帝想出了一个折中办法：先到的四大王分管的时间段不变，但每个季度拿出18天交给土王管理，四个季节刚好72天，而其他四个大王也刚好剩下了72天。

第二章 山地崇拜文化中的生态伦理思想

sis），又称为"萨玛"（sax mags）（或萨柄、萨藤、萨温、萨堂、萨老、萨样等），义为大祖母，万物之母。萨玛神还被侗族人民视为能够驱邪、保寨安民之神。侗族的萨玛神原型是旧石器时代狩猎社会"大母神"和新石器时代的农耕文明"地母神"。在贵州榕江、从江、黎平等县的一些村寨，依然保留了在建造房屋之前，必须先建好祭拜萨岁的祠堂或祭坛的习俗。所谓未置门楼，置逢"堆头"，未置寨门，先置"堆并"。有些侗族地区萨岁神坛的设置必须举行隆重和庄严的仪式：先准备一个木雕的女神像，然后在山上或衙门正堂取一块土，由祭坛的负责人采取"背萨"方式，这一环节称为"接萨"活动。此后进行安萨，即把土块和女神像以及其他吉祥物如象征着圣祖母的九层宫殿的蚁房（蚂蚁象征圣祖母有数量多如蚂蚁的卫兵保护），一些生产工具如犁、纺织、印染、狩猎、捕捞、洗涤、炊具及衣服、头饰、鞋袜等日常用品（这些生产与生活用品旨在确保萨岁不缺用品），甚至连刀、剑、弓、箭等也一并埋入预先挖好的土坑内，然后填土堆高，用白石垒成祭坛。神坛有大有小，一般设置在村寨的寨头或寨尾，亦有不少设置在村寨一些僻静的角落。坛顶一般栽树，树种的选择亦有讲究，多为桂花树，也有黄杨树，亦有不栽树，只是一个长条形的白石或木桩。这些树、石头、木桩就成了神主。神坛旁边多放置一把黑色纸伞，有些地方还放置女性用品如衣裙、蒲扇、鞋子等。并非所有侗族地区的萨岁神坛都设置在露天，有的村寨则把神坛设置于屋内，并由专人看管，当地人叫"登萨"。"登萨"的职责是负责给萨岁烧香、献茶和为祭祀做准备。除了祭祀日之外，其余时间，一般人不得闯入神坛范围。

土地神被布依族人视为他们的作物丰收，生活保障的决定性力量。因此，在一些节日中，布依族人忌"动土"以免惊动和冒犯土地神，如生产中的"忌戊"活动即在戊日不进行下地耕田、播种等生产劳动。贵州贞丰县一带的布依族则忌在每月初一动土。每月的初四、十四、二十四三日忌取土修灶，而长顺一带则忌在"四月八"当日动土，而绝大部分地区的布依族在"四月八"忌用牛耕地。贵州罗甸一带的布依族则忌在第一次春雷后的 7 天内耕作，第二次春雷

· 61 ·

之后忌日则相应减少，但也要等到水稻生长到一寸左右才解除。

  羌族以农耕为主要生活方式，因此对土地尤为尊重。羌族也有许多与生产相关的禁忌。在道教思想的影响下，羌族人在"戊"日禁忌下地动土。在他们看来，戊日是天神"木比塔"造人的日子，因此，此日动土必然会伤到土地的筋骨。

  对土地的祭祀、对已故祖先的祭祀以及对土地上农作物的祭祀，都是土地崇拜文化的内容，都真实地反映了这些少数民族崇土、敬土的观念，客观上有利于保护他们赖以生存的重要自然条件——土地。尽管这些形形色色的土地祭祀文化原始、奇特，与现代文化形成了强烈对比，但其中所展现出来的敬畏大自然，爱护自然环境的思想正是当代社会文化中普遍缺少的东西。

二　民间土地庙文化中的崇土观念

  布依族是古越人的后裔，早在新石器时代就已经在贵州一带活动，今天北盘江、南盘江、红水河流域是布依族生活的主要区域。与其他少数民族一样，布依族对土地充满了感情，也有丰富多样的土地崇拜文化。走进布依族村寨，几乎都能见到或大或小的土地庙，但各地布依族人对土地庙的叫法不一样。黔中地区的布依族把土地庙叫作"鲍更嫡"，而黔南的布依族则把土地庙称为"叮写"，或"社""社庙"等。在布依族语中，男子称为"鲍"或"报"，由此可见，在许多布依族村寨，土地崇拜与祖先崇拜糅合在一起了。

  布依族村寨的土地庙在外形上与汉族地区的土地庙几乎没有差别，但其内设物却与汉族及其他西南少数民族有所不同。大多数布依族的土地庙并不放置雕刻好的土地神像，而只是放置两块具有人形模样的石头：一个代表土地公，另一个代表土地婆。贵州的平坝、惠水、关岭一带的土地庙也都如此，但在黔南的荔波、黔西南的册亨布依族村寨，土地庙安放地点与外形就有所不同，这两地的布依族一般将土地庙安放在森林中小路旁，其外形不用石头搭建，而是木制房子，但其内设物与其他地方的布依族没有差别。

  在布依族人心中，土地神具有护佑村寨的作用，他们认为，有了

第二章 山地崇拜文化中的生态伦理思想

土地神,村寨外面的野兽就不敢轻易进入村寨,妖魔鬼怪、瘟疫病魔更是被土地神挡在外面。正是因为土地神的神圣性,所以在贵州镇宁一带的布依族,新媳妇进家门前,必须先从土地庙前经过,这样既表示新媳妇得到了村寨土地神的认可,而且以后也会受土地神的保佑。此外,在镇宁等地,布依族人还相信土地神是人与天神之间联系的中介,如果遇到"麻烦"或者需要天神帮忙,当地布依族人往往到土地庙前去祭祀土地神,他们认为土地神会向天神转告他们的祈求。"每年大年正月初一早上,神赐给人的牛、马、猪、羊,全由鲍更嫡转赐给人,所以鸡叫后,人们都拿着香、纸,燃化于鲍更嫡面前,然后从其身旁牵走象征牛、马、猪、羊之魂的石块,回家拴于圈门;每年全寨性的大型祭祀活动,人们都要请其作为'公证人',起誓遵守各种乡规民约,如有违犯,鲍更嫡可以代表神惩处;每遇庄稼受灾,人们也要祈求鲍更嫡向神转告民众的请求,派专神给民众消灾除害。"[①]

祭祀土地神是布依族一个重要的习俗,各地布依族村寨祭祀的具体时间有所差别,但一般都是在每年农历三月举行。祭祀期间有许多禁忌,例如,外人不得在此期间进入村寨。村寨内的妇女也不能参与祭祀活动,一般要求妇女上山回避,即使有事留在家中,也不得出门,不得晾晒东西。有些地方还要求在此期间不得说汉话,不得戴帽子,不得穿白色衣裤,不得在土地庙附近大小便,不得说脏话、下流语等。有些布依族村寨还规定:担任念经师的人,不能留长指甲,念经前后三天不得食用葱蒜,以免老虎等野兽闻到气味。祭祀的牺牲品一般是猪、牛或者狗。牲口宰杀之后,经师或"寨老"念经之后,便将牺牲品当场煮熟,然后,男人们喝酒吃肉,此时"寨老"不能再讲话,径直回家睡觉,次日天亮之后,方可讲话。这些具有神秘色彩的祭祀文化是布依族传统文化具有民族特色之处,布依族人也正是借助于这种神秘的祭祀文化表达对土地的敬畏。

贵州黔东南、黔南、滇东北等地的苗族亦有丰富的土地信仰文

[①] 周国茂:《摩教与摩文化》,贵州人民出版社1995年版,第67页。

化，有些村寨还有两种大小与作用不同的土地庙。其中较小的一种土地庙是供农历二月二"敬桥节"期间，当地村民常常在此庙前举行"求子"活动，但其主要作用在于保护村寨的各种桥梁，当地人称之为小土地庙；另一种是立于村寨的入口，当地人称之为大土地庙。村民们认为这种大土地庙可以保护他们村寨不被野兽、恶鬼、病魔等不好的东西入侵，保佑村寨人丁兴旺，发家致富。

苗族人把土地神称为"商大"，即"地鬼"之义；土地庙则称之为"宰商大"，即"地鬼房"之义。这说明苗族人土地崇拜与祖先崇拜是相互联系在一起的。据说很久以前，苗族先民经历过一次大洪水，淹没了村寨，除了"古昂"兄妹两人，其他人都被淹死了，兄妹两人长大之后，都找不到结婚的对象，只好兄妹配婚。"结婚以后生一个小孩没有手足耳目口鼻，像南瓜一样。'古昂'怒而砍为若干小块，弃在坡上，但都变成很多人了，只是不会说话。'古昂'即请教于'商大'，经'商大'的作法使这些小孩都会说话了，'古昂'就为它修房子——'宰商大'，这就是苗族人与敬祭'商大'的起源。"①

苗族人的土地庙与布依族等少数民族的土地庙类似，也比较简单，一般都用土石建在路旁，也有用木头、瓦片建成如同吊脚楼状的。有的村寨只修一座土地庙，供全村寨使用。而有的村寨则是同一个姓氏修建一座。有的地方单户也可以修建，但单户修建的土地庙一般在房屋附近的桥边，但不管是谁修建的土地庙，任何人都可以去祭拜，原主不会加以阻拦。而有些地方如黎平、从江、榕江等地的苗族人则喜欢建造"务堆"（意思是"土地奶奶"）。具体做法也较为简便："在村内择一适中地点挖土坑一个，坑深约一米，坑内置铁锅一口，锅内放银箔若干，鸭蛋一枚，小偶像两个，后盖上大铁锅，复土垒成坟茔，顶上植常青树一株或植茅草一兜即为'务堆'。逢年过节，或人们办事不顺时，则杀猪宰羊，向'务堆'乞求帮助。"②

---

① 吴秋林：《中国土地信仰的文化人类学研究》，《宗教学研究》2013年第3期。
② 贵州省地方志编纂委员会：《贵州省志·民族志》（上册），贵州民族出版社2002年版，第144页。

第二章 山地崇拜文化中的生态伦理思想

黔东南地区的苗族人把土地神或土地菩萨称为"西达"。新土地庙修建后，就可以带上牺牲品、香烛等物祭祀"西达"了。新建的土地庙都要用鸡血滴淋在土地庙中两块石头上，只有淋了鸡血的石头才是代表土地神灵。而在桥梁旁边的土地庙所进行的祭祀活动就相对简单，无论是牺牲品还是仪式都予以简化。

生活在贵州遵义、铜仁等地的仡佬族也是一个山地农耕的少数民族。水稻是其最主要的粮食来源，土地对于仡佬族是最重要的生存资源。与其他依赖土地生存的民族一样，仡佬族也非常崇土、恋土。在仡佬族村寨，土地庙也是处处可见。每个村寨都建造一座土地庙，里面供奉着"土地神"。逢年过节，或者婚丧嫁娶，仡佬族人都要备好酒肉，到土地庙前进行焚香化纸，祭祀土地神。值得一提的是，贵州黔东南岑巩等地仡佬族把传说中的共工的后代"后土"作为土地神，共工是传说中的水神，炎帝的后裔。[①] 有趣的是，当地仡佬族人土地庙中所供奉的神像都是女性形象，这显然带有土地是万物之母的信仰。

人们常说，民以食为天，食以地为先。土地崇拜是西南少数民族生态文化的重要内容。在西南少数民族传统观念中，天地、自然物并没有严格区分，正所谓"天地万物"。他们认为人、天、地、自然万物是相互影响的，互相依赖的。土地是西南少数民族农业文明和生态文化的根基，是少数民族安居乐业的基础。在传统社会，他们在土地上辛勤耕种，从土地中获取物质资源的同时，也非常注意土地的保护和合理利用，例如哈尼族、彝族、苗族、布依族、侗族等少数民族在山坡上开发土地，同时也善于保持水土。最典型的便是梯田。梯田满足了他们种植水稻，生产粮食的需要，也起到了蓄水、固土的功能。他们还在梯田上游保有森林植被，这不仅为下坡的梯田提供了水源，也有利于防止水土流失和山体滑坡。

[①] 《山海经》中讲道："炎帝之妻，赤水之子，听沃生炎居，炎居生节并，节并生戏器，戏器生祝融，祝融降处于江水，生共工"，而后土又是共工的后代，"共工氏之伯九有也，其子曰后土，能平九土，故祀以为社"（《国语·鲁语》）。

从彝族的土地神、稻神的崇拜,以及"稻神""荞神"的祭祀,抑或建房时的"安土"仪式,再到哈尼族人的对"地母"崇拜以及相互结合在一起的祖先崇拜、水崇拜、土地崇拜文化;无论是独特的"阿倮欧滨"祭祀文化,还是侗族的"萨玛神"崇拜和苗族的"商大"崇拜,都是万物有灵观念下的自然崇拜。实际上,除了上文所提到这些民族之外,其他少数民族都有各自的土地信仰与崇拜文化。这些丰富多彩的土地信仰与崇拜,是这些民族感知自然和稻作记忆的原生态文化,是少数民族先民在生产与生活实践中所积累起来对土地的情感,是这些民族稻作文化的集体记忆和群体表征。

时至今日,西南少数民族的土地崇拜并没有完全被历史长河荡涤了它的原貌,它依然承载着生态审美文化价值,是当今人们深入了解少数民族原生态文化的重要载体。这些信仰不仅是作为一种民族的共同情感和生命意识,维持了整个民族、族群的凝聚力,同时,也规范和制约了当地人们与自然之间的关系,其中蕴含了丰富的人与自然和谐共存,人与土地相互依赖的生态意识,对于今天的生态文明建设、可持续发展战略具有十分重要的借鉴意义。

第二节　石崇拜文化中的天人合一思想

一　石崇拜文化概述

早在中华文化发端之时,中国人就表现出对石头的强烈爱好,上至帝王将相,下至黎民百姓都表现出对石头的偏爱,尤其对"石之美者"——玉,更是有着不一般的喜爱。7000年之前的河姆渡遗址中有大量的玉器物件。《尚书》中有关于鲁地有人拿着泰山奇石当作贡品的记载,《山海经》中更是有无数处关于各种美石、文石产地的记载。

石崇拜是一种古老的原始自然崇拜行为。中国古人常常将自己美好的愿望寄托在某些石头上,认为某些石头具有灵性并赋予其崇高品格。中国古代文化中有许多有关石崇拜的神话,最有名的莫过于女娲用"五色石"补天的故事:"女娲炼五色石以补苍天,断鳌足以立四

第二章　山地崇拜文化中的生态伦理思想

极,杀黑龙以济冀州,积芦灰以止淫水。苍天补,四极正,淫水涸,冀州平,狡虫死,颛民生。背方州,抱圆天。"① 除此之外,还有诸如"望夫石""三神石人""石镜"等神话故事。这些故事都是人们虚构的产物,不过却真实反映了人们的善恶观念和精神世界。女娲补天所用的五色石,被人们寄予了济世救民的愿望。被百姓立于宅院和街道巷口的"石敢当"被人们赋予了英勇无畏、驱妖降魔、镇宅驱邪的作用。李冰父子治水所用的石头不断被后世神化为"三神石人",也是寄托了人们战胜自然灾难的美好愿望。

中国古人把石头视为"天之骨",甚至把石头尤其是玉看作天地精华,蕴灵藏秀之物,人们在与石头的接触中体验到一种古朴、超脱、淡泊的人生境界。对"玉"的爱好是石头爱好的雅化和升华。考古专家在7000年前的浙江河姆渡遗址中发现了几十余件玉器,其他如良渚、红山、龙山文化等遗址中,皆发现大量的玉刀、玉璧、玉圭等玉器,这足以说明中国人对玉器的喜爱有多早。所谓"黄金有价玉无价"这句话很大程度上说明了玉受欢迎之程度。中国人还赋予了玉许多美好的品性,如能够保佑平安,祛病消灾。玉在文人雅士那里所具有的含义就更为丰富,如吉祥物、君子品格、美好事物、不死仙药等。玉还是生产工具、祭祀器物、装饰品、权力身份的标志物等。

石崇拜文化是原始意识和思维的反映,它折射了原始先民的宇宙观、宗教信仰和素朴的"天人合一"意识。在西南这片古老的大地上,许多少数民族传统文化中都具有丰富的石崇拜文化。

在黔南地区,当地水族有着悠久的石头崇拜文化,积累了许多石头信仰文化。水族地区流传一个有关石头崇拜的传说,据说,很久以前,贵州省三都县九阡镇附近有一条隔鸟河,河两岸的人们世世代代靠打鱼为生。随着人口增多,对鱼的需求也愈加多了,河里的鱼也被捕捞得越来越少了。一天,一个老人在河里捞鱼,半天也没有捞到一条鱼,正在郁闷之时,忽然渔网沉甸甸的,老人以为捞着了一条大鱼,收网一看,却是一块石头,老人把石头扔回河水中,再次撒网,

---

① 刘安:《淮南子》,顾迁译注,中华书局2012年版,第97—98页。

不一会儿，渔网又沉甸甸的，老人收网一看，又是那块石头。反复几次之后，老人决定换至河流上游撒网，但更没有想到的是，还是捞到了那块石头。老人顿时明白了，此块石头绝非普通的石头，而是一块希望他带上岸的有神灵的石头。老人把石头带回村寨，村民们都来围观。忽然，那块石头开口说话了："从前，你们的祖祖辈辈靠捕捞鱼虾为生，现在人烟稠密了，鱼虾少了，再靠捞鱼虾就不能维持生活了，你们必须另外寻找谋生的办法。大家可以分头离开这里，朝着四面八方走，遇到有水的地方就住下来，然后开田地，种五谷，男耕女织，创建幸福的家园。"① 说完之后，石块就再也没有出声，此时，村民都相信这就是神仙给他们指明道路，于是，大家向四面八方扩散，离开了隔鸟河。从此，水族人开始了农耕生活。12年之后，分散在各地的水族人怀念故土，纷纷来到原先居住的地方相聚，却发现隔鸟河不见了，各自的衣着和口音也发生了变化。人们为了纪念石菩萨的指点，他们修建了一口井，并决定每12年来此祭拜一次。这个故事曲折地反映了水族先民在遇到人与资源环境的矛盾时，充分利用他们的经验和智慧，遵循大自然的规律，改变生产方式，从而协调人与自然的矛盾。

二 拜霞文化中的敬畏自然思想

今天，许多水族村寨入口处都有一块被视为村寨守护神的"石菩萨"，尤其在三都九阡镇一带，此种现象更为普遍。当地水族人把这种石块称为"石公公"或"翁盯"。水族人笃信，"石菩萨"是护佑村寨风调雨顺、四季平安、人丁兴旺的守护神，村寨的百姓没有不对此虔诚崇拜的。人们在"石菩萨"上系上祈福的木牌，木牌上一般写有某个小孩的名字，意在祈求"石菩萨"保护这个孩子。如果谁家孩子生病，或谁家夫妇没有生育，那么他们就会选择吉日祭拜"石菩萨"。如果心愿实现了，那么他们还会去"还愿"。其方式一般是

---

① 吕大吉、何耀华主编：《中国各民族原始宗教资料集成·水族卷》，中国社会科学出版社1996年版，第501页。

第二章 山地崇拜文化中的生态伦理思想

用木杆将写有"长寿安康"字样的方框"干朵"竖立在"石菩萨"旁边。如果"干朵"越多,说明这个"石菩萨"越灵验,曾经实现心愿的人越多。水族祭祀石头的习俗形式多样,最主要的有"拜霞""拜谬""立邑""拜善"等(水语"拜谬"是指拜"石菩萨"之义,"立邑"是指拜"山神"之义,"拜善"是指拜大菩萨之义),其中以"拜霞"活动最为隆重。

"霞"是水族人对"雨水神"的尊称,"拜霞"就是一种祈求雨水神降雨的宗教活动。能够作为"霞"或"霞石""霞神"的石块,其外形至少要一尺以上的高度,且与人体形态要相似。水族人认为"霞石"是保护村寨风调雨顺、四季安康的"石菩萨"。水族村寨都设有"霞井"或"霞坛"。每隔一段时间,水族村寨或以家族为单位,或以各村寨联合为单位进行隆重的"拜霞"仪式,"拜霞"的时间一般要根据《水书》来确定。由于各家族的节期不同,导致"拜霞"时间间隔也各不相同,有的每12年举行一次,有的每6年举行一次,还有每逢子年或午年就举行一次,具体的"拜霞"时间一般是选在每年的水历9月至10月(公历的5月至6月)之间举行。

"拜霞"分成两个阶段进行,第一次是拜"真霞",第二次是拜"假霞"。拜真霞是在秘密状态下进行,一般将霞秘密藏在老实忠厚、品行端正的人家屋基下。一到寅时,拜霞的主持人——水书先生便集合各村寨的寨老,秘密地叫醒埋霞者,此过程不能让埋霞者家人知晓,然后偷偷地把霞挖出,然后用猪肉、米酒供奉,之后用猪肉、米酒淋在霞头上,整个祭祀就算完成。第二次拜霞,则是天亮之后,由两名主持仪式的水书先生带领各家族的德高望重的老人、一些重要的家族成员前往祭祀地举行祭拜仪式,同时有乐队一路伴奏。在乐声中,由两人抬着一头五六十斤重的母猪,其他人跟在后面,每个人都打着纸伞,一路唱着水歌走向霞井或霞坛处。公鸡放在井边的竹竿上的鸡笼里,而母猪放在井边,祭台中间摆放一个大祭桌,上面摆放各种供奉的祭品。充当祭品的主要有猪肉、鱼、糯米饭、米酒等。祭祀典礼由水书先生主持仪式。首先,水书先生用井水淋洒在牺牲品周围,然后,水书先生开始口念祈祷词,旨在向霞神说明诚意和来意,请求霞神帮忙降雨。水书先生念完祈祷词之后，负责在公鸡旁的人会逗公鸡发声，只要公鸡叫过三声，就开始宰杀母猪，此时水书先生立刻宣布："天鸡已叫，雨水即到，请大家摘下帽子，收起雨伞，迎接霞神送来雨水""下雨了，雨下得越来越大了"等。据说，公鸡三声叫过之后，即使是晴天，也会突然变得风起雨来。此时，参与祭祀的人员全都脱帽欢呼。

拜霞的最后一个环节是向霞神敬酒，直到将霞神敬"醉"为止，实际上，这个环节就是把那块被村民选为霞神的石头立在泥土上，然后参与者用酒淋洒在那块石头上，随着酒往下流，石头下面的泥土也变得松软，石头底部支撑力不均而倒下，此时，人们欢呼尖叫霞神被醉倒了。在当地水族人看来，霞神倒地，说明她愿意留在此处，继续保护这一方水土的百姓过着安居乐业的生活。霞石倒地之后，人们相互祝贺此次拜霞活动取得圆满成功。

拜霞活动是一项具有丰富文化内涵的民俗活动，具有浓郁的原始宗教自然崇拜成分。"人们相信对待霞神，只要虔诚地敬奉她，必定精诚所至、金石为开，霞神定会保佑当地风调雨顺，人寿年丰。敬霞节不仅是水族地区最奇特的原始宗教活动，也是水族地区典型的宗教节日。"[①] 这种仪式是水族人民的集体记忆，是水族人民重要的文化符号和精神食粮，是水族人生产生活一种特殊形式的反映。

水族人不仅拜霞，而且拜岩菩萨、山神、巨石等，在水族地区各种形式的拜石现象极为普遍。贵州省三都水族自治县周覃镇板引村是一个依山傍水的美丽的小山村，村前的小河中央有一块巨大的石块，当地人把它叫作"将军岩""火神岩"。传说很久以前，此地有一只凶猛老虎，经常危害百姓，一天，有位将军带领军队到此，听到百姓诉苦之后，立刻决定消灭猛虎。他带领自己的士兵一路追踪猛虎，走投无路的猛虎便使起了法术，天空刮起了大风，老虎借助风力跳上山顶，逃脱将军的追捕，此时路过此地的雷神出手将猛虎劈成两半。狂风停息之后，将军把箭插在此地，变成了一块拔地而起的巨石岩。尽

[①] 潘朝霖、韦宗林：《中国水族文化研究》，贵州人民出版社2004年版，第512页。

第二章 山地崇拜文化中的生态伦理思想

管故事是虚构的,但人们对巨石的崇拜之情却是真实的,直到今天,这块"将军岩"依然受到当地水族人们的祭拜。

在贵州省三都县三洞信哄村,有一个被当地水族村民崇拜的"石菩萨",起初它不太出名,但在"文革"期间,有几个民兵想用炸药炸掉这个大石块,结果石块岿然不动,而几个参与炸石块的民兵陆陆续续地都死了,于是,这个"石菩萨"在方圆几十里变得异常出名,它被说成是求啥得啥、灵验无比的神灵,直到今天,周围许多村寨的村民都常常去祭拜这个"石菩萨"。每年还愿活动都是轰轰烈烈:"逢年正月初二日至十四日、十五日'还愿'者抬着猪、挑着鸡和酒、饭、菜到石菩萨前举行祭典仪式,树立标杆,大宴宾客;在外地或县城经商者也驱车前来行'还愿'仪式。"①

苗族传统文化中也有着丰富的石崇拜文化,例如在贵州榕江县加勉乡一带苗族崇拜一块名叫"曰被那"或"曰必或"的"神石",苗语的"曰"为"岩"之义,"必"是"保"之义,"或"是"官"之义,"那"是发财之义,从这些含义中也足见当地人对该"神石"崇拜的程度。据说,这块神石的主要职责是管理庄稼。每当庄稼遭受虫害或水旱灾时,附近村民便会杀牛祭祀这块"神石"。在加勉大寨,村民还崇拜一个名为"曰义卖"(苗语"义"是偷窃之义,"卖"是衣服之义)的"神石"。据说这个"神石"是管理偷窃、负责战争事件的。当地的当政者"处理偷窃犯时,情节重大者还要杀牛去敬它,遇有战争事件也要杀牛去敬石头"②。该村寨附近还有一块管理婚姻的名为"曰巴匠"(苗语"巴"是指女,"匠"是指男)。相传,以前村寨男女在性关系方面比较乱,导致许多未婚先孕的现象,也经常出现为争夺妇女而发生冲突的情况。村寨的寨老们为了制止这种乱象,就在村边树立一块大石头,用以管理婚姻。贵州榕江县有些村寨的苗族人认为,某些巨石和怪石具有超人的神秘力量。计划乡的乌略

---

① 吕大吉、何耀华主编:《中国各民族原始宗教资料集成·水族卷》,中国社会科学出版社1996年版,第510页。

② 吕大吉、何耀华主编:《中国各民族原始宗教资料集成·苗族卷》,中国社会科学出版社1996年版,第59页。

大队的乌略河中有一块巨大的三角形石头,当地苗族人认为这块巨石具有神秘的镇水神力。在此巨石不远处,又有一块高约2米,宽达4米左右的巨石。每逢过年过节,或家道不顺时,苗族人就带上酒菜去祭献巨石,祈求巨石护佑和帮助他们度过困难。

在布依族人看来,一块体形偏大或形状有点奇特的石块都有灵性,或者说此石块就是石神的居所。布依族人认为,石神偏爱小孩,所以想得到石神的保护,就要把小孩交给石神托管,叫石神为"保爷"。对于这样的保护神,逢年过节时便少不了要对其进行祭祀膜拜。例如,在贵州贞丰县兴北镇岜浩村旁的田里,有一石块被该村村民称为"石保爷"。人们相信这是保护村寨中孩子们的石神,因此,每到春节或农历七月十五,村寨几乎所有孩子就会在家长的陪伴下,到"石保爷"前焚香、祭献。贵阳市花溪区的竹林寨有一块巨石,当地村民认为此石为天神所赐,是天神派来保佑村寨健康平安的。该村寨的南面还有形似人、马、马鞍三种形状的石块,村民认为这三者就是他们村寨的"护寨神"。"竹林人民认为它们是上天遣下凡界的3块'神石',天长日久,经过日晒雨淋,与人同伍,已经成神、成仙、成佛。当地人们认为,托石人、石马和石鞍的福,有了它们的存在,寨中辈辈出人才,人畜得以平安兴旺。"[①]

三 白石:天人沟通的中介

今天四川的木里、盐源、石棉、九龙等地以及云南的丽江、维西、兰坪、云县、中甸等地生活着一个古老的民族——普米族。在族源上,普米族是古羌族的一个支系,是西北地区游牧民族的后裔。在普米族村寨,处处可见白石崇拜现象。例如普米族家家户户都有"火塘",而火塘都有白石供奉。火塘是普米族游牧和迁徙生活的遗风。火塘一般设置在堂屋左侧方,具体地点的选择须特别讲究。火塘正上方都要搁置"锅庄石",普米人叫作"括鲁"。这是一块约12寸长、

---

① 吕大吉、何耀华主编:《中国各民族原始宗教资料集成·布依族卷》,中国社会科学出版社1996年版,第59页。

第二章　山地崇拜文化中的生态伦理思想

8寸宽、4寸厚的白色石块。而在火塘正后方的神龛上，普米族人都要摆放雕刻着原始图案的白色石块，普米族人称之为"仲巴拉"。在普米语中，"括鲁"义为祖先。每家的"括鲁"就是历代祖先的化身，显然，普米族人白石崇拜蕴含了祖先崇拜的内容。在普米族人看来，"括鲁"是保佑他们幸福安康的祖先神，既然如此，任何人都不许玷污，也不许跨越它这块代表祖先的神圣白色石头。如果客人来访，必须给"括鲁"敬献一点东西如水果、鲜花、食物等。但凡逢年过节，普米族人必定要祭献"括鲁"。祭祀前，还要用羽毛、松枝、花卉等给"括鲁"打扮一番，其周围还要摆上各种食物。祭祀时，整个家族成员无论男女都要按秩序围坐在火塘边，然后燃放鞭炮，接着族长带领大家传唱家族的族谱。族长一边唱一边端起摆放了各种祭品的盘子绕"括鲁"一圈，义为给祖先提供食物。族长唱毕，大家依次绕火塘一圈，祭祀礼仪才算完毕，最后共吃年夜饭。普米族人对"括鲁"的尊敬，不仅表现在逢年过节，还表现在平时进餐之前的敬献米饭，粮食收获之后也要祭拜（义为请祖先吃新米）。"祭祀要在锅庄石及火塘三脚架上燃烧酒水，念诵《献食经》。如果火塘里的火焰旺盛，火星迸溅，就象征着本家吉祥兴旺，并预兆将有贵客来临，或者将会财富丰裕。反之，若火焰忽明忽暗，火势不旺，则象征晦气不吉利，预兆将有灾难降临，家人定要为此懊恼不已。"[①]

丽江的宁蒗等地，当地普米族流传一个有关锅庄石即"括鲁"的故事。相传，远古时期，昆仑山是大地上唯一的母山。颇为孤独的昆仑山后来与玉龙天神相爱，他们的恋情很快就被玉帝发现，结果玉龙天神受到了惩罚，被下放到人间，变成了石头即今天的玉龙雪山，但也刚好成全了他与昆仑山的爱情。两人结婚之后生下了许多儿女即一座座大山，最后才生下普米族的祖先。正当普米族的祖先过着无忧无虑的生活时，魔鬼出来作梗。一个除夕之夜，魔鬼出来准备灭绝普米族人。在危难时刻，昆仑山的老祖把魔鬼压死在山底下，但也把普米

[①] 奔厦·泽米：《普米族白石崇拜的文化解读》，《云南民族大学学报》（哲学社会科学版）2011年第3期。

族人地盘给盖住了，普米族人只好迁徙他乡，临走前他们不忘把亲人的尸骨带着，辗转来到宁蒗这个地方，他们把亲人尸骨就地掩埋，没想到刚埋下，尸骨就变成昆仑山一部分。从此，普米族人就取一块白色石头作为祖先灵位加以祭拜。由于普米族人日常生活离不开火塘，所以把祖先灵位放在火塘边，就是表示要与祖先朝夕相处。

"仲巴拉"表示火祖神，也兼有始祖神、财神之义。普米族家中摆放的"仲巴拉"一般为1米左右高，0.7米左右宽的白石，上面刻有图案。普米族人对于充当"仲巴拉"和"括鲁"的石头很有讲究，石料的选择一般须请祭司帮忙。石料必须是"活石"，即埋在山中或土层中的从未见过阳光的石块，而且通常是白色石料（只有极少数家庭会选择木料和泥土来做"仲巴拉"）。石料选好之后，还要择吉日破土取回家中。将石料做成粗坯之后，还要将石块放入水中浸泡9天时间，义为"净灵"，之后就可以在石块上进行雕刻。雕刻工序又必须在9天内完工。

普米族人的白石崇拜在该民族的丧葬礼仪中也得到了充分展现。在丽江的宁蒗一带，每当家中有老人快要去世时，其后人必定会用白色布料或白纸将家中神龛即"仲巴拉"遮盖起来，义为后代无能，没有保护好即将逝去的老人。老人去世之后，堂屋中的火塘也要熄灭，以表示对逝者的哀悼。逝者的棺木前方放置一块名叫"古达普米"的白色石头，表示逝者回归祖先之地，亦有表示让逝者走向光明之地的意思。

据考证，作为古羌人后裔的普米族，其白石崇拜起源与羌族的白石崇拜起源是一致的，而对于古羌人的白石崇拜起源流传着多种版本，比如，有研究认为古羌人作为一个游牧民族，常常是在某个地方放牧之后，又随着季节的变化而迁徙，为了来年再回来放牧，就需要在路上尤其是岔路口放置石块做标识。他们选用当地盛产的白色石块做路标，因此时间一久，演变成白石崇拜。另有一说认为当初羌族人从西北迁徙至四川岷江一带，遇到当地土著居民强烈抵制，羌族人屡次不敌土著，后来在天神启发下用白石做武器打败了土著。还有一种传说羌族人与戈基人战斗，失败后逃至一个白石山洞，当戈基人追至

第二章 山地崇拜文化中的生态伦理思想

洞口时，洞口弥漫了白色浓雾，因而没有发现目标，羌族人因此得救。这几种传说都认为"白石是羌人得以生存的守护神，因此对它顶礼膜拜"[1]。除此之外，普米族的民间故事也给我们提供了解释普米族人白石崇拜的某些启示。相传，在很早以前，人类与其他动物一样生吃食物，有一天，雷神向地面扔下雷器，正好砸中了一块白色石块，引起火花四溅，导致了森林大火。被大火烧焦的动物尸体就成了普米族先祖最香的食物。美味会促使他们重复这种行为。"之后的一天，地球上又一个人，拣到一片'铁冗目堆'（雷击后留下的坚硬器物），将其撞在石头上，碰擦出了火花，于是叫伙伴观之。众人将其撞在石头上，都能擦出火花。当掷到一块白石上面时，火花正好溅在白石旁边一丛干枯的'毕崩'（一种火草）上，燃起了火。地球上的人从此会用火了，捕杀到动物也可以用火烧着吃了。"[2] 故事内容也反映了普米族人的白石崇拜应该与火崇拜有关。故事以艺术虚构的方式告诉了后世，普米族的祖先很早学会了"白石生火"。羌族、藏族、纳西族亦有类似的神话故事，因此，石崇拜现象普遍存在于西南少数民族文化中。

四川岷江的茂汶、松潘和汶川等地是羌族人主要聚居地。作为西北游牧民族后裔的古羌族人与游牧民族一样崇尚白色。羌族人喜爱白色，嫌恶黑色。在他们看来，白色代表了善良、美好等，而黑色代表邪恶、丑陋等。羌族先民迁移至四川等地之后，依然对白色、白色石头兴趣不减。羌族的白石崇拜是石崇拜与白色崇拜的结合。《华阳国志·蜀志》中记载，早在汉晋之际，四川等地汉族人把崇拜白石头的羌族人称为"白石子"。

羌族人把白石称为"阿渥尔"。在羌族人看来，白色是各种神灵的化身，是至高无上的圣物。羌族人的史诗《羌戈大战》中对羌族人为何喜欢白色石头有所描绘：古羌族人在迁徙途中遇到戈基戛卜人

---

[1] 熊贵华：《普米族志》，云南民族出版社2000年版，第115页。
[2] 奔厦·泽米：《普米族白石崇拜的文化解读》，《云南民族大学学报》（哲学社会科学版）2011年第3期。

阻挠，双方之间发生持久的战争。在一次战斗中，羌族人不敌对方，只得边战边退，情况十分危急，此时，白衣天神伸手帮助羌族人，将三块大白石从天空中抛下，白石立刻变成了大雪山，挡住了对方的道路，羌族人因此摆脱了险境。羌族人依靠天神的三块白色石头化险为夷，从此他们就把白石作为神物加以崇拜。

尽管有关羌族人石崇拜起源有多种解释，但是，其根本原因还是在于石头是他们生产和生活中的重要物质。石块可以生火、打猎、捕鱼、伐木、建筑房屋，而在岷江流域，山石遍地皆是，尤其是以白色石头居多，这些白色石头就顺理成章地被用作生产生活工具和战斗武器。由于白石可以用来生火，古羌族人就把这其中所隐含的"生"的意义与生殖联系起来，并用来解释羌族的起源。在羌族的民间故事《木姐珠与斗安珠》中，木姐珠与斗安珠就是在一块白色大石头上产生恋情，白色石头是连接男女之间的桥梁，充当了生殖崇拜隐喻的中介物。

据史料记载，汉晋之后，羌族人开始大兴白石神庙。坐落在四川省理县通化乡西山村旁边天盆山顶上的"白空寺"就是一座供奉三尊天然大白石神的庙宇。直至今日，每年农历八月初八，当地的羌族人依然还会穿上民族服装，在此寺庙举行隆重的祭拜活动，祈求三尊白石神保佑一方百姓。

羌族房屋上的装饰也反映了羌族人对白石喜爱的程度。"雪山顶上捧白石，白石供在房屋顶正中"，此话形象地概括了羌族人房子特征，也道出了白石在羌族人心目中的地位。羌族的传统民居一般为三层半，屋顶必定建有"那夏"即白石塔。白石塔代表了天神。房屋顶上立白石塔，意在天神眷顾和保卫屋主人。建造白石塔所选择的白石必须是洁净的，从污泥等不洁之地取来的白石不能用。洁白的石头取来之后，须请巫师作法，用鸡血或牛羊血淋洒，然后供奉在屋顶上。此外，房屋大门也必须安放一块大白石，用以镇宅驱邪。可以说，在羌族村寨，白石崇拜随处可见：家中火炉旁、村寨口、森林中、田间地头、水井旁等。"白石是诸神的象征，房顶的白石代表天神，火炉旁的白石代表火神，林旁岗头或山顶上立的白石代表山神，

第二章　山地崇拜文化中的生态伦理思想

田地里立的白石代表青苗土地神……许多人家房顶塔子上立有多块白石，除代表天神外，还代表别的神灵。"①

纳西族对白色的石头特别有感情，对白色石头的热爱和崇拜在纳西族人生活中处处可见。在传统的纳西族房屋前，房屋两边都要竖立两块略带长条形的白色大石块。逢年过节，房屋主人都要祭拜此石。纳西族人的石块崇拜与祖先崇拜结合在一起。他们在祖宗的坟墓后端竖立一块白色大石块，象征山神。给祖先扫墓时同时要对一旁的"山神"祭拜。据说，丽江玉龙雪山的北岳庙在供奉山神"雪石北岳安邦景帝"之前，供奉的是一块巨大的白石，而且此石是纳西先民从玉龙雪山上背下来的"神石"，安放在庙中加以崇拜。

纳西族崇拜白色的石块的原因是多方面的，首先，纳西族与羌族等少数民族一样，也认为白色代表着善良、纯洁、真实和美好。其次，纳西族生活环境中总是离不开雪山。著名的玉龙雪山、梅里雪山就是纳西人心目中的"神山"。白色的雪山等自然环境可能也是白石崇拜一个原因。最后，有研究认为，纳西族的白石崇拜应该还含有生殖崇拜的内容：女性乳汁是白色，男性精液是白色。此外，纳西族先民对阳光的热爱，对白昼、蓝天白云的喜爱也可能是白石崇拜的一个原因。

羌族、纳西族等少数民族的白石崇拜本质上是自然崇拜衍生物，是在万物有灵论观念作用下产生的一种灵物崇拜。自然崇拜一般代表自然物神奇的自然力，而灵魂崇拜却与此不同，其崇拜的对象不如自然崇拜那样雄伟，而多为一棵树、一块石头或一根树枝等小物体。这些小物体之所以被崇拜，是"因为它身上附有神灵，代表着它本身的自然形体所不具备的某种神奇力量。古人认为供奉这些灵物，便会得到灵物所代表的神灵庇护，以消灾得福。羌族人的白石崇拜，正是这样的灵物崇拜，人们崇拜的并非白石本身，而是白石所代表的种种神灵"②。

---

①　王康、李鉴踪等：《神秘的白石崇拜——羌族的信仰与礼俗》，四川民族出版社1992年版，第28—29页。

②　同上书，第28页。

那些多姿多彩的石崇拜文化，生动有趣的石崇拜故事是西南少数民族先民原始思维的反映。他们把石头神化，寄予美好愿望，并加以崇拜，他们认为自己与石头都是自然的一部分，彼此是相通的。在石崇拜过程中，人们不仅在欣赏石头的美感而且赋予石头超自然的神力，表达了人们对美好生活的向往。石头是大自然最常见，也是最普通之物，但却被人们赋予灵性，加以幻化和人格化，折射了人们的某些道德观念，体现了人们素朴的自然与精神和谐统一的审美情趣。他们把对大自然的崇拜具体化为可感知的平常之物，在虚幻的想象中，将天、地、神、人打通，少数民族先民所具有的那种原始素朴的"天人合一"的意境和情感就通过此种方式展露出来。

第三节　神山崇拜与生态保护

一　山神崇拜中的敬畏自然思想

山既是地理标志，又是人类的信仰、情感寄托之地，是人们从事宗教修行的重要场所。山还常被赋予神圣意义，与人类的价值观、文化认同等方面密切相关。在人类与自然对话过程中，拜物是必不可少的一个阶段。人猿揖别之初，人类还难以确证自己与周围自然物之间的区别，此时人类意识中，人与自然物之间还没有主客之分，他们把自己看作自然的一部分。原始的宗教意识就是在此情况下萌发。原始宗教意识是原始初民对自然畏惧与不安的心理反映。"在宗教情感的作用下，人在宇宙万物面前的无知虽然使他们难以自信并丧失自我，然而透过人与自然进行对话的话语，却又可以看到人驾驭自然、追求心灵自由的要求。从另一个层面来看，这一追求虽说是不自觉的，但它却表达了人与自然进行对话的企图。"[①]

自然崇拜的对象都是直接为人所能感觉到的自然物或自然现象。面对大自然的神秘莫测，原始初民受认识能力的局限，很自然地就认为自然中隐藏各种神灵。"自然神观念是自然崇拜文化中最基本的文

[①] 张强：《自然崇拜：人与自然对话的语境》，《江海学刊》2003年第3期。

第二章　山地崇拜文化中的生态伦理思想

化元素，其他文化元素都是在自然神观念的基础上衍生的。任何一种自然崇拜，都是先有神的观念，然后才会产生祭祀仪式、祭祀场所、偶像、禁忌等。"① 我国古人认为，凡山尤其是大山都是神灵的居所，每座山都有各自的神灵。例如《山海经》中描绘：中国的山地共有26区，451座山，且每座山都有神灵。

西南少数民族多居住于崇山峻岭之间，他们的生产生活离不开大山。大山提供了他们所需要的生活资料，是他们为之依靠的生存条件。在长期的生产与生活实践中，少数民族几乎无一例外地产生了对山的崇拜。他们赋予山以神圣性。西南少数民族山神崇拜文化中，以藏族、彝族的山神崇拜最为典型。

生活在崇山峻岭之间的藏族，日常生活与生产实践不得不面对高山峻岭，皑皑雪山。在变化多端的自然面前，他们无可奈何，也必然产生神秘和敬畏的心理，同时，由于藏族先民经常大范围迁徙，"期间他们定然会遐想那高高的山顶上是否有什么美好的东西，那些山是否是通天之路，山的那一边又会有什么东西。他们也一定尝试过爬上高山。但当才爬至山腰便呼吸不畅、头晕胸闷（现今所说的高原反应），而往上越爬越冷时，他们一定会觉得有某些事情不对"②。在这种情况下，"藏族的先民就会认为山上有一个神圣的东西，具有某种神性，并让人们不得不尊敬却又畏惧。人们称这个'神圣的东西'为'山神'，并赋予他人性。"③

在藏族地区，几乎每个村寨都有山神崇拜。从西藏，到青海，再到云南迪庆、四川甘孜、雅安等地，莫不如此。有研究者对四川雅安市的宝兴县硗碛藏族乡的山神崇拜做过田野调查，结果发现山神崇拜在此地依然十分盛行。当地藏民认为山上的动植物都是由山神管辖，植物、动物都有灵性。"硗碛人将树分为直径在20厘米以上和以下两类，认为直径在20厘米以下的树木与山神还没有建立起联系，可以

---

　① 何星亮：《中国自然神与自然崇拜》，上海三联书店1992年版，第20页。
　② 洲塔：《崇山祭神——论藏族神山观念对生态保护的客观作用》，《甘肃社会科学》2010年第3期。
　③ 同上。

· 79 ·

随意砍伐。直径在 20 厘米以上的树就和山神有了联系,是山神的毛发。"① 在当地藏民看来,植物长势有山神控制,动物是山神的随从,甚至人生病都是得罪了山神所保护的植物和生命所导致的。

彝族的自然崇拜中,山神崇拜尤为特别。作为一个山地民族,敬畏大山,赋予山以灵性,将大山人格化进而崇拜,这不仅是人与自然关联方式,也是他们现实的精神需求。山神崇拜在各彝族地区极为普遍,例如在凉山彝族地区,当地彝族认为,山神主管着风雨雷电,甚至农业生产。山川河流,动植物都是由山神主宰。许多彝族村寨都建有"山神庙",大多用石块或土坯砌成,里面一般放置树枝或石块,或者放置一块刻有男女神像的石碑等作为山神象征。

在遭遇自然灾害或者农业歉收,或者牲畜走失、病死,甚至期望打猎顺利等现实生活需求时,信仰山神的彝族往往寻求山神"帮助"。实际上,山神崇拜是彝族的普遍的文化现象,许多彝族地区每年都要举行祭祀山神活动。例如,云南大理鹤庆县的"葛泼"支系彝族每年都要举行十分热闹的祭祀山神活动,"在每年的农历三月十五这一天朝山赶会,是时,全村上山中有山神庙或山神树的地方杀牛祭献山神,烧香磕头朝拜'灵山老祖',热闹异常"②,这种热闹的场面在景东、弥勒、大理漾濞彝族等彝族地区同样也能见到。"景东彝族二月初八日祭山,亦名'山神会',村人上山赶集,遍地烧香磕头和祷告。弥勒西山彝族每个村寨都有一简陋的山神庙,并以石头或树枝作为山神的象征供于庙内,逢农历四月初一杀鸡祭献,祈山神保六畜兴旺。泸西阿盈里彝族逢农历正月初三祭山,由老牧人、牧童向有牛、羊的人家募米、肉等食物,到山林中祭献,祈山神庇佑牛羊不遭兽害。昆明西山谷律一带的彝族农历正月初一、六月初六两次祭山。正月初一各户家祭,斋饭上撒红糖、插青松毛,烧三

---

① 李锦:《植物、动物、人与山神:嘉绒藏族山神信仰的本土知识体系——对四川省雅安市宝兴县硗碛藏族乡的田野调查》,《云南师范大学学报》(哲学社会科学版)2012年第5期。
② 吕大吉、何耀华主编:《中国各民族原始宗教资料集成·彝族卷 白族卷 基诺族卷》,中国社会科学出版社1996年版,第84页。

第二章 山地崇拜文化中的生态伦理思想

炷香，磕三个头，祷告说：'山神老爷，我用斋饭来祭你，求你保佑我家人丁兴旺。'"①在贵州毕节三官镇彝族村寨，几乎每一家都要祭祀山神，"各家的山神，除每年三月三、六月六、九月九定期祭献外，凡是家中办事、出远门、家人生病，甚至鸡被鹰抓，均要祭献，祈求保佑，献时不请布母念经，仪式简单，花费很少，只是提出请求之事，杀一只公鸡将毛血粘在树上，即完事"②。尽管各地祭祀时间与仪式有所不同，但大致内容和现实旨趣都相似。在一系列祭祀仪式下，人的宗教情感得以提升，拉近了人与自然的联系。

马克思曾对这种宗教现象做过精辟的论述："一切宗教都不过是支配着人们日常生活的外部力量在人们头脑中的幻想的反映，在这种反映中，人间的力量采取了超人间的力量的形式。在历史的初期，首先是自然力量获得了这样的反映，而在进一步的发展中，在不同的民族那里又经历了极为不同和极为复杂的人格化。"③作为一种原始自然崇拜，山神崇拜是在万物有灵的观念下，对自然及生命的无限遐想，是人类对自然既充满敬畏，又渴望与自然沟通的尝试，是人们与自然联系的特殊纽带。通过将自然物和自然力的人格化，赋予它们超自然的神圣力量，对人类起到极强的震慑作用，使人们对自然心生敬畏并因此规范人们的行为，客观上起到了保护生态环境的作用。

二 神山崇拜与生态保护

山神与神山都是赋予了山某种神圣性。在我国民间，两者往往混淆不分，但严格说来，山神与神山显然有所区别，前者是一种古老的原始信仰，而后者明显受到正统宗教如佛教、道教等思想影响。前者是对多种地方保护神的总称，而后者具有吸引众人朝圣的性质。严格说来，神山崇拜既不同于一般的自然崇拜，也有别于图腾崇拜，更不是严格意义上的正统宗教信仰，"它兼顾世俗世界与神性世界，此岸

---

① 杨甫旺：《彝族山神：从旱作到稻作的祭祀主题》，《宗教学研究》2002年第2期。
② 吕大吉、何耀华主编：《中国各民族原始宗教资料集成·彝族卷 白族卷 基诺族卷》，中国社会科学出版社1996年版，第84页。
③ 《马克思恩格斯选集》第3卷，人民出版社1974年版，第354页。

世界与彼岸世界。因而既蕴含神圣性的内在意境,又凸显世俗性的外在风格。因此,神山崇拜,相对于正统宗教信仰而言,只是作为一种民间信仰符号而在乡土草根文化中流布和生存,从而带有浓厚的民间性文化特质。尤其是神山崇拜这一民间信仰文化中不但反映着人们注重今生今世社会生活的现实主义精神,而且蕴藏着村落文明独有的原生态的文化气息。"[1]

藏族是一个虔诚信仰佛教的少数民族。云南境内的藏族人大都集中于香格里拉地区,此地平均海拔高达3000米以上,属于山地寒温带季风气候区域。藏族人一般将村寨附近的某些山脉敬为"神山"。以香格里拉地区德钦县为例,这个人口不多的小县,境内竟然多达300多座大大小小的神山。像"卡瓦格博"这样大型神山则属于整个藏区的神山,有的则属于某个村寨专有的神山,这种神山一般比较小。以卡瓦格博神山为例,它是藏区8座重要的神山之一,在藏语中叫作"kha-ba-dkar-po",义为白皑皑的雪山,俗称"雪山之神",又被称为梅里雪山、太子雪山。它位于云南与西藏交界的怒山山脉,其范围包括缅慈姆峰和布琼松阶吾雪峰等在内的大大小小的十几座雪山山峰,是一个绵延数百里庞大的雪山群。主峰为卡瓦格博,海拔达6740米,藏族人赋予了这座神山浓厚的神话色彩,卡瓦格博被尊为一个保护他们家乡的英雄,拥有妻子儿女即卡瓦格博周围的雪山。

藏族同胞对神山充满了敬畏。当他们遭遇困境时,他们往往举行祭祀神山活动祈求神山帮他们解决现实困难乃至精神上的困惑。据说,神山非常灵验,几乎有求必应,所以当地藏民几乎事事都向神山求助,正所谓"诸有缘者朝拜仅一次,能得殊胜净土共悉地;中有修者进供礼拜绕,能除烦恼病与上千魔;有罪者作礼拜与转绕,修桥补路皆能净身障,当前平安最终获菩提。"[2] 于是,在卡瓦格博山脚下,几乎每天都有不少藏民前来朝拜,当地藏民称为"转山"或"转

---

[1] 尕藏加:《民间信仰与村落文明——以藏区神山崇拜为例》,《中国藏学》2011年第4期。
[2] 仁钦多杰、祁继先:《雪山圣地卡瓦格博》,云南民族出版社1999年版,第170页。

第二章　山地崇拜文化中的生态伦理思想

经"。除此之外,每户藏民家中都备有神山的神龛,以便他们每日在家中进行祈祷、膜拜。

对藏民而言,神山具有无比的神圣性,是任何人不得随意侵犯的圣洁之地。对于像卡瓦格博这样大型的神山,任何人未经允许不得随意攀登山峰,否则就是对神山的亵渎。1991年中日登山队在迈向卡瓦格博山顶的途中,发生雪崩,造成17名登山队员死亡。当地藏民认为这些登山队员冒犯了神山,以至神山卡瓦格博只是吹口气就把这些队员淹没在风雪之中。对于小型的神山,则没有太多的禁忌,如某个村寨的神山,则不仅可以攀登,还可以在山顶上搭建香台。

藏族人认为神山境内的所有动植物,乃至山石、水流、湖泊等自然物都具有神圣性。"彼处的一切藤竹树木花卉皆是空行母的生命树,一切飞禽走兽皆是勇识度母的变化,有些是家畜和家犬,无需畏惧它们。一切果木森林皆是天然的伞盖、宝幢、飞幡和垂帷。"[①] 草木山石、飞禽走兽都是神山的一部分,因此,任何在神山境内的狩猎、砍伐都是冒犯神山之举,也禁止挖掘和搬运神山上的山石、泥土,更不允许污染神山周围的水源,甚至在神山大声喧哗都是打扰神山的行为。

作为一个虔诚的信仰佛教的民族,藏族人喜欢建造庙宇,但在神山上建造庙宇则须遵守严格程序与要求,必须先召集藏民讨论,然后举行相关的祭祀活动,请求神山的理解和宽恕,方可动工修建。"尤当为于此圣地,修造三宝庙经时,挖土凿石砍树等,请勿忌恨与恼怒,令此诸事顺利成。"[②] 藏族的神山崇拜,是一种古老的民间信仰,也是一种原始的自然崇拜形式。神山崇拜反映了藏族人对生命、自然的敬畏。这种信仰使人与自然之间建立某种神秘的联系,有了这种联系,人与自然关系变得更加和谐。

生活在云南丽江、四川盐源、盐边和西藏芒康等地纳西族,是一

[①] 仁钦多杰、祁继先:《雪山圣地卡瓦格博》,云南民族出版社1999年版,第166—167页。

[②] 同上书,第138—139页。

个在族源上与藏族有亲缘关系的民族,两者都属于青藏高原大文化圈,其文化模式和文化类型基本相同,这两个民族在宇宙观、神山崇拜文化方面都极为相似。无论是藏族还是纳西族,其宇宙空间观念中都离不开"神山"。藏族所崇拜的神山,往往也是纳西族所崇拜的,例如玉龙雪山、梅里雪山(藏族人称之为"卡瓦格博雪山"),这两座神山也是羌族、普米族人的神山。

除了玉龙雪山和梅里雪山,纳西族人所信仰的大神山多达十几座,例如,白沙玉龙山、恩可马鞍山、白马雪山、白地美赐山、文笔山,等等,但最著名的还是玉龙雪山和梅里雪山。纳西族人把玉龙雪山称为"舞鲁",义为银石山。纳西族人认为这座神山是他们的保护神"恩溥三朵"的具象。有关"恩溥三朵"传说在纳西族那里有几个版本存世:或说"恩溥三朵"原先是一个出身贫寒的放羊娃,后参军作战,屡建奇功,成为大将军,但不幸的是在一次战争中负伤去世,后来被纳西族神化并加以崇拜;或说"恩溥三朵"是外来的神,从西藏过来的护法神,后辗转到玉龙雪山,于是又成了纳西族人的保护神,玉龙雪山就是他的化身。

神话故事折射了纳西族人对赖以生存的大自然的情感。纳西族是一个山地民族,自古以来就是生活在大山深处,以山为主体的自然环境就是他们休养生息的依靠,因此他们对大自然充满了深厚的感情。在万物有灵论的原始的观念作用下,他们将周围的大山和自然环境人格化,赋予大山灵性和神性,同时对这些超自然力的自然环境充满敬畏和崇拜。正因如此,这些被赋予神性的大山和其周围的自然环境在一定程度上得到了保护。但是,与其他地方的少数民族的"神山"所面临的情况一样,由于经济利益的驱动以及地方保护观念和措施不得力,同时也由于社会的变迁,观念的变化,生产与生活方式改变等因素,近些年来,玉龙雪山也面临生态问题。

大多数侗族的寨子皆依山而建,其所依靠的山常被侗族人视为"养寨山""神山""龙山地脉"。此类山上的林木禁止砍伐,山上的土地也禁止耕种,不仅如此,有些寨子还明确规定,不得把死人埋在神山上,否则就破坏了神山灵性。若是村寨发生了诸如火灾、流行病

第二章　山地崇拜文化中的生态伦理思想

等情况，寨民便认为这些事情与神山有关联，他们必定请巫师来到神山查看，检查神山是否受到伤害等。如果巫师"发觉"神山受到伤害，那么一般建议寨子立刻进行修补，其方式主要是祭祀。实际上，侗族人不仅仅是崇拜村寨所背靠的"神山""养寨山""龙山地脉"，而且对其他大山也会产生崇拜。在古老的万物有灵论的观念影响下，侗族人认为山川河流都有灵性，甚至山上的大石头也具有灵性。寨子周围的大山形状自然也被赋予了某些神秘的意义，例如，侗族人一般不愿意看到自己的村寨正对着那些不太吉利的如镰刀、斧头、蛇、虎等形状的山岭。凡是出现这种情况，能避开的尽量避开，如果无法迁寨，只好请风水先生来作法事，进行化解。通常的做法是在寨子正对"不吉利"山岭方向建一个墙体，予以抵挡不吉利的东西，或者是用石雕的猛兽立于寨子前面，用来镇寨。相反，如果寨子正对的是状如"元宝"或"笔架"形状的山岭，那么这类山岭就被视为具有护佑村寨兴旺发达的作用。

傣族是一个以稻为生的民族。种植水稻不仅需要强烈的阳光，而且还需要充沛的雨水等条件。自然气候的变化常常会使得他们的收成时好时坏，因此，傣族人把庄稼收成寄希望于山神、火神等。每到水稻插秧前，傣族人就开始祭祀山神。在傣族地区，每一个村寨都有自己的山神，甚至每一户都有自己的山神。每到除夕那天，各家各户都会杀鸡祭山神。

生活在贵州道真等地的仡佬族，生产与生活离不开山。面对大山的丰富资源与无穷魅力，受万物有灵观念的影响仡佬族先民对大山充满了敬畏。在他们看来，农作物的收成，野兽毒蛇的伤人、伤畜，都是大山的"指使"，不仅如此，风雨雷电等自然气候现象都是大山的作用。为了人畜安全，风调雨顺，仡佬族人每年三月三都要举行"祭山"节。

从科学角度看，"神山"是生物多样性的载体，是生态系统的重要组成部分，对于水源涵养、水土保持、气候调节等都起着极为重要的作用，是当地农业生产，人们生活不可或缺的部分。那些崇拜"神山"的西南少数民族，大多数是生活在高海拔地带，尤其是像滇西北这样的藏族地区，几乎都是高寒缺氧地带。自然环境严酷，生态脆弱。为了在这样严酷的环境中生活与发展，这些少数民族先民很早就知道如何适应这样的环境，并在生活和生产实践中积累了各具民族特色的生态智慧。这些生态智慧或以民间故事、民间信仰的形式散播在他们的社会生活之中，或以明文的宗教典籍和习惯法的形式保存下来。这些少数民族对"神山"崇敬，既是源自他们生存和发展的现实需要，又是来自于对超自然的、神圣力量的敬畏，因此，这些信仰几乎都是源自内心真正信仰，它以一种润物细无声的方式渗透在当地少数民族的社会生活的各个方面，成为一种普遍的社会心理和伦理道德规则，规范和影响他们的观念与行为，客观上起到了保护生态环境的积极作用。神山领地不仅是这些少数民族的生活家园，同时还是他们的精神家园，这些传统的生态智慧，千百年来为他们与自然和谐相处，为当地的生态安全起到了巨大作用，至今仍然具有十分重要的现实意义。

小　结

每一个民族在其早期阶段都经历过万物有灵论（animism）的阶段。西南少数民族也不例外。原始先民不仅相信人有灵魂，而且认为所有的东西都有灵魂，包括动植物、山川河流、草木森林、风雨雷电都有灵魂，换言之，万物都有灵魂。对此，马林诺夫斯基说："最原始的民族与一切低级蛮野人，都信一种超自然而非个人的势力来运行蛮野人的一切事物，来支配圣的范围里面一切真正重要的东西。"[1] 人类学家弗雷泽也说过："在原始人看来，整个世界都是有生命的，花草树木也不例外，它们跟人们一样都有灵魂，从而也像对人一样地对待它们。"[2] 人类学家泰勒认为，原始初民是以一种"野性的思维"

---

[1] ［英］马林诺夫斯基：《巫术科学宗教与神话》，李安宅译，中国民间文艺出版社1986年版，第5页。

[2] ［英］弗雷泽：《金枝》（上），徐育新等译，中国民间文艺出版社1987年版，第169页。

第二章　山地崇拜文化中的生态伦理思想

模式来理解自然万物，他们与大自然的关系如同婴儿或儿童与母亲的关系，他们对自然的经验是一种前科学、前理性的原初经验，因而他们生活更贴近自然界，更能体味到大自然母亲的生命脉动。

以万物有灵为核心的土、石、山神、神山崇拜是最"接地气"的信仰文化，是具有广泛群众基础的民间信仰。在西南少数民族先民看来，每一块土地、每一个巨石、每一座山岳甚至每一棵树、每一条河流、每一眼山泉等都有灵魂。村前寨后的土地庙、神奇的巨石、神圣的白石、纯朴的锅庄石、令人敬畏的神山、生动有趣的神话传说无不体现了西南少数民族审美"同情观"和移情行为，是主体与客体相互交融、互相渗透的审美现象，也是万物有灵土壤上的灵性之花。这些形形色色的信仰文化是西南少数民族对大自然的情感表达，也是他们与大自然沟通的特殊方式，还是他们现实的精神需要。尽管这些文化原始朴素，甚至与现代科学精神格格不入，但其中所包含的尊重自然，敬畏自然，顺应自然，与自然和谐等生态智慧正是当代社会之所需。

第三章　动物崇拜文化中的
　　　　生态伦理思想

2004年末，国内曾出现一次影响颇大的"人是否应当敬畏自然"的论争。以中国科学院院士何祚庥为代表的一方提出：敬畏自然是一种非理性的蒙昧观念，这种观念与科学思想格格不入，甚至是反科学的。而另一方则认为：人应当敬畏自然，对自然的不敬就是对人自身的不敬。尽管两方的争论最后都陷入了概念游戏，谁赢谁输都没有太多的意义，但这场论争最重要的意义在于它引发了人们对自然、对环境保护的关注。在这场论争还远未发生之前，西南少数民族就已经在他们的图腾和禁忌文化中生动地诠释了什么是敬畏自然、敬畏生命以及为什么需要敬畏自然、敬畏生命。

印度民族英雄甘地有一句名言：一个国家伟不伟大，道德水准高不高，可以从她对待动物的方式判断出来。的确，整个人类的道德水准都可以从对待动物的方式来评判。马克思主义认为，经济基础决定着艺术、宗教、伦理道德等社会意识。社会意识又具有相对独立性，也就是说，人类道德水准并不一定随着物质文明的进步而进步，物质文明的落后并不代表道德水平低下，尤其是在生态伦理方面。有些民族（例如西南少数民族）在物质文明相对落后的情况下，却表现出纯厚古朴的尊重和珍惜生命意识，与自然万物和谐共存的观念。这些意识和观念蕴含在西南少数民族的丰富多样的动物崇拜文化之中，他们不仅崇拜他们生产活动不可或缺的牛、马以及生活中常见的狗、羊、鸡，也崇拜野生的动物如虎、蛇、鸟、鱼，等等，并形成许多独特的动物图腾崇拜文化以及相应的动物禁忌文化。本章选取西南少数

第三章　动物崇拜文化中的生态伦理思想

民族地区具有普遍性的动物崇拜以及图腾和禁忌文化加以阐释。第一节阐释西南少数民族至今还延续着的牛、虎等动物崇拜文化，通过对他们爱牛、敬牛活动的描绘，概括他们淳朴的尊重和珍惜生命意识；然后以土家族、哈尼族、侗族等西南少数民族的老虎、蛇、鱼等动物崇拜文化为例，阐释他们敬畏生命、尊重生命的生态伦理意识。第二节主要介绍西南少数民族动物图腾禁忌文化，通过展示这些少数民族的牛图腾、虎图腾、蛇图腾、鱼图腾等及其相关的禁忌，阐释这些少数民族爱护动物、敬畏生命、敬畏自然的朴素的生态伦理思想。

第一节　动物崇拜文化中的尊重与敬畏生命思想

一　牛崇拜文化中的爱牛、敬牛情结

黑格尔说："一般地在亚洲人中间，我们看到动物或至少是某些种类的动物是当作神圣而受到崇拜的，他们要借这些动物把神圣的东西显现于直接观照。因此，在他们的艺术中动物形体形成了主要因素，尽管它们后来只用作象征，而且和人的形状配合在一起来用。"[1]黑格尔此言不虚，牛崇拜文化足以说明。

对于一个农耕民族来说，牛的重要性是不言而喻的。牛终生劳作，却默默无闻，脾气温顺，它能够耐受艰苦的环境，帮助人们抵抗自然的灾害，牛常常被视为一种财富的象征和神秘力量的化身，所以，牛很早就受到人们的爱惜和崇拜。在中国古代神话谱系中，炎帝神农被认为是人身牛首，尽管只是神话传说，但此说至少表明我国很早就有了牛崇拜现象。

苗族是一个以农耕为主的少数民族，他们养牛、爱牛、敬牛，牛不仅是他们耕种或运输的主力，也是苗族人的精神文化的重要部分。在苗族人眼里，牛是力量和美的象征，他们把牛视为是圣洁之物加以崇拜。从苗族的妇女儿童服饰，到建筑物上随处可见各种牛的图案。

---

[1]　[德]黑格尔：《美学》第 2 卷，朱光潜译，商务印书馆 2011 年版，第 179—180 页。

有关苗族牛崇拜的起源有多种解释,其中最流行的一个说法是:相传很久以前,苗族人的始祖"妹榜妹留"(汉语译为蝴蝶妈妈)生下了10个蛋,其中一个蛋3年也没有破壳。她只好把这个蛋扔到山下,没想到这个蛋滚到山底之后,破壳生出了一头水牯牛。水牯牛出来之后却不认妈妈,这位"蝴蝶妈妈"极为生气,郁郁而终。她的另外两个孩子勾耶(苗族男祖先)和妮耶(苗族女祖先)所种的庄稼一直没有收成,他们便找来巫师,巫师告诉他们这是他们的水牛兄弟不认母亲,致使他们的母亲伤心而绝,导致庄稼没有收成。于是巫师又为他们出招:杀死牯牛,拿去祭祀母亲,才能化解困难。他们听从巫师建议把牯牛杀死用去祭祀,庄稼从此有了好收成,苗族杀牛祭祀的习俗由此而来。

有些苗族地区还存在人与牛共处一室的现象,例如,在贵州黔东南州的剑河县久仰乡一带,苗族人在建房时,必须考虑到给牛留好一间大房即堂屋。堂屋中央用木头搭建一个牛圈,这种人与牛共处一屋的习俗与当地苗族人的信仰有关:当地苗民认为牛是自己的祖先,所以应该住在堂屋,只有这样,祖先之灵才能保佑苗民一年四季平平安安。同时,当地苗民多饲养水牛,而水牛是带"水"的,因此,水牛住在堂屋,就能预防火灾,也正因如此,进入堂屋的牛都是水牛,而不是黄牛。

彝族也是一个崇拜牛的少数民族。与苗族等少数民族一样,彝族人的自然崇拜往往与祖先崇拜交织在一起,他们不仅把牛视为神,也视为自己民族的祖先。据说,彝族的始祖就是靠牛奶生活并生育彝族儿女。在云南一些彝族地区,曾有过拜牛命名的习俗,当彝族人家新生的婴儿满月时,便要举行拜牛命名的习俗,他们选好在某一天的清晨,太阳初升之时,由小孩的祖母带着自家的小孩到牛圈前进行拜牛,前来祝贺的亲戚也喜欢赠送与牛有关的玩具。祖母抱着婴儿绕着牛圈走一圈,然后将婴儿放在一头小牯牛背上,使其象征性坐在背上。这表示小孩会得到牛神的护佑,将来可以逢凶化吉,茁壮成长,同时将来也会像牛一样,忠诚可靠。此仪式结束后,大家一起围绕这头小牯牛唱歌跳舞,并为小孩取一个吉祥名字。

第三章　动物崇拜文化中的生态伦理思想

被婴儿"骑"过的小牯牛，就是亲人们送给他的出生礼，成为他的私有财产，等长大以后也由他负责饲养，直到小孩满 12 岁，家人便为他举行"成丁"仪式。12 岁生日当天，他先要为自己"私有财产"——牛装扮一番，然后将它牵到村寨的空地上，由长者手把手传授耕田耙地的技能。村寨的男女青年结婚之时，也要将他们自己的牛打扮一番，并牵到祖先灵位前，举行献牛尾的祭祀活动：新郎新娘从牛尾上拔下几根毛，将牛毛与女方家送来的红线混合扭成"同心绳"，并由新郎新娘各执一端，寓意牛神已经把新郎新娘绑在一起了，往后，他们必定同心同德，白头偕老。

最能表达彝族人对牛的崇敬之情的还是颂牛节。每年的冬至日，云南西北部的彝族人就要举行颂牛祭祀活动。当地彝族人认为牛为他们付出了很多，应该感谢牛的劳作。他们还认为冬至日是牛神赐福于人类的日子，因此，每到这天，彝族人就给牛披红挂彩，并牵到一个水草丰美的颂牛场上。场中央放着各种牛最喜爱的食物，如燕麦秸、苞谷秸等，寓意是对牛进行犒劳。场子四周竖起 12 根大长柱，上面挂有牛头形的"会标"，这些东西备齐之后，各家各户牵着自家的牛绕着 12 根柱子一边走，一边唱着颂牛歌。最后，大家将放置在场中央的物品进行分发。凡是牛养得健壮的、养得多的、庄稼收成好的人家，分的物品也多，相反就分的少。分到食物一般当场喂给牛吃，只有最佳者才能得到由萝卜、洋芋、荞麦粒等做成的牛的模型。获得者要将牛模型挂在牛角上，载歌载舞回到家中，然后把牛模型取下置于家堂上，加以祭拜，代代相传。

作为一个以农耕为主的民族，哈尼族对牛有着特殊的情感。生活在云南红河县一带的哈尼族支系奕车人还沿袭一个名叫"牛然伙鸟扎"的习俗。如果某个哈尼族家的母水牛产下小崽，母水牛则必然要受到犒劳。主人全家一起出动到野外去寻找鲜嫩青草喂给母牛。有些哈尼族对母水牛的犒劳和照顾更是超出常规。母水牛受到人一般的待遇："有的人家还用老肥肉和红糖喂养'坐月子'的母水牛。如果遇上天气寒冷，就用旧棉絮和旧衣裳包裹其小牛的身子，或烧火来给它取暖。生下小牛后的第三天早晨，主人家便蒸出香喷喷、热气腾腾的

· 91 ·

糯米饭,端到牛厩门前,摆开一张篾桌,先按家中人口数捏做糯米饭团,再给母牛和小牛各捏一团,整整齐齐地摆在篾桌上。家长先给母牛和小牛喂过糯米团,然后全家老小各食一团。"① 这种仪式不仅表达哈尼族人对母牛的感谢,又含有祈盼小牛健康成长之义。从这种习俗中,我们不难看出哈尼族人对牛这类动物的尊重以及他们保护动物的生态伦理意识。

佤族流传了一个牛与人成亲的故事。据说在远古时期,一次大洪水几乎淹没了世上的一切,只剩下人类的始祖达摆卡木和一头小母牛,一只癞蛤蟆。一天,癞蛤蟆建议:世界上的人都淹死了,为了繁衍人类,你达摆卡木和小黑母牛就成亲吧。癞蛤蟆还建议:达摆卡木和小黑母牛结婚后的第三年,才能从母牛的肚子里取出人种。达摆卡木按照癞蛤蟆的建议施行,三年后从母牛肚子里取出了一颗葫芦种子,然后把这颗种子种在一个叫阿龙黑木河的地方。三年后,葫芦苗结了一个葫芦果,到了成熟那一天,里面传来了人的喊叫声,达摆卡木劈开葫芦,里面立刻蹿出了许多人,人类就从此一直繁衍下去,过着安居乐业的生活。可是,有一天,大地又涨起了洪水,淹没了庄稼,也淹死了绝大部分的人类。正当佤族的部落首领马奴姆和女儿快要被洪水淹没之时,一头大水牛突然来到母女俩的面前,她们赶紧爬到水牛背上,水牛把母女俩送到一座叫作公洛母的神山上,上面花果飘香,环境优美,而且这座山还有一个奇特之处:洪水高涨时,山也随之长高,再大的洪水也淹不了。这样,马奴姆和她的女儿就在山上生活下来了,从此才有了今天的佤族。

土家族是一个以农耕为生计的少数民族,牛是他们生产与生活中不可或缺的动物,也因此成为土家人的崇拜对象。每年农历四月十八日是土家族的牛王节。民间也流传此节日起源的传说。据说,很早以前,土家先民就在高山密林处生存,由于地理环境缘故,生产能力有限,生活十分艰辛。有一年,当地久旱不雨,饿殍遍地,惊动了玉帝。玉帝降旨派牛王下凡帮助土家人耕作,但前提是土家人一日只能

---

① 毛佑全、傅光宇:《奕车风情》,云南民族出版社1990年版,第83页。

吃一餐。但土家族人没有严守玉帝的饬令，而在牛王的帮助下，一日三餐，衣食无忧。牛王违背了玉帝的旨意，被罚终生耕作，吃草为生，土家人为感谢牛王帮助，为他修建神庙，加以崇拜。

在壮族人眼里，牛是他们的始祖布洛陀造出来的，是送给人类的礼物，因此，壮族人把牛看成神圣的动物，每年都举行祭祖敬牛的"牛王节"。在云南的文山、红河等地区，每年四月八日都举行"牛王节"。在节日期间，壮族人都给家中的耕牛休假，并把牛放到水草肥美之地，让牛尽情享用，同时把牛圈打扫得干干净净，不仅如此，家家户户用糯米饭和腊肉献给牛吃。

贵州榕江、从江县一带的侗族人还有饲养"保家牛"的习俗。保家牛不同于耕牛，耕牛可以杀掉吃，而保家牛则不可。保家牛死了之后，还要把它当成人一样来举行祭祀安葬仪式。不少侗族地区在每年的四月初八或六月初六时举行祭祀牛的仪式。此日，村民们不仅让自己的耕牛在家休息，而且还供应好饲料，甚至给牛洗身。祭祀方式一般是村民把煮熟的鸡鸭等当成供品，置于牛栏前，一是感谢牛一年来的辛苦劳作；二是祈祷牛能够永远健壮。在广西龙胜县一带的侗族把每年立春当成牛的春节，也就是"牛年"。"在牛年这天，大家都不许役用牛和打骂牛，并教家中的孩子尊老牛为'牛公''牛奶'，采取各种形式向牛祝贺，同时在这天对牛厩进行修理和清洁，用温水替牛擦拭全身，为牛清洁身体，并给牛喂以稀饭、青草等饲料，感谢牛一年辛勤耕田的功劳"[①]。

布依族也是一个爱牛、敬牛的民族。相传，古时候布依族先民一次在抵抗来犯之敌时，双方打得难解难分，不分胜负，此时，一头大犊牛冲向敌军，用锋利的牛角把敌人打得四处逃窜，布依族人胜利了，从此，这头犊牛成为布依族人的"牛王"，他们把四月初八作为它的纪念日。每年此日，与其他爱牛、敬牛的少数民族类似，布依族人也让牛休息，同时给它洗澡擦身，然后在它身上放上几朵鲜花，喂糯米饭等。除苗族、彝族、佤族、布依族等少数民族崇拜牛之外，瑶

---

① 吴峥：《贵州侗族民间信仰调查研究》，人民出版社2014年版，第31页。

族、纳西族、壮族、仡佬族、仫佬族等西南少数民族都有牛崇拜文化现象。

二 虎崇拜文化中的爱护动物思想

虎崇拜是中华文化的一个重要部分。中国的虎崇拜文化历史悠久,据说已有近万年的历史。自古以来,人类一方面惧怕老虎的凶残,另一方面又羡慕老虎勇猛、雄壮,于是人们就开始以虎的形象和名号来增强自己威力和信心。早在夏代,人们就在剑、戈、矛、钺等武器上铸上虎头纹,将老虎视为一种灵物加以崇拜。在中国传统文化中,虎或被视为神的侍从,或被视为通往天界的工具。在《山海经》中,老虎被描绘成神明的一部分,这些神明都是人面虎身的形象。在晋代道士葛洪的《抱朴子》中,老虎是道士们上天入地、与鬼神打交道最可靠的交通工具。虎也被民间视为驱邪镇宅之宝。在门上画虎或张贴虎年画是中国古代一种较为普遍的习俗,人们在门上画一个"吞口",即虎吞口,人们相信有着尖利牙齿的虎口,是吞鬼之口,能把妖魔鬼怪统统吃掉。

据史料记载,早在唐代的南诏政权时期,西南少数民族就存在大量的虎崇拜现象,例如把虎皮当作奖品和制成衣服等:"贵绯、紫两色。得紫后,有大功更则得锦。又有超等殊功者,则得全披波罗皮。其次功,则胸前背后得披,而缺其袖。又以次功,则胸前得披,并缺其背。谓之'大虫皮',亦曰波罗皮。"[①] 这表明在当时的南诏政权时期,虎皮是奖给英雄的贵重之物。披上虎皮是英雄的象征,这种虎崇拜现象普遍存在于当时西南的普米族、土家族、白族、怒族、德昂族、哈尼族、纳西族、彝族、傈僳族等少数民族文化中。

普米族主要生活在云南丽江、怒江、宁蒗、兰坪老君山以及四川的盐源、木里等地,是一个具有悠久历史和文化的民族,有意思的是

---

① 樊绰:《云南志校释》,赵吕甫校译,中国社会科学出版社 1985 年版,第 289 页,转引自张泽洪《中国西南少数民族宗教中的虎崇拜研究》,《中南民族大学学报》(人文社会科学版)2007 年第 6 期。

第三章 动物崇拜文化中的生态伦理思想

他们自称为"虎氏族"。在今天四川木里屋角区刺孜山腰的岩洞中还保留一尊"巴丁刺木"石像。"巴丁刺木"即"普米土地上的母虎神",被普米族人尊为始祖和保护神。据说,"巴丁刺木"原本是一位美丽的、万能的神,全身着装皆为白色,坐骑也是白骡,不食五谷,只喝清泉水和牛羊奶,她被普米族人尊为能够保佑全家平安幸福的女神。每到冬季,当地很多普米人前往那里进行祭拜活动,祈求四季平安,无灾无难。那些结婚后很久还没有身孕的普米族妇女,更喜欢向"巴丁刺木"女神祭拜求子。普米族还把虎年看成是最吉祥的年份,虎年出生的孩子被认为比较尊贵。此外,普米族人在婚丧嫁娶,建房造屋以及重要的农事活动、经商活动时,都喜欢选择在"虎日"进行。

土家族亦有丰富的虎崇拜文化,其中最具代表性的是"白虎神"崇拜,土家族把白虎神——白帝天王作为自己民族的祖先神。《龙山县志》载:"其祀白帝天王尤虔,有病赴庙祈佑,许以牲礼,愈则酬之;张雨盖大门外,供天王神位……以巫者祝而祭之。既招族姻,席地畅饮,乃散。乡邻忿争,或枉屈不得白,就誓神前立解。"[①] 土家族人在建房造屋之时,一般都要讲究把房屋的造型建成"虎坐式",酷似老虎坐禅之样,这种造型被他们称为"虎坐屋"。此外,他们还在门柱子上雕刻虎头,以驱邪镇宅之用。

虎崇拜文化在彝族也较为常见。在彝族创世神话中,虎是创世神。据说,天神造好天地之后,天还不停地摇摆,天神便叫五兄弟去引老虎,准备用老虎身子来固定天的四边。"用虎的脊梁骨撑天心,用虎的脚杆骨撑四边"[②]。云南哀牢山("哀牢山"在彝语中为"大虎山"之义)地区的"罗罗"彝族人相信,人死之后便成为老虎,因此,在传统社会,这个支系的彝族人在死后火葬之前[③],有条件者必要用虎皮裹尸,以便死后成为老虎。明代童轩在《滇南即事》中以

---

① 龙圣:《清代白帝天王信仰分布地域考释——兼论白帝天王信仰与土家族的关系》,《民俗研究》2013年第1期。
② 云南省民族民间文化楚雄调查队:《梅葛》,云南人民出版社2009年版,第10页。
③ 清朝改土归流之前,彝族地区流行火葬。

诗的形式记录了当时彝族这种习俗："漫说滇南俗，人民半杂夷。管弦春社早，灯火夜街迟。间岁占鸡骨，禳凶瘗虎皮。辎车巡历处，时听语侏离。"① 四川凉山彝族一些支系，曾有这样的习俗：每家都会保留象征祖先的虎头颅骨，世代相传。虎年的第一个虎日，则要对珍藏于家中的虎头颅骨进行祭祀活动，以表示不忘祖先。云南楚雄的永仁等地的彝族流传一个"人和老虎"的故事，当中描述了老虎如何造天地万物。据说，宇宙原本是一个鸡蛋，老虎把蛋孵化出天地。天地之间有个热洞，从中诞生出万物，可是万物不会动，于是老虎推动天地，使其运转不停，万物也开始活动不息。

在哀牢山地区，彝族人家里都供奉祖先画像——"涅罗摩"，义为母虎祖先。此外，当地彝族人还喜欢在房屋的门楣上挂上一个葫芦，上有毕摩所画的虎头，用来祭祀虎祖。彝族人祭祀祖先时，一般会请毕摩在祖灵神像上披上一张虎皮，毕摩自己也披上虎皮，或画有老虎的布料，手中拿着一根包有虎皮把手的法器，以表示获得了虎祖所赋予的神秘力量。

纳西族的摩梭人则喜欢以"虎"来命名山川、村落。如"黑虎山""虎居山""虎头山"等。摩梭人的民间故事《喇氏族的来源》中讲述了摩梭人的始祖虎神的故事。据说，天神格尔美创造天地万物之后，觉得天地之间还缺少人类，于是就派把守天门的虎神去地上创造人类。天神用手指在虎神前额写下一个"王"字，并对虎神说，你如果下凡之后创造出人类，那么你和你子孙将长生不老，于是虎神按照天神的指示，来到一个叫作"刺踏寨干木"的地方。虎神坚实的步伐震裂了山峰，裂缝处走出了一个美丽姑娘，两人一见钟情，遂结为夫妻。不久便生了个儿子叫"喇若"，后来又生了个女儿叫"木喇"，兄妹俩又结合，子子孙孙从此繁衍下去。

哈尼族的先民则认为："虎与人曾经混居，因此，把虎的形象用石雕刻，立于寨门或村口奉为护寨神的狗，每年定期举行祭祀，有的

---

① 张泽洪：《中国西南少数民族宗教中的虎崇拜研究》，《中南民族大学学报》（人文社会科学版）2007年第6期。

第三章　动物崇拜文化中的生态伦理思想

村寨把石虎立于该寨神树下，一般多为一公一母，以崇拜之。"① 白族人认为，他们的祖先腊修就是一只雄性的老虎，但他却变成人样，只有穿上他的魔衣，其虎形才会显现。在白族的自称或他称中，有许多带"虎"字义的残存。在今天大理地区，白族儿童还常戴虎头帽，其寓意是多方面的，既有表示他们是虎的后代，又有子孙繁衍昌盛之义。

　　许多西南少数民族如土家族、白族、纳西族、彝族和汉族一样，也有在门楣上悬挂"虎吞口"的习惯。从材质上看，彝族人"吞口"多为木质和葫芦，而其他民族多为木质。摩梭人和纳西族人生病时，则要请巫师在门楣上悬挂老虎图，用以驱除病魔。给新婚夫妇祝福，也常常送人虎合体图，寓意护佑新婚夫妇。

　　西南少数民族虎崇拜与中原汉文化语境的虎崇拜有着许多共同之处，它们都是华夏虎文化的重要组成部分。西南少数民族的山区，群山绵绵，森林茂密，在历史上，这些地方老虎横行，对当地的少数民族产生了巨大威胁。由于条件所限，人们在人虎关系中，处于被动、防御之势，于是人们对老虎充满恐惧。这种恐惧逐渐地转化为对虎的崇拜，于是老虎就被视为超自然的神灵，成为他们敬畏的对象。

三　其他动物崇拜文化中的敬畏生命意识

　　蛇是一种广受西南少数民族图腾崇拜的动物。哈尼族、怒族、白族、布朗族、纳西族、侗族都有蛇崇拜现象。在贵州的从江、黎平等地，一些侗族以蛇为崇拜之物，他们认为蛇是自己民族的祖先。侗族生活的自然环境很适合蛇的生存，在村寨四周甚至村民的房子里常常见到蛇出没。如果遇到蛇进屋的情况，侗族人不是将其打死或捉住，而是烧香祈祷蛇回归自己的洞穴。如果遇到蛇出入自己的祖坟，侗族人也要焚香跪拜，把这种现象视为祖先显灵。贵州从江县一带，有关

---

① 吕大吉、何耀华主编：《中国各民族原始宗教资料集成·傣族　哈尼族　景颇族　孟·高棉语族群体　普米族　珞巴族　阿昌族》，中国社会科学出版社1999年版，第247页。

蛇的禁忌十分丰富。例如，如果在野外见到两蛇交配，则视为不吉利，不仅不能当场喊叫"蛇"这个名称，而且事后向别人提起此事时，也要避免直呼其名。遭遇到此情形者，不能直接回家，应该先到茅厕中蹲一会儿，以示排出了毒气。不但如此，当事人回到家中后，还得请巫师作法，为其进行驱邪逐魔，保佑他不受影响，平安无事。每到夏秋之际，蛇就开始蜕皮，当地侗族人如果遇到这种现象也认为很不吉利。有经验的人会迅速脱下衣服，而且尽量赶在蛇蜕完皮之前，他们认为只有这样才会脱离晦气，逢凶化吉。

在哈尼族人所生活的地方，常常见到蛇出没。总体而言，哈尼族人对蛇充满了敬畏，这种敬畏心理有可能是出于对蛇的毒性恐惧。哈尼族人如果在野外偶然遇见蛇，不是去惊扰它，而是站在原地并且口中念道："各找各的食，各走各的路"，等蛇离开之后，方才挪步。对蛇的敬畏还可能是他们认为蛇是龙神的使者。哈尼族人相信大黑蛇是龙神的化身，而龙神则是主管江河、龙潭、高山的神灵。由于把蛇看成是神灵的化身，所以一旦遭到蛇咬伤，哈尼族人则认为是神灵对其惩罚，被咬伤者不好意思让别人知道，往往不找医生治疗，结果造成不少悲惨的结局。这种大黑蛇在哈尼族村寨的附近尤其村寨旁的护寨林中也较为常见。如果遇见大黑蛇，哈尼族人则备好祭品，请祭师到大黑蛇出没之地进行祭祀，祈求神灵的宽恕。如果蛇溜进谁的房屋中，那么此家必然严阵以待，不仅焚香磕头，还要备好酒菜，直到蛇"吃饱"后离开。如果遇到蛇待在一个地方不走，影响到人们的生产与生活时，到了不得不采取措施的时候，哈尼族人则一般不会将其打死，而是想办法驱赶之，在此过程中他们还要叨念一些诸如"请你回到你的住处去"等说辞。

与大多数动物相比，鱼繁殖较快，这对于原始初民来说，可谓是一个取之不尽的食物来源。早在北京周口店山顶洞人时期，人们就以鱼作为生活资源。据考古发现，我国古代半坡人就已经把鱼神灵化。早在《山海经》中就有了鱼神话的记述。

把鱼神灵化现象在那些依山傍水而居的少数民族文化中较为普遍。侗族人相信鱼是圣洁的动物，护佑他们多子多福，平安幸福。在

第三章 动物崇拜文化中的生态伦理思想

广西三江等地,当地侗族人认为鱼是水中最纯洁的动物,不仅如此,侗族先民还认为鱼是他们的始祖和保护神。在丧葬仪式或其他祭祀场合,鱼是必备的供品。侗族人甚至模仿"鱼窝"来建造鼓楼。《侗族祖先哪里来》这样唱道:"鲤鱼要找塘中间做窝,人们会找好地方落脚;我们祖先开拓了'路用寨',建起鼓楼就像大鱼窝。"[①] 侗族人不仅在水井、池塘里养鱼,而且在田里养鱼,由此可观侗族人喜爱养鱼的程度。

对于依山傍水而居的布依族人而言,鱼在他们生产与生活中十分常见,也是他们生活中一种重要的食物。在漫长历史的演变中,布依族人逐渐形成了崇拜鱼的习俗。因为鱼旺盛的繁殖能力,布依族人就赋予了鱼崇拜文化大量的生殖崇拜内容。布依族人的玉器、陶器、服饰、蜡染中大量鱼的纹样都是布依族人鱼崇拜的体现。

傣族是一个喜欢养象的民族,也是一个崇拜象的民族。司马迁在《史记》里把西双版纳傣族地区称为"乘象国"。在云南德宏傣族地区,流传一个姑娘喝象脚印里水怀孕的故事。相传,一只大象突然闯进一个国王花园里,看守花园的姑娘奋力将大象赶走,为了把大象赶进深山,她一路追赶,由于口渴找不到水源,只好喝下象脚印里的水,没想到喝下之后,便怀孕了。

傣族人把象征着勤劳、勇敢、朴实、力量的大象作为守护村寨的寨神。在傣族人的寺庙、塔楼、雕刻、壁画、房屋等地方,往往都有大象图案,可见傣族人对大象的喜爱与崇敬之情。

在傣族人眼里,孔雀代表着美丽、圣洁、善良、幸福。傣族人喜欢也善于驯养孔雀。孔雀给他们以美感享受,也是他们艺术灵感的源泉。傣族人善于模仿孔雀姿势,创造美妙的孔雀舞。此外,傣族人还崇拜马鹿,据说傣族的祖先就是在马鹿的带领下来到滇西地区。相传在很久以前,傣族的祖先叭阿拉武带领傣族人四处寻找落脚的地方,正在着急寻找时,一只马鹿出现在他们的眼前,于是叭阿拉武带头追赶,但怎么也追不到。经过长距离的追赶,他们不知

[①] 吴嵘:《贵州侗族民间信仰调查研究》,人民出版社2014年版,第37页。

不觉地来到了今天滇西一带，于是他们在此披荆斩棘，开荒种地，繁衍生息。

喜欢狗的民族不少，但崇拜狗的民族不多。哈尼族、佤族、布依族、苗族等少数民族崇拜狗。白天，哈尼族与佤族先民带着狗上山打猎，晚上，狗又为他们守卫家园。相传，大洪水之后，世上所有的谷物种子都灭绝了。正当哈尼族先民为缺少种子犯难之时，一只小麻雀在很远的地方找到一颗谷物种子，它把这粒宝贵的种子叼在嘴里，站在树上舍不得吃，一只狗发现这种情况之后，对着麻雀发出了"汪汪"的叫声，结果种子从麻雀嘴里掉下来，被狗捡起来交给了哈尼族的先民，人们因此得救，于是，狗被视为有恩于哈尼族的动物。每年的尝新节，人们都在开饭前先用米饭祭祀谷神，然后用米饭喂狗。在云南耿马一带，历史上曾有一个名为"永寿"的古老的爱狗部落。在当地佤语中"永"即为寨子、家族、地方之义，而"寿"即狗，"永寿"就是狗家族、狗寨子、狗部落之义。今天佤族人还喜欢给孩子取带"寿"字的名字，他们认为这样能够保佑孩子一生平平安安。与哈尼族人一样，佤族人过新米节时也在吃饭前先用米饭祭祀谷神，然后用米饭喂牛、喂狗，之后人们才能开饭。佤族人也忌杀狗、食狗。客朋来访，绝对不能用狗肉招待，否则客朋下次就不来了，同样，在贵州安龙一带，当地布依族人也有崇拜狗的习俗。相传，在很久以前，布依族的先辈茫耶为寻找谷物种子，翻山越岭来到遥远的西边一个神洞里，但洞中的种子由神看守，茫耶为了得到种子不得不与神搏斗，当他与洞神搏斗之时，一路跟着他的狗奋力助阵，帮助了他打败了神雀，拿到谷物种子，从此布依族人告别了饥饿。在安龙当地，每到吃新节开饭前，当地布依族人都给家中的狗喂饭，表示对狗的尊敬。黔东南州剑河县革东镇交榜村沿袭着"抬狗节"习俗，此节为该苗族村寨所独有。当地村民相信，狗曾为苗族祖先找到了水源，有恩于他们。节日当天，村民们用一种特制的木凳抬着已经着衣戴帽的狗游走村寨，以示表达感恩之情。此节又隐含了提倡万物平等、敬畏自然的生态伦理观念。

许多农耕民族尤其是以稻作为主的民族都有崇拜青蛙的习俗。青

第三章　动物崇拜文化中的生态伦理思想

蛙是稻田里常见的动物，青蛙不仅吃掉危害水稻的虫子，而且还能为农民提供天气信息，所谓"农家无五行，水旱卜蛙声"。大雨来临之前，稻田里青蛙叫声很大，这种自然现象很容易使得古人认为是蛙声引来了雨水。在贵州三都县的三江村、洞览村一带的布依族人流传一种特殊的崇拜青蛙活动——摔跤祭青蛙，当地人把这个活动叫作"别雅归"。"别"即指摔跤，"雅"即指祖母，而"归"即指青蛙。农历十二月初二那天，村民先到田地里寻找两只青蛙，然后用木盒装好，青蛙要经过各家门口，每家都凑点米，煮成米饭供集体食用。同时，村寨的青年在铺有稻草的空地上举行摔跤比赛，或进行其他娱乐活动，连续三天。第三天，村民们为青蛙举行葬礼，把木盒中的青蛙葬在山上。当地人相信，只有开展"别雅归"活动，庄稼收成才会更好。

此外，在贵州荔波、三都等地，还盛行一种"雅蜽节"活动。"每年除夕之夜，各寨青年组成队伍，抬着一只'雅蜽'（布依语义为'青蛙母神'）走村串户，每到一家，大家祝贺曰：'雅蜽今天来，你们送酒肉。它保佑你家，粮丰人富旺。'大伙串完各户，把'雅蜽'及供品抬到田坝中供祭，企望'雅蜽'保护庄稼，来年丰收，人丁兴旺。"[①] 在云南文山，广西南丹、天峨、河池等地区，当地的壮族人把青蛙尊奉为神，这些地方至今还保留了祭祀蛙神的习俗。当地的壮族人认为，青蛙是雷神的孩子，它是雷神在人间的代表。地上的刮风下雨，都由它向雷神汇报请求。据说，如果得罪了青蛙，那么就要遭受惩罚，久旱不雨。这些地方的壮族，每年都举行"蛙婆节"祭祀仪式。

除此之外，在西南各民族的传统文化中，还有诸如白马崇拜、鸡崇拜、羊崇拜等。西南各少数民族形形色色的动物崇拜文化是原始宗教的遗风，是人们对大自然朴素心理与情感的反映。动物崇拜所衍生的敬畏意识和禁忌习俗客观上起到了保护自然资源、维护生物多样性的效果。

[①] 贵州省地方志编纂委员会编：《贵州省志·民族志》（上），贵州民族出版社2002年版，第221页。

第二节 动物图腾、禁忌文化中的尊重与敬畏生命思想

一 动物图腾文化中的尊重与敬畏生命思想

"图腾"一词，来自北美洲印第安人的方言"totem"，其义为"亲属""亲族""我的血亲""他的亲族"等。从20世纪70年代开始，图腾文化逐渐受到人们的关注。许多著名学者如麦哲伦南、摩尔根、哈登、约翰·朗格、弗雷泽、涂尔干、马林诺夫斯基、列维—斯特劳斯等人都对图腾文化进行过研究。研究者们对图腾含义理解不一，至今也未形成统一的定义。据统计，有关图腾的定义多达六七十种。按照美国民族学家摩尔根说法，图腾是指一个氏族的标志或图徽。英国人朗格认为图腾是一种个人的保护神。弗雷泽认为图腾既是人的亲属，又是人的祖先。法国人戈登卫泽（Goldenweiser）认为，所谓图腾，就是原始人"把某一动物，或鸟、或任何一物件认为是他们的祖先，或者他们自认为和这些物件有某种关系"[1]。我国民族学家杨堃认为，图腾是一种动物，或植物或无生物。学者何星亮则认为："图腾是某种社会组织或个人的象征物，它或是亲属的象征，或是祖先、保护神的象征，或是作为相互区分的象征。作为图腾的象征物可以是动物或植物，也可以是自然现象或无生物。"[2] 图腾的本质特征是人们认为与某种图腾物有一定的血缘关系，这也是图腾与一般自然崇拜的根本性区别。按照涂尔干的解释，作为图腾的对象，"要么属于动物界，要么属于植物界，而且尤以前者为多；非生命体则十分罕见。"[3] 并且，图腾的对象通常不是一个个体，而是"一个物种或变种，它不是这只袋鼠或这只乌鸦，而是所有的袋鼠或所有的乌鸦"[4]。

---

[1] 戈登卫泽（Goldenweiser）：《图腾主义》，严三译，《史地丛刊》1933年第1期；转引自何星亮《图腾与中国文化》，江苏人民出版社2008年版，第5页。
[2] 何星亮：《图腾与中国文化》，江苏人民出版社2008年版，第6页。
[3] ［法］爱弥尔·涂尔干：《宗教生活的基本形式》，渠东、汲喆译，商务印书馆2011年版，第139—140页。
[4] 同上书，第140页。

第三章 动物崇拜文化中的生态伦理思想

物质生活条件决定着人们的思想观念。图腾的产生与远古时期的物质生活条件密切相关。在原始狩猎时期，生产力极为低下，生活条件十分严酷。食物来源不稳定，而且经常受到恶虫猛兽的威胁，再加上风雨雷电、疾苦病痛等无法解释的现象致使原始人逐渐形成自然神灵观念和图腾崇拜。关于图腾的起源有一种解释颇为流行：原始人在寻求安全的心理作用下，或者说为了消除对猛兽恶虫的恐惧，想当然地认为，只要与某种动物"认亲"，该动物就与他们具有血缘关系，他们因此便能受到动物的保护。云南白族的虎氏族认为老虎不会伤害他们，同样，怒族、傈僳族的虎氏族也有"虎不食虎族人"的观念。西南地区的彝族、傈僳族、白族、纳西族、怒族、德昂族、普米族等少数民族都以虎为图腾。

图腾是原始部落族群认同和精神信仰的对象，是族群心目中最美好和最圣洁的象征。世界各民族都经历过图腾崇拜。由于各民族所处的自然环境不同，各民族图腾物种有所差异，但图腾物一般为各民族所处自然环境中的动植物等。

彝族的动物图腾有虎、凤凰、燕子、狐狸、鼠、豹、猴、龙、鹰、雁、鸭、鸡、马，甚至还有狮子、猫、喜鹊、蛙、鱼、谷、草等。在彝族创世史诗中，老虎被描述为创造人类及万物的始祖。据说，在天地尚未形成的时候，老虎孵抱蛋而生出了天地，然后生出一只老虎把天地撑开。另一部彝族创世史诗《梅葛》中叙述，天是老虎头化成，地是虎尾巴化成，太阳是老虎左眼化成，月亮是其右眼化成，阳光是虎须化成，虎血化成了海水等，彝族也自称为虎的后裔。在不少彝族地区，男人自称为"罗罗濮"或"罗颇"，义为雄虎，女人则自称"罗罗摩"，义为母虎。这种虎图腾不仅有利于保护虎，而且对于彝族的族群稳定，民族的认同感和凝聚力起到了重要作用。

布依族的图腾有鱼、龙、猿猴、鹰、牛、竹等。与其他少数民族一样，布依族的图腾与其生产生活，与其周围的环境密不可分。布依族人多依山傍水而居，鱼是他们常见的动物，也是他们主要食物来源。在长期生产生活实践中，布依族人形成了爱鱼，崇拜鱼的习俗。古歌《安王与祖王》中讲到布依族的祖先是鱼。相传，安王与祖王

▶ 西南少数民族传统生态伦理思想研究

的父亲盘果王有一次下河捕鱼时遇见了一条美丽的鱼，他爱不释手，连连称赞，没想到这条鱼很快变成了一个美丽的姑娘。后来两人结为夫妻，生下了安王。安王健康快速地成长，很快就会下河捕鱼。有一次捕到两条紫鳞绿鳍的鱼，安王的母亲告诉他，这鱼与他有血缘关系，是他的外戚，不能吃它，安王不听劝阻，把鱼煮了。安王的母亲非常生气，愤然跳入江水中，不辞而别。

布依族还把他们鱼图腾意识对象化在他们的服饰上。服饰表面上三角形或菱形的图案便与他们的鱼图腾信仰有关。正如弗洛伊德所言："在某些特别重要的情况下，氏族成员会寻求以各种方式来强化与图腾的亲属关系，如使自己在外表上与图腾相似，穿上动物的皮毛，将图腾的图案纹在自己身上，如此等等。"① 这些图案体现了布依族人对自然的认同和尊重，反映了他们对生命的敬畏和感恩意识。

对于侗族而言，水牛就是自己民族的祖先。在贵州黎平、榕江县等地，村寨的鼓楼上以及侗族村民的房子门楣上都挂着水牛角，以示他们为牛的后裔。在当地的侗族村民观念里，人死之后有可能再投胎变成牛，而牛死之后同样也有可能投入人胎。在他们看来，牛与人是平等的，相同的，唯有能否说话的差别。当地侗族人对牛的爱护也是不同一般，"20世纪50年代以前，当地人还爱惜牛力胜过人力，在农活中，许多人宁愿自己用锄头挖田挖地，或拖'人拉犁'翻犁田土，也不肯用牛来耕犁土地。养牛的目的不是为了作为畜力使用，而是为了繁殖牛群和积蓄牛粪作为农家肥。部分用牛来耕地的人会遭到大家的谴责，大家会说这人非常懒惰，心肠狠毒，虐待水牛。"②

苗族的图腾有枫树、竹子、水牛、野猪、蛇、鱼、猴子等动植物，但许多图腾文化早已衰微，民间很难见到这些动植物图腾的痕迹了，以蛇图腾为例，只有苗族的古歌和其他一些文献中才能依稀看到这种文化痕迹。《山海经》记载："有人曰苗民，有神焉，人首蛇身，

---

① ［奥］弗洛伊德：《图腾与禁忌》，赵立玮译，上海人民出版社2005年版，第129页。
② 吴嵘：《贵州侗族民间信仰调查研究》，人民出版社2014年版，第30页。

长如辕,左右有首,衣紫衣,冠丹冠,名曰延维,人主得而飨食之,伯天下。"① 这可能是有关苗族蛇图腾最早的记载。《苗族古歌》提到,蝴蝶妈妈生下 12 个蛋,其中一个蛋孵出了蛇。

贵州黔东南清水江一带的苗族,沿袭着一个"杀鱼节"传统。每年的农历三月三或三月初九,当地苗族人就到清水江畔举行杀鱼节活动。参与者先到河里捕鱼,捕到鱼后,便在河边架起篝火,现场将鱼煮熟,然后喝酒吃鱼,唱杀鱼歌,此习俗应该与苗族的鱼图腾相关。今天的黔东南地区,在逢年过节或者娶亲嫁女之时,鱼是当地苗家人餐桌上必不可少的一道菜。在苗族的生育习俗中,鱼也扮演重要角色,"新生儿诞生三朝,大门口摆桌,置鱼、酒、饭等,用纸伞遮盖,请一位健康、有福的妇女,抱婴儿出门外'看天日'。象征性给他吃喝,然而起名字,婴儿一定要吃鱼"②。

鸟图腾普遍存在于中国各民族的文化中。鸟图腾与生殖崇拜、祖先崇拜密切相关。在中国商代,鸟图腾文化还具有浓郁的政治文化色彩,是商代上层建筑的一部分。在西南地区,许多少数民族都有鸟图腾文化。彝族的鸟图腾有斑鸠、白鸡、凤、鸡、鹰、鸿雁等。怒族、白族、纳西族、哈尼族等少数民族都有自己民族的鸟图腾。

图腾崇拜是人类敬畏自然的产物,图腾是人类与自然联系的纽带,是人类对自然的一种依恋,也是人类试图了解自然的一种努力,"图腾以图画的形式隐喻着人与自然的关系,但更重要的是它经过全体氏族成员的认同,以血缘关系的形式联系着氏族的全体成员。"③

二 动物禁忌文化中的尊重与敬畏生命意识

图腾是一种诞生于原始时代神奇的文化现象,是人猿揖别的标志。人类最早的社会意识便是图腾意识。一个民族的图腾意识对该民族的伦理道德观念、哲学思想、审美心理等都具有重要影响。原始的

---

① (清)郝懿行等:《山海经笺疏》,浙江人民美术出版社 2013 年版,第 637 页。
② 过竹:《苗族神话研究》,广西人民出版社 1988 年版,第 160 页。
③ 张强:《自然崇拜:人与自然对话的语境》,《江海学刊》2003 年第 3 期。

人们相信自己民族与某些动植物和自然现象有血缘关系，把它们视为他们的守护神，对自己民族的图腾物敬重万分，在严肃的图腾面前，任何捕杀、破坏等行为都被视为犯禁，甚至连触摸、注视等行为都是被禁止的，这就产生了图腾禁忌，但禁忌并非全由图腾产生，对自然现象和动植物的崇拜也可以产生禁忌。

禁，吉凶之忌也。忌，憎恶也（《说文解字》）。简单地说，禁忌是禁止人们所言所行，以及接触的人、物和事以及由此所对应的观念。禁忌观念和习俗、原始宗教密不可分，其内容多是自然崇拜、图腾崇拜、祖先崇拜、鬼神崇拜等。禁忌源于生产力极不发达的原始社会，是人们在与自然环境和社会交往过程中逐渐形成的一种文化现象。从本质上讲，禁忌反映了人与自然、人与人、人与社会之间的相互关系，是一种较为原始的调节人类行为的规范和社会调控形式，属于道德范围和意识形态范畴。任何一个民族的禁忌文化都与该民族的历史、文化和地理环境有关。由于所处的自然环境和社会环境的差异，生产方式差异以及生活方式的不同，每一个民族的禁忌文化内容和形式也不尽一致。

彝族人在长期与自然打交道过程中，形成了许多保护动植物的禁忌文化。成书于明代年间的彝文典籍《劝善经》是道教经典《太上感应篇》的彝文版。它是现存彝文古籍中字数最多的，也是最早的彝文刻本之一，展示了彝族人独特的伦理道德观念。此书的核心内容是"劝善"即"众善奉行，诸恶莫为"。彝族先民曾经靠狩猎为生，但是，彝族人却反对历史上所流行的用粘胶捕鸟的方法，更不会用赶尽杀绝的办法如烧山驱兽，围而捕之的捕猎方式，这些方式在历史上尤其在明代的民间颇为流行。彝族先民在注解《太上感应篇》中对这些赶尽杀绝的做法提出了批评："我们猎走兽，射飞禽，放野火捕兽，烧山烧谷。昆虫蝼蚁不要成千上万的烧，所以放野火多的，没有阴德，子孙会得麻风病。"[1]《劝善经》中对"射飞逐走"一句这样注

---

[1] 陈棣芳、徐晓敏：《〈劝善经〉所见明代彝族民俗》，《毕节学院学报》2013 年第 2 期。

第三章　动物崇拜文化中的生态伦理思想

解:"古时候老人收获完,到了腊月时,兽停繁殖,才打一次猎,若不然,耕牧时候到,要耕牧,不狩猎了,人不种庄稼放牧,出劳力去打猎,野兽生命伤多了,不但是耽误耕牧,还作了恶。"① 此外,彝族的祖先崇拜、鬼神崇拜也衍生了许多与此相关的禁忌。例如,昆明西山区彝族人认为自己的民族祖先是靠狗奶养活的,因此在该地区,彝族人忌讳吃狗肉,狗在当地受到特别的喜欢和照顾。

彝族人忌吃狗肉。彝族人认为,他们之所以能够吃上米饭,得益于狗尾巴上所沾带的种子,彝族的祖先用从狗尾巴上取下来的种子,种出了稻子,所以狗对人类有功,不仅不能杀,而且在每年吃"新米饭"即"尝新节"时,要先给家中狗喂食米饭。景颇族也有类似的传说,认为粮食的种子是狗带来的,因此禁止宰杀狗。普米族也不杀狗,因为他们相信是狗把自己的寿命送给了人类。在有些彝族传统中,许多动物例如猫、马、狗、猴等都忌讳食用,其原因在于这些动物的脚掌与人的手脚掌相似,他们认为吃这些动物就等于是危害人体,吃者便会遭遇厄运等。有些彝族地区的怀孕妇女还忌讳吃雌性家禽家畜肉,否则就会导致难产。对于那些不属于禁忌范围内的动物,彝族人也主张不要赶尽杀绝。《彝汉教育经典》中说道:山林中的野兽,虽然不积肥,却可供人食用,但是食勿滥捕,狩应有限,这些规定反映了彝族人在利用自然资源时,没有一味地索取,而是懂得如何顺应自然规律,有节制性地利用自然,与自然保持一种良好的生态关系。

云南丽江的摩梭人把老虎视为本民族的守护神,他们忌讳猎杀老虎。如果有人冒犯禁忌杀死了老虎,一旦发现,猎杀者就要被处以重罚,"并举行种种仪式,哀求死虎恕罪和请求虎的祖宗宽宥。"② 云南的独龙族、布朗族、怒族、阿昌族等民族也都有许多动植物禁忌。此外,在这些民族看来,怀孕、哺乳期的雌性动物都不能猎杀。什么季

---

① 马学良、张兴等:《彝文〈劝善经〉译注》(上),中央民族学院出版社1986年版,第142—144页。
② 康琼:《自然的崇拜与禁忌——解读民族民俗中的生态伦理精神》,《伦理学研究》2009年第5期。

· 107 ·

节能够出猎，什么季节不能出猎，都有相关规定。比如，春天一般是动物产崽时期，所以这些民族都忌讳在春天出猎。在云南香格里拉，当地藏族笃信佛教，因此对诸如青蛙、鱼、蛇等动物忌讳捕捉，甚至连昆虫也不忍弄死。普米族人还认为是蟾蜍帮助自己的祖先找到了智慧泉水，祖先在喝下智慧泉水之后，有了智慧，因此从动物变成了人，因此普米族人把蟾蜍视为灵物。

云南境内的蒙古族、白族、彝族崇拜鸟类，因此也衍生了许多捕杀鸟的禁忌。生活在云南的蒙古族人忌杀燕子，他们认为燕子是吉祥之物，捕杀燕子会导致脱发。白族人清明节期间在地上撒上鸟类爱吃的食物，同时给鸟类唱歌以表达对鸟的尊敬，在此期间禁忌捕杀鸟类。

壮族把人与某些动物的关系视为人与神的关系。他们赋予某些动物神性，并加以崇拜和保护。例如，在壮族看来，鱼、蛙、鸟等动物都具有神性，因而这些动物特别受到壮族人的崇拜和保护。广西东兰县等地，当地壮族把青蛙视为母神的化身，因此禁止伤害或捕捉青蛙。如果不小心踩死了青蛙，就必须将青蛙埋葬好，并发誓自己不是故意的，祈祷雷公理解和原谅。进山狩猎活动也有禁忌，在广西德保县等地，当地壮族人在每月的初五、十四、二十三这三天晚上忌讳进山狩猎，[①] 当地人认为，这三天晚上正好是阴魂出没的时候，此时选择出猎，很容易遇上鬼魂。这些禁忌文化一定程度上反映了壮族人对待动物的态度，客观上为当地的生态平衡起到了重要作用。

云南临沧等地的拉祜族，忌在属猪日和属龙日下河捕鱼、拦挡河坝，也忌砍伐树木，尤其被雷击过的树木，更不可触碰。新平等地拉祜族则忌砍伐有灵性的植物如"卡腊"树，寨神树。苞谷、荞麦的播种一般选择在属虎日，而开秧门一定要选择在属鸡、属猪或属马日。有些地方的拉祜族还有在父母忌日不播种、不打猎、不盖房子等禁忌。

---

① 吕大吉、何耀华主编：《中国各民族原始宗教资料集成·壮族卷》，中国社会科学出版社1998年版，第479页。

第三章　动物崇拜文化中的生态伦理思想

小　结

古希腊哲学家亚里士多德认为，自然界中最低级的是矿物，其次是植物，再次是动物，人是最高级的动物。凡低级的都是为高级而存在的。基督教进一步强化这种观念：上帝创造地上万物，只有人是按照上帝形象创造出来的，只有人具有灵魂，是唯一有可能得到上帝拯救的创造物，而其他所谓动物都是为人类服务的。"地上的各种野兽，天空的各种飞鸟，地上的各种爬虫和水中的各种游鱼，都要对你们表示惊恐畏惧：这一切都已交在你们手中。凡有生命的动物，都可作你们的食物；我将这一切赐给你们，有如以前赐给你们蔬菜一样。"[①]这种思想在西方社会一直处于主导地位。不过，不同声音仍旧难免，例如3世纪罗马法学家乌尔比安认为，动物法是自然法的一部分，"大自然传授给所有动物的生存法则；这种法则确实不为人类所独有，而属于所有动物"[②]。近代西方第一个明确主张把道德关怀延伸到动物身上的是英国功利主义伦理学家杰罗米·边沁，他认为人或社会应该最大限度地增加快乐和减少痛苦，不管这种痛苦是发生在人身上还是动物身上。

利奥波德、克利考特等人主张人类的伦理道德应该扩展到地球上一切生命体，将人类的情感如同情、忠诚、慈爱等扩展到自然界的动植物、土壤、水等共同体中。人类只有将自身的伦理道德同时纳入到文化共同体和自然共同体之中，人类才是完整的道德存在。辛格也提出动物也应该具有道德地位，他认为只考虑人类利益而不给予动物道德关怀的人是物种歧视者。

综观西南少数民族丰富多彩的动物崇拜和图腾崇拜文化现象，不难发现其中蕴含了敬畏自然，善待生命的现代生态伦理思想。西南少数民族的先民们并没有系统地提出生态伦理、动物伦理的知识，但

[①] 《圣经》，南京爱德印刷有限公司2009年版，第18页。
[②] ［美］纳什：《大自然的权利》，杨通进译，青岛出版社1999年版，第17页。

是，在他们的生产与生活实践中，他们认识到人类不能离开动物。他们爱牛惜牛，喜爱和崇拜鱼、鸟、蛇，哪怕对猛兽老虎也崇拜有加。我们无须争论他们的喜爱与崇拜的主观目的，这种崇拜的现实合理性是不容置疑的，客观上起到了保护动物的效果。他们一代又一代所传承这种素朴的、原始的自然崇拜中，所包含的尊重自然、敬畏生命的观念，正是当代生态伦理学所要找寻和论证的，是当今生态保护重要的精神财富。

第四章　植物崇拜文化中的生态伦理思想

　　从丛林中走出来的物种——人类，对山林有着特殊情感。

　　神秘莫测的植物生长现象、莽莽的森林、神奇的植物，这些都使人们对此充满了畏惧与好奇。人猿揖别之初，人类的主体意识还未发育到完全把自己与其他自然物相区别的地步，那么他们很容易把自己视为自然的一部分，因此，在人与自然的对话中，"拜物"似乎是人类成长过程中一个必经阶段。"拜物"是人类以敬畏之心去观察和揣测周围的一切，当这种心理机制由深层转移到表层之后，人就以神话传说等话语形式表达出来，这种自然崇拜是人对自然和生命的无限遐思，在巨大的自然力面前，人们往往祈求神灵降临，期盼神灵保护他们，给予他们力量，这种现象在世界各民族那里都曾有过，但是大多数都湮没在历史的长河中，尤其在现代化的洪流中，这种古朴自然的崇拜文化消失的速度更快。

　　不过，由于自然地理与历史文化的原因，在西南少数民族那里，这种文化现象还没有完全被现代化洪流荡涤。在西南地区，几乎每一个少数民族村寨旁边都有大小不等的"神林""风水林""密枝林"，几乎每一个民族都有古老的"神树"传说。枫树、银杏树、榕树、竹子等都是西南少数民族崇拜的对象，但竹子文化在西南少数民族尤为特别，因此，本章特将竹子崇拜单独作为一节加以阐释，而将其他树崇拜文化放在一起予以阐释。

第一节　树木崇拜文化与生态保护

一　树木崇拜概述

植物崇拜是一种原始宗教信仰，其最直接的表现就是对森林、树木的崇拜。我国很早就有了树崇拜现象。《搜神记》中记叙："庐江龙舒县陆亭、流水边有一大树，高数十丈，常有黄鸟数千枚巢其上。时久旱，长老共相谓曰：'彼树常有黄气，或有神灵，可以祈雨。'因以酒脯往。亭中有寡妇李宪者，夜起，室中忽见一妇人，着绣衣，自称曰：'我树神黄祖也，能兴云雨，以汝性洁，佐汝为生。朝来父老皆欲祈雨，吾已求之于帝，明日日中大雨。'至期果雨，遂为立祠。"[1] 此处所描绘的能够降雨拯救旱情的神树，正是古人把树神化，并加以崇拜的表现。《山海经》中也记载了大量的发生在古代的树崇拜现象。古人认为，宇宙中心有一种叫"建木"的树木，是通达上下左右四方的枢纽，他们又认为太阳是从一种叫"扶桑"的神树升空的："下有汤谷。汤谷上有扶桑，十日所浴，在黑齿北。居水中，有大木，九日居下枝，一日居上枝"[2]，"上有扶木，柱三百里，其叶如芥。有谷曰温源谷。汤谷上有扶木。一日方至，一日方出，皆载于乌"。[3] 我国古人还认为太阳西下则是从一种叫"若木"的神树上下沉的。"上有赤树，青叶，赤华，名曰若木。"[4] "南海之外，黑水青水之间，有木名曰若木，若水出焉。"[5] 另外，《山海经》还记载了古老的枫树神话："有宋山者，有赤蛇，名曰育蛇。有木生山上，名曰枫木。枫木，蚩尤所弃其桎梏，是为枫木。"[6]《山海经》中还记载了夸父化作邓林的反映树崇拜的神话故事："夸父与日逐走，入日。渴欲得饮，饮于河

---

[1] 干宝：《搜神记》第18卷，中州古籍出版社2010年版，第317页。
[2] 袁珂：《山海经校注》，上海古籍出版社1980年版，第260页。
[3] 同上书，第354页。
[4] 同上书，第437页。
[5] 同上书，第447页。
[6] 同上书，第373页。

第四章 植物崇拜文化中的生态伦理思想

渭；河渭不足，北饮大泽。未至，道渴而死。弃其杖，化为邓林。"①

树木崇拜现象不仅在我国古代存在，世界各地的民族几乎都有自己的"树崇拜"。"树崇拜"是早期人类一种比较普遍的原始的宗教信仰，是人类最常见的自然崇拜之一。人类学家弗雷泽曾记述，瑞典的乌普萨拉人把一片树林看作神圣之物，每一棵树都被视为是神灵。在斯拉夫人居住地，亦有崇拜树神现象："他们有人崇奉特异的橡树和其他浓阴覆被的老树，向它们祈求神谕。还有人在自己村庄或房舍前后保留着神树丛，哪怕是折段一根树枝也看作是罪孽。他们认为如果有人在这神树上砍了一根树枝，就将或猝然死去或一手一足变成残废。"②他对欧洲芬兰的乌戈尔族人观察后发现，这些部落绝大部分的宗教活动都是与树崇拜结合在一起。"每一处神树林里通常只是一小块空旷隙地，稀疏的几株树木，往日就在它们上面悬挂祭祀牲畜的皮。树林的中心是神树（至少在伏尔加河流域的各氏族中是这样），其他一切都无关紧要。礼拜的人们都在神树前聚集，由祭司，祝词祭司献祭的牺牲就放在树根旁边，神树的粗大树枝有时就当作布道的神坛。不许在林中锯断树木或砍折树枝。妇女一般都禁止入内。"③东非的万卡人"以为每一棵树，特别是椰子树，都有自己的精灵，'每毁坏一株椰子树，就等于杀害了自己的母亲，因为椰子树给予他们生命和营养，正如母亲对孩子一样'"④。

本质上，"树崇拜"的产生与远古时期的生产力不发达、早期人类的理性思维能力比较低下的状况有关。对于早期人类而言，树木、森林是他们赖以生存的条件，是他们每日不得不打交道的对象，对于发生在树木森林里的许多自然现象，他们还无法做出合乎理性的解释，于是求助于原始宗教方式。

农耕民族的生产与生活离不开森林树木，木制品几乎充斥了他们

---

① 袁珂：《山海经校注》，上海古籍出版社1980年版，第238页。
② ［英］弗雷泽：《金枝》（上），徐育新等译，中国民间文艺出版社1987年版，第168页。
③ 同上书，第169页。
④ 同上书，第170页。

· 113 ·

所有的生存空间，他们的衣食住行以及生产实践，每一个环节都离不开树木，因此，农耕民族具有浓郁的"恋木"或"恋树"情结，尤其是在中国道教等文化的影响下，中国文化中的树崇拜更加具有神秘的色彩，人们把树看作是联系天人之间的"天梯"，把枝叶繁茂、树干高大的树木看作健康繁殖、长生不老、羽化成仙的工具。

二 树木神灵崇拜

西南少数民族传统文化中也含有大量的树崇拜文化现象，尤其生活在森林密布的山区少数民族，"树崇拜"现象更为常见。例如，仡佬族的"喂树"（一种祭树方式），黔东南苗族对"守寨树""龙脉树"的崇拜；水族对"银杏树""榕树"的崇拜；侗族对"杉树"的崇拜；白族对"摇钱树"的崇拜；彝族对"龙树"的崇拜，等等。

贵州遵义市道真仡佬族苗族自治县是一个仡佬族聚居地，那里青山绿水，树木葱茏、环境优美。当地仡佬族人坚信万物有灵论，认为大自然的动植物都有意志和情感，把它们看成是有血有肉、有灵魂的生命体。由此可见，敬畏自然，爱护树木的意识已经深深植根于他们的内心世界。仡佬族人自古就有与大自然和谐共存的良好传统。当地仡佬族人还保留一种古老的"喂树"（也叫"祭树"和"拜树"）习俗。每年的农历三月三是仡佬族的"仡佬年"。每当此日，仡佬族人各家各户都备好酒菜、糯米饭以及爆竹、香纸等，然后来到高大粗壮的古树下，点燃爆竹，焚烧香纸，在古树底下跪拜，之后，把酒肉饭菜放在树杈上。如果找不到合适的树杈口，就用刀在树皮上割开一个嘴巴形的刀口，然后将酒肉饭菜放于刀口上，并用红纸将口子封住。"喂饭"同时又口念诸如"喂你饭、结串串；喂你肉，结坨坨"之类的话语。有时候，人们还会在大树底下宴饮欢庆。当然，随着岁月的变迁，这个环节基本上不再进行。

广西隆林一带的仡佬族祭树节则是在农历八月十五举行。他们一般选择青冈树作为祭祀的对象，此地仡佬族的树崇拜还与祖先崇拜结合在一起。据说，隆林一带的仡佬族是从贵州仁怀、六枝等地迁徙而来。刚迁来此地的仡佬人由于找不到合适的安排祖宗牌位的地方，只

第四章 植物崇拜文化中的生态伦理思想

好选择在高大挺拔的青冈树干上挖一个洞，然后再把祖宗灵牌安放在洞里，从此，隆林的仡佬族人就世世代代祭拜青冈树。每到农历八月十五，或谁家有人害病的时候都能见到这种祭树现象。祭树节是原始自然崇拜现象，是仡佬族独特的民俗文化现象，真实地反映了仡佬族的行为模式与价值取向。

彝族所崇拜的树主要有松树、杉树、柏树等。云南澄江等地彝族松树崇拜颇有代表性。当地村民认为松树是他们的始祖，每到农历三月三，村中12岁以上的男性都要在一位年老的村民带领下走到一片被称为"民址"的神圣的山林里祭祀松树。当地彝族村民把松树视为他们的始祖，任何砍伐、损坏松树的行为都是绝对不允许。有些彝族地区在老人去世之后，请毕摩在死者下葬之地找一棵小松树作为"祖先树"。毕摩用红布把挑选树木缠住，然后反背用力，把松树拔起并背往家中，请年老的木工将松树锯断，雕刻成人像，置于堂屋，以供死者家属祭拜。

彝族人认为人死之后，灵魂又回到树中。在云南的大姚、姚安等彝族村寨，在安葬去世的老人之前，家人须在毕摩的指导下，在选好的坟墓周围栽上一棵松树，而且其家人在毕摩带领下到树林中去找回老人的灵魂：毕摩找出一棵马樱花树或松树，把这棵树看成是老人的灵魂寄托之处，于是取一段树枝回家，然后将树枝刻成木偶，供奉于屋堂之中，几年之后，又将这个木偶放进村寨的族灵树。

在彝族人看来，树是有灵魂的，也是神圣的。云南的大姚、姚安等地彝族还有用大树底下的泉水洗浴刚出生的婴儿的习俗。当地彝族人认为，只有树下之水才可以洗婴儿，其他地方之水如养鱼之水、动物喝过的水都不能用。若要长久地、便利地取得树下泉水，首先就必须得保护好树木，因此，这种树崇拜文化客观上起到了保护树木的作用。传统的彝族村寨多为古树参天，树木成林，即使在森林砍伐比较严重的民国二十六年（1937年），"大姚县森林覆盖率仍然有43.52%"[①]。

[①] 赖毅、严火其：《论彝族民间史诗中蕴含的"树"的自然观》，《云南民族大学学报》（哲学社会科学版）2010年第3期。

西南少数民族传统生态伦理思想研究

但是在新中国成立后一段时间内,树崇拜现象被视为封建迷信,同时受"人定胜天"等思想影响,大姚、姚安等彝族地区的森林破坏严重,森林覆盖率急剧下降,当地的生态遭受了巨大破坏。

水族是一个历史悠久的少数民族,主要聚居在贵州境内。走进水族村寨,很容易见到村寨旁边高大挺立的古树,这些古树之所以能够保存至今天,与水族古老的神树崇拜传统有关。水族人把寨中高大的古树视为祖先灵魂的居所以及护佑村寨、造福村寨的神圣之物。一些水族歌谣里有大量反映水族人爱树、敬树的歌词如:"初到此,想栽榜树,才能齐备,它抗涝,又耐冰雪,耐冰雪,常年青翠,山垭树,无病坚实,树干高,可架大桥,我们的尧舜王啊!南竹子,栽在肥处,村寨密,栽大竹篙,栽过后,生长茂盛,我们的刁哥啊!栽绵竹,尖弯河边,日巅细长,弯到河里,当坻竹,栽在高坡,长成林,后代得用,我们的刁哥啊!"[①]"栽梨树,家里富贵,栽柿树,田坝自来,栽桃树,就会发财,嫁接梨,栽在门楼,长齐王城。高过山坡,树上结果,结果子,人人欢心,我们栽树的仙王啊!"[②]

如同其他西南少数民族一样,苗族人也崇拜一些大树尤其是高大古树,其中以枫树崇拜最为普遍,苗族村寨前后几乎都有枫树。苗族人把枫树看成神树,祖先灵魂的栖息之所。相传,苗族人对枫树的崇拜与他们的祖先蚩尤有关。苗族地区普遍流传蚩尤与枫树的故事:在远古时期,苗族的祖先蚩尤与黄帝在中原决战,蚩尤用枫树做成武器,牢不可摧。但在后来一次战争中,蚩尤不慎遗失武器,最后败北,战死在黎山之上。他的兵器变成了枫树林,他的血液变成了红红的枫树叶。从此,苗族人就把枫树尊为他们的祖先蚩尤的化身。在凯里市舟溪一带,在传统社会,当地苗族人一旦遇到小孩生病,就会提着祭品如鸡、鱼、猪肉等,带着小孩到大树底下烧香焚纸,祈祷树神保佑孩子。这些地方村寨一般都会认一棵古树作为"白虎"(当地人

[①] 潘朝霖、刘之侠:《水族双歌》,贵州人民出版社1997年版,第297—298页。
[②] 同上书,第298—299页。

第四章　植物崇拜文化中的生态伦理思想

称为"嘎黑")栖息之所。村民们相信,这棵古树能够保佑村寨四季平安、六畜兴旺,每年都要对此古树祭献贡品。有些地方的苗族如贵州贵定一带,对于那些古树尤其是百年以上的大树都视其为神灵的化身,所谓"石大有鬼,树大有神",这些古树往往被他们视为是保佑村寨的神灵。为了小孩平安健康长大,当地村民往往"把小孩的名字也取为'树',希望小孩像树一样长寿百年"①。对于这些古树,村民不仅不敢砍伐,甚至连树底下的枯枝败叶也不敢捡回家,在树底下撒尿等行为也被视为对树神的不尊重。

苗族人还喜爱和崇拜香樟树。许多苗乡村寨周围都种有此树。贵州的岜沙苗族最为典型。当地苗族人认为古老的香樟树是祖先神栖身之处,他们把此树当成神一样加以崇拜。岜沙苗族从不随意砍伐香樟树,除非在人老去世之后才可以用此木做棺材。当地人认为用香樟木做棺材,人就能与祖先团聚了。据说1976年毛泽东去世之后,岜沙人才破天荒地砍伐一棵古老大香樟树,敬献给毛主席纪念堂。

三　风水林、寨神树等神林崇拜

植物崇拜作为一种原始宗教或神秘文化,曾普遍存在于各个少数民族文化之中,只不过西南少数民族相对完整地将此文化传承下来。今天西南少数民族地区普遍保留着各种"神林"如:"风水林""水源林""风景林""寨神林""坟山林""柴薪林"等。这些"神林"或被认为祖先灵魂所在,或被认为护寨神栖息地,或被认为是掌管风雨神灵、龙神的寄居地。神林中的树木被神圣化为他们寄托哀思和祈求风调雨顺、五谷丰登的对象,严加保护。

凡有彝族居住的地方,一定有许多不得随意砍伐被神圣化了的"神林""神树"。云南玉溪、峨山、石屏等地的彝族,每年农历二月的第一个属牛或属马日便要举行"咪嘎哈"祭祀活动,其祭祀的对

---

① 吕大吉、何耀华主编:《中国各民族原始宗教资料集成·苗族卷》,中国社会科学出版社2013年版,第86页。

象是神祇"咪嘎"。咪嘎是一个传说中的能够护佑村庄、山林、生育的多位神格的天,而这个神的象征物便是村寨中的大榕树(也有以栗柴、椎栗为神树的)。此大榕树周围大小树木都被视为神圣之物,整个这一片小树林就是彝族村寨的"神林",这片"神林"被视为最神圣的地方,其中大小树木都受到无条件的保护,任何人都不能随意进去,更不允许任意砍伐,尤其是其中高大、古老之木,保护更加严格。

在彝族地区,"神树"的选择也有讲究,一般挑选那些树干高直、枝叶茂盛的大树,而且一旦选定就不再变更,除非此树自然枯死。一到祭祀日,几乎全村寨的人出动,但祭祀的活动多由壮年男子和祭司承担。祭祀活动时,祭司带领大伙,端着生祭品,绕着神树先逆时针后顺时针各绕三圈,之后,便在神树前,宰杀生祭品,然后再顶礼膜拜。祭祀时,村民们还要给神树浇水、除去周围的杂草,通过此种方式,"神树林"得到了很好的保护,对村寨周围生态环境起了重要作用,不仅涵养了水源,而且对保持水土,预防泥石流等方面都有很好的作用。

除了"神树"之外,彝族人还有"鬼树"崇拜现象,例如在云南楚雄彝族一带,有一种叫作"米饭花"的树木被当地彝族人视为"鬼树",这种树的形状较为奇特,树干弯弯曲曲,而且常年附着一层灰白色的地衣,树叶颜色也较为特殊。在不同季节,树叶呈现不同的颜色。此外,那种常见的"漆树"也被当地人视为"鬼树",正是因为对"鬼树"的敬畏,当地人对这些树木绝不会轻易动刀。

受中国汉族的"风水"思想影响,彝族地区的村寨普遍都有一片"风水林"。彝族人和许多民族一样亦认为某些树木、树林能影响或左右村寨的平安、兴旺等。在云南峨山等地,当地彝族村寨以"风水林"作为村界的地标,"下寨门和风水树,这个范围内人、畜、家居等万物自然受天地神、祖灵、寨神保护。风水林养护在村背后山坡上,其实也是水源林。水源和风水得到保证,在当地村民眼中紧密结合在一起,涵养水源在外,维护风水在内,实际功能和文化象征二合一,千百年来自然而行。……风水林中的林木种类,主要以常绿乔木

第四章　植物崇拜文化中的生态伦理思想

和杂木为主，少有松树。"① 严格的保护"风水林"的措施，对于当地的村寨水源保护起着重要作用。

彝族人认为日月星辰、山川河流以及其他万物都是由一种"神树"化育而成，这种树便是传说中的"梭罗树"。据说，远古时期，天地一片混沌，众神之王涅以倮佐颇召集了众神仙来商讨创造宇宙之事。众神商讨后，派龙王罗阿玛在天空种一棵树即创造世间一切的"梭罗树"。此树有四个枝杈，每一个枝杈又有四片叶和四朵花。树中有日月、星星、云彩、泉水、风雨、树木森林，等等。树枝上的四朵花，轮流在白天和黑夜开放。白天开的是太阳，夜晚开的是月亮。月亮中梭罗树的树叶掉落下来便成了土，于是就有了大地。除了太阳、月亮、星辰、大地之外，其他世间的万物莫不由梭罗树的种子演变而成。"月里那棵梭罗树，树上良种数不完，奇花异草由人选，树木药材任人拣，树上藏有谷子、包谷，树上储存果木麻棉，还有荞子、洋芋，还有甘蔗蜜甜。"② 龙王神罗阿玛，把梭罗树上的种子，撒在大地上，变成了树木和庄稼。"找到梭罗树，树上果子摘下来。左手摘下来，右手撒出去；右手摘来的，左手撒出去。右手撒下河，野草长出来；左手撒上山，树木长出来。……地王来念法，梭罗树上去摘果子吃，装在羊皮褂里面，就来到处撒，长出庄稼来，各式各样都齐全。坝子长的是稻谷，高山长的是大麻，山箐长的是荞子，坡上长的是包谷。"③ 梭罗树不仅是植物，也是动物生命之源："梭罗树根出野猪，就请野猪造天地。梭罗树根出大象，就请大象造天地，大象野猪到处拱，有了山来有了箐，有了平坝有了河。……梭罗树根找了四条蛇，塞住了四个洞。"④

瑶族人对村寨周围的古树、大树，甚至奇形怪状的树木都视为有

---

① 黄龙光、白永芳：《彝族民间林木崇拜及其生态意义》，《西南民族大学学报》2013年第2期。
② 郭思九、陶学良：《查姆》，云南人民出版社2009年版，第10页。
③ 中国作家协会昆明分会民族、民间文学委员会：《云南民族、民间文学资料》（第二辑），杨森、李映权译，1959年版，转引自赖毅、严火其《论彝族民间史诗中蕴含的"树"的自然观》，《云南民族大学学报》（哲学社会科学版）2010年第3期。
④ 同上。

"神灵"之树。不仅不能砍伐,甚至触摸都有所忌讳。在云南富宁县一带的瑶族地区,几乎每一个村寨或多或少地保留了一些被称为"神树""龙树"的古树和大树。每年开春之际,当地的瑶族人都要举行祭树活动。祭祀期间,禁止村民上山砍伐树木,禁止上山动土。

布朗族人对村寨的"神林"的保护十分严格。布朗族人认为人是自然的一部分,而神是人、自然的保护者。他们在建村立寨时都要把一块植被茂盛的土地奉给"神"居住,布朗族人称之为"龙山"。既然龙山是神居之地,那么在龙山打猎、采集以及其他具有破坏性、亵渎性的行为当然被严厉禁止。

在西南少数民族的树崇拜文化中,寨神树的祭拜尤为特别。寨神树是西南少数民族普遍存在的树信仰文化。云南傣族村民在建造村寨之前,都要在村寨旁边栽下寨神树或指定现有的一棵树作为寨神树——"竜树";有些地方的傣族不是选择一棵,而是选择多棵大树作为村寨的寨神树;有些村寨的寨神树并不是单独或集中于村旁,而是分散在村寨的"神林"中或其他地方。有"竜树"(无论多寡)的林子就被称为"竜林"。在傣族人看来,寨神树是保护村寨人丁兴旺,消灾免祸的神灵,是预防自然灾害,保佑他们四季平安的守护神。与傣族人一样,哈尼族的村寨后也都有被村寨百姓尊为"寨神"的大树和"神林"。在元江等具有梯田的哈尼族村寨,梯田上游都有一片确保水源的森林,这种森林也常常被哈尼族人称为寨神林(有些地方称为护寨林)。

西双版纳等地的哈尼族村寨明确区分寨门内与寨门外禁忌。寨门内的一草一木,包括寨神树在内的所有树木,都不许侵犯,这些树木只能任其自然枯死。如果有谁触犯了,须到神树底下烧香磕头,祭献认罪。哈尼族人在选择寨址时都要选择有树林的地方,而且要选择一棵现成的树木作为村寨的寨神树,或者在选择寨址时栽种一棵作为寨神树。云南金平县一带的哈尼族对寨神树、寨神的祭祀颇具地方特色。当地哈尼族人把村寨的保护神叫作"昂玛"。在哈尼族语中,"昂"是精神的意思,而"玛"为母之义,"昂玛"义为力量之源,或精神之母。当地哈尼族人都要选择一片茂密的树林作为"昂玛

第四章 植物崇拜文化中的生态伦理思想

林"。他们认为寨神"昂玛"就是栖息在这片树林中,于是从树林中选择一棵高大、挺拔的树作为寨神"昂玛"的标志,此树也是村寨的"寨神树",此树绝对不可随便触碰。每年春耕伊始,当地哈尼族人便举行祭祀活动,大家贡献祭品,摆长街宴,唱歌跳舞以祈求寨神护佑他们风调雨顺、人畜平安。

西双版纳一带的傣族和哈尼族等少数民族每年都会举行祭祀寨神树的仪式,傣族人叫作"祭竜",哈尼族人叫作祭"昂玛突",一般都在农历二月属牛或属龙日举行。傣族和哈尼族人都认为寨神必须定期祭祀,否则庄稼歉收、人畜不健康。在祭祀寨神时,必须祭献牺牲品,虔诚地向寨神磕头祭拜。在此活动中,相应的禁忌也不少:如祭祀期间,不许从事农耕活动,房屋前后不得晾晒衣物,妇女不得披头散发等。祭祀仪式完毕之后,各家分吃"龙肉"即祭品。在哀牢山区,常常可以看见哈尼族村寨附近都有一片茂密的树林,当地哈尼族称其为"辣摆辣八"树林,被视为村寨的保护神,当地哈尼族在祭祀时都会到树林里采集新鲜的树叶捣成浓汁,祭祀神灵。

祭祀寨神树的活动显然是傣族、哈尼族这样的农耕民族对农业丰收、生活安定的愿望表达。这些身处大山深处,以农业为主要生计的民族,土木山林是他们安身立命之本。通过各种形式的祭祀活动,把他们希冀了解大自然奥秘的愿望和敬畏之情寄托于某些超自然的神灵,这在一定程度上使那些生活在脆弱的自然经济条件下靠天吃饭的劳动人民找到一些慰藉。当他们将那些与他们生产和生活密切相关的自然之物——树木加以神化并顶礼膜拜之后,他们心灵才有寄托。也正是如此,这些民族在某种程度上践行着人—树—自然之间相互依赖、和谐共存的生态道德行为。不管这些行为是出于生存考量还是其他俗世功利目的,或者心灵慰藉之需,客观上都为当地的自然生态环境保护,为他们自身生存,起到了切实的作用。那种对大自然的敬畏之心和以万物有灵论观念为核心的古老的文化遗风,对于在今天这个时代仍具有重要的启示意义。

除了上述少数民族有神林崇拜之外,其他的少数民族如傣族、基

· 121 ·

诺族、纳西族、佤族、独龙族、白族、傈僳族、怒族等少数民族也都有神林崇拜。这些少数民族村寨中都有一片任何人都不得随意入内的"神林"禁地，这块禁地被村民视为祖先灵魂和神灵，甚至是鬼魂所在地。除此之外，西南少数民族地区还有诸如"坟场树""山神树""雷劈树""泉源树"等树崇拜现象。这些形形色色的被赋予某些特定功能和宗教含义的树木、树林都被严格禁止乱砍滥伐，这对当地的森林保护起到了不可估量的作用。西南少数民族的树木崇拜，以各种祭祀、禁忌等神圣的形式影响了各民族价值观念，起到了道德训诫的伦理规约作用，规约着各少数民族人民日常行为，起到了保护树木，爱护环境的作用。今天，各种"神林"还是生态环保教育的重要基地和案例，同时也是研究当地自然条件和社会历史环境变迁状况、古代气候、地址、水文地理状况等方面的重要依据。

第二节 竹文化与生态保护

一 竹神话中的人与自然的和谐关系

竹子是一种分布非常广泛的植物，在我国西南地区，竹子更是遍地皆是。竹子在生产和生活中用途很广，为人们的生产实践和日常生活提供了许多便利，但是，竹子对于中国人而言，不仅仅是成就了这些物质文化，而且还融入中国人的精神世界，甚至成为某些精神文化的符号。从文人雅士到平常百姓无不喜欢竹子。早在仰韶文化的刻画符号以及甲骨文中就有了"竹"的象形字。我国古代很早就用竹"简"记事，用竹子做出各种乐器，这都说明我国劳动人民很早就在生产和生活中使用竹子。

古代劳动人民在生产和生活过程中，很容易发现竹子强大的生命力，于是把竹子与生殖崇拜联系起来，产生了许多"竹子生人"的神话故事，例如，在我国现存最早的一部地方志中即晋代常璩所著的《华阳国志·南中志》中记载："汉兴遂石宾。有竹王者，兴于遁水，有一女子浣于水滨，有三节大竹流入女子足间，推之不肯去。闻有儿声，取持归，破之，得一男儿，长（养）有才武，遂雄夷狄。氏以

第四章　植物崇拜文化中的生态伦理思想

竹为姓。捐所破竹于野，成竹林，今竹王祠竹林是也。"① 这个"竹子生人"的故事在西南少数民族地区有着不同的版本。

彝族是一个喜欢竹子并崇拜竹子的民族。贵州黔西南地区同样也流传有关竹王的神话传说，与《华阳国志》中的记叙大致类似。据说太古时期，一条河上浮着一个楠竹筒，这个竹筒流到岸边后突然爆裂，筒里蹦出了一个人，一出来便开口说话，自称为阿楠。各地彝族的创世神话中都有洪水滔天导致人类被淹，然后被竹子搭救的故事。尽管创世神话在各地有所差别，但都涉及竹子与彝族起源问题，例如贵州毕节等地的彝族村寨流传一个"竹的儿子"的神话故事：据说很久前，彝族地区被洪水袭击，洪水淹没村庄，淹没了庄稼，淹死了牛羊，彝族人也只剩下一个姑娘还在水中挣扎，此时，水面上漂来一个又粗又长的竹子，这位彝族姑娘就利用这个竹子脱离了洪水，没想到，姑娘上岸后，这个竹子也跟着上了岸，还轻轻地靠在姑娘旁边，就这样，这根竹子天天跟着姑娘，日子一长，姑娘对竹子产生了一种奇特的感情，夜晚都抱住竹子睡觉。由于世上只剩下这位姑娘，她感到孤独，希望能够繁衍后代，可是没有其他男人，如何生出后代？此时，一只小麻雀告诉姑娘，只要她破开那个与她形影不离的竹子，就有后代。姑娘半信半疑地用石块砸开了竹子，结果五个小孩立刻从竹子中跳了出来。另有彝族的《洪水滔天史》同样叙述了彝族祖先是竹王的传说："老三和妹妹/坐在木柜里/听见小鸟叫/忙把柜门开//抬头来看看/天空晴朗朗/柜子的旁边/有堵高悬崖//低头来瞧瞧/不该长树处/长棵柏栗树/柜停在树梢//上天上不来/下地下不来//老三和妹妹/各人心中急//望望悬崖边/不应生草处/长蓬竹节草/竹枝连树梢//老三和妹妹/走出木柜子/拉着竹节草/爬到大地上//老三和妹妹由此得救了，以后繁衍出七家人。这七家人为了不忘祖先，便到处寻找祖先，最后找到竹节草是祖先。说：一程又一程/来到乃果山//乃果悬崖边/有蓬竹节草/向竹喊爷爷/竹节把话应//竹节草是祖/竹节草是

---

① （晋）常璩：《华阳国志校注》，刘琳校注，巴蜀书社1984年版，第339页。

宗……"①

　　对于布依族人而言，属于他们民族自己的最重要节日当数"六月六"节，仅次于春节，所以有些地方又将之称为"过小年"。关于布依族人"六月六"节的起源有很多种，但在贵州荔波、独龙等地的布依族村寨，"六月六"节的起源却与"竹崇拜"有关。相传，很久以前，当地有一只老虎精，每到它的生日那天即每年的农历六月初六，便要下山威胁村民，如果村民不赶紧献上祭品，它便要吃人。有一个名叫"竹生"的壮士挺身而出为民除害，英勇地与老虎精搏斗，最后不幸牺牲。他的两个儿子阿天、阿地长大后决心完成父亲的遗愿，除掉老虎精。他们在青竹仙的帮助下，历经艰难，最终打败了老虎精。老虎精死后，变成蚂蚱继续残害庄稼，阿天、阿地兄弟俩又在青竹仙的指点下，在老虎精生日即六月六日那天把竹竿插在田中，再把用白纸扎好的"青钢竹叶剑"挂在竹竿上，蚂蚱看到这些后，再也不敢来糟蹋庄稼了，于是，当地人民每年在六月六日那天，都在田中插上青钢竹叶剑，并举行祭祀活动，杀猪宰羊过"打保符节"，以示纪念竹生父子和青竹仙并以此祈祷风调雨顺，五谷丰登。

　　布依族"六月六"节起源的另一个版本同样也与竹子有关：据说在贵州镇宁的树柣寨一带曾有个恶霸经常欺压当地布依族百姓。离村寨不远处的树柣潭龙王的第九个儿子看不惯恶霸的所作所为，决心教训恶霸。他让自己的两个手下变成两个大竹子，高达数千丈，竹子茂密的叶子挡住了恶霸的房子的光线，于是恶霸便请人砍伐竹子，但是白天砍倒之后，晚上又恢复原样。恶霸便请来了巫师，巫师用狗血洒在竹子根部，同时口念咒语，竹子最终被砍倒。龙王儿子只好变成一只金鸡逃走，但巫师早有准备，金鸡被捉入铁笼中。后来一个名叫婵妹的姑娘用一个竹筒汲水喷在金鸡上，本是龙王儿子的金鸡遇水便恢复神力，冲出铁笼，回到了龙潭，继续保护布依族人，这天正好是六月六，于是，每年到了这天，当地的布依族人就以过节的方式纪念这个日子。

---

①　佚名：《洪水泛滥》，梁红译，云南民族出版社1997年版，第131—134页。

第四章　植物崇拜文化中的生态伦理思想

二　竹崇拜文化中的爱竹与敬竹意识

在西南少数民族竹文化中，竹崇拜往往和祖先崇拜结合在一起，竹崇拜含有丰富的生殖崇拜内容，如把竹子象征为男性生殖器等。《华阳国志·南中志》中叙述的"有三节大竹流入女子足间"，这是男女交媾的隐喻。彝族人认为竹子是保佑生育的神，因此，在许多彝族地区，一些结婚之后没有孩子的彝族妇女，往往要到竹林前烧香祈祷，祈求能生孩子。

广西隆林、那坡以及云南富林等地的彝族人认为他们是楠竹的后代，这些地方的彝族村寨至少有一丛楠竹。村民们用石块和竹栅栏把其中的一丛围起来，加以保护，当地人把这叫作"种场"，并且订立村规，严禁任何破坏"种场"的行为。每到农历六月，村寨便举行祭竹仪式，他们首先把栅栏拆除，再在竹丛中搭建一个简易的祭台，一切准备好之后，村民便请毕摩来烧香作法，诵经祈祷，全村的男女在长老的带领下，跳起舞蹈。仪式结束后，再用新竹做栅栏将竹丛围起来。村民们相信，通过祭祀竹丛就确保了村寨人丁兴旺、吉祥平安。此外，在这几个彝族地区，还保留这样一个习俗：当一个妇女临盆时，其兄弟和丈夫要准备好一根两三尺长的竹筒，孩子生下后，胎盘和血水一起装进竹筒，然后用芭蕉叶封好，再吊到村寨的"种场"的竹子上，以表示他们是竹子的后裔。

彝族许多的经词也都反映了彝族人把竹子视为祖先，对竹子加以赞美和敬畏的文化传统，例如："古室牛失牛群寻，马失马群寻，人失竹丛寻。古昔世间未设灵，山竹即疏朗，生长大箐间，箐间伴野竹，生长悬崖间，悬崖伴藤萝。未设灵牛食，未设灵马食，未设灵禽栖，今日设灵祖得依，设灵妣得依，设灵护子媳，保佑诸子裔。古时木阿鹿臬海，天鹅孵幼雏，鹊雁生幼子。散至松梢间，松梢请灵魂。孵入竹壳中，麻勒巫戛，狗变狼口黑，猪变牛胡长，牛变鹿尾散，鸡变野鸡美，彼变非其类，祖变类亦变，祖变为山竹，妣变为山竹。"[①]

[①] 左玉堂、马学良：《毕摩文化论》，云南人民出版社1983年版，第290页。

四川、云南、贵州等地彝族都有以竹为祖先灵牌的习俗。大凉山彝族地区所流传《竹源词》对彝族人为何选用竹子做灵位做了某些解释：远古时期，用骨做灵位，所以人丁不兴旺，后来选用树根做灵位，人丁还是不兴旺，最后用竹根做灵位，人丁就兴旺起来。

对于竹灵位的制作，各地彝族稍有不同。云南宣威一带彝族的竹灵牌，一般用一根三四寸长的竹筒制成，祖先姓氏写在底部，再在上面套上红绿线。亦有用竹篾编成框做灵位的，如云南寻甸等地。还有用竹条做灵位的，如云南楚雄州的武定，昆明的禄劝等地。四川凉山地区和云南红河地区流行的是"竹根灵牌"：凉山彝族人一般用一根手指粗的，大致五寸的树枝，将其一端劈开一个口子，再往缝口中塞进竹根，然后填一点碎银片，最后用布包好，男的用绿线扎好，女的用红线扎好。红河地区彝族则先取一根十几寸长的碗粗大的木头，在上面挖一条槽，然后用一根小指大小的竹根，裹上红绿布料和丝线。男女所用丝线和布料有所区别：男的裹九层红绿布，并缠上九道红绿丝线，打成"英雄结"状；女的裹七层红绿布，并缠七道红绿丝线，做成披发状，再把缠好的竹根放入木牌的槽内。

云南省元谋县彝族的传统安葬习俗中，死者家属将死者身上的一根骨头放在白布袋里，然后将其丢在竹林中。次日天未亮时，死者家属拔一棵小竹子回家，请毕摩作法之后，将竹子的一段制作成"马都"，然后用线缠好，放置在一块小竹片上，以供死者后人祭拜。

彝族人对竹的喜爱与崇拜，还可以从各地的敬竹词中得到反映。例如，在凉山彝族地区，流传一首《敬竹词》："青青山林中，有竹又有果，双生在山林，不让畜吃竹，不让竹冷落，不与果为伴，不与石为伴。人死灵附竹，竹魂要找到，兹英（首领、头人）也一样，挖回竹祖堂。拿着鸡酒上山找，提着盐米上山找，找到了祖竹，把你挖回来，拜你为祖灵。人一节，竹一节。人两节，竹两节。人三节，竹三节。……人八节，竹八节。人九节，竹九节。用你做祖神，拿你供家堂，不怕天涯远，不怕海洋阔，祖竹你回来。鸦雀变鸳鸯，老鼠变老猫，山狗变野狼，各种都能变，不管变什么，祖竹你回来，竹神你回来。祖死变竹去，挖竹回家来，挖竹拜家堂，竹

第四章　植物崇拜文化中的生态伦理思想

祖请回来。"①

　　布依族人认为人的生命起源于竹子，死后也要回到竹子。贵州龙里、贵定等地的布依族村寨有一种"古夜王"的葬礼习俗：老人去世之后，家属在毕摩的带领下，到山里挑选一个没有虫蛀的长势比较好的"龙戈"（亦叫母竹），系上孝帕。砍伐这棵竹子前，必须点燃香烛，再用酒肉、糯米祭祀竹林，同时毕摩还一边念道："砍一棵发十棵，砍十棵发百棵……"然后再将竹子砍倒，砍好的竹子不能倒地，而是直接抬回家中，放在老人的灵位前，以供祭祀。

　　仡佬族与许多少数民族一样，有着浓厚的竹崇拜文化。仡佬族的聚居之地都有茂密的竹林。竹子是仡佬族人的生产与生活不可缺少的东西：竹篓、背篼、竹笼、竹筏、竹簸箕等，这些竹制品对他们生产生活极为重要。仡佬族与苗族、布依族、彝族一样都有"竹王"神话，例如《华阳国志》所叙述的"有竹王者，兴于遁水，有一女子浣于水滨，有三节大竹流入女子足间，推之不肯去。闻有儿声，取持归，破之，得一男儿"②。这样的神话同样流传在仡佬族地区。有关"竹王"神话是仡佬族先民集体记忆中的创世史话，反映了仡佬族先民对生命起源的思考。今天，在贵州遵义道真县一带，仡佬族的妇女生产第一个男婴之后，便将胎盘与鸡蛋壳埋在竹丛下面，以期得到"竹神"的护佑，祈求孩子平安健康。每到春节，家家户户都要去竹林中祭祀"竹王"。仡佬族还保留一种"打篾鸡蛋"的体育活动。"打篾鸡蛋"又叫"打竹球""打竹绣球"。据说，"打篾鸡蛋"这项运动早在宋代就开始在仡佬族中流行。"篾鸡蛋"是用竹篾编织成鸡蛋形的空心球，宛如足球，其中塞入棉花、稻草、碎布、铜钱或碎石、响铃等，重量一般为150克左右，一般不超过250克。每至新年或丰收时节，人们就在村寨旁空闲地上，玩起了争抢"篾鸡蛋"的游戏。"打篾鸡蛋"运动是仡佬族文化传承方式，真实地反映了仡佬族人生产生活方式、思想观念和风俗习惯。它既能娱乐怡情，又增强

---

① 王学光、刘辉豪：《云南彝族歌谣集成》，云南民族出版社1986年版，第87页。
② （晋）常璩：《华阳国志校注》，刘琳校注，巴蜀书社1984年版，第339页。

了仡佬族的团结，同时也是仡佬族一种特殊的祭祀、娱神的民俗活动，表达了仡佬族人希望免灾免祸，生活幸福等朴素的愿望。

丽江一带的纳西族人家中都有一根被纳西族人视为生命的依托的"顶天立地柱"，上面挂着一个竹篓，里面放了三根竹棒，左右两根分别代表男女，上面分别刻有九道和七道的刻痕，中间不带刻痕的竹棒表示男女双方相互沟通的通道。纳西族人的竹篓里常常放着五个系着五彩布代表了东南西北中方向的箭，纳西族人相信，这个竹篓代表了整个家庭的生命，只要顶天立地柱不倒，生命就能长盛不衰。

生活在云南的傈僳族是一个古老的民族，多分布于云南的金沙江、澜沧江、怒江等地区。竹子在这些地区极为常见。它是傈僳族人民生产和生活最常用的植物之一。傈僳族用竹、爱竹、赏竹并创造了具有民族特色的竹文化。与某些少数民族一样，傈僳族人也认为他们的祖先源于竹，他们是"马当然"即竹的儿子。据说，很久以前一个猎人在山上打猎时，对一只小熊猫穷追不舍，一直到日落时分，猎人不知不觉地追到一片郁郁葱葱的竹林里。当他意识到时，天色已晚，而无法回家。他只好用竹子搭起一个帐篷住在竹林里，结果一住就是大半年。后来他每隔一段时间就回到竹林里住上几天，并取名为"马当然"。

傈僳族竹文化中最具特色的是其用竹占卜的习俗。据史料记载，傈僳族是古代氐羌民族一个分支，而氐羌民族很早就有了占卜的习俗。傈僳族沿袭了这种习俗，也喜欢占卜，信奉万物有灵，迷信鬼神。清代杨琼在其《滇中琐记》中曾记载道："栗粟，维西、中甸、剑浪、云龙、腾越，各边地皆有之。……栗户不敬佛而信鬼。"[①] 如果遭遇厄运，如生病或遇其他灾害等，傈僳族人必定先占卜问卦，用竹卜卦来推测吉凶祸福。傈僳族的住房多用竹篾围起来，这竹篾墙不单是遮风挡雨之用，还兼有问卜的作用。如果竹篾表面变成了板栗色，或者变成光溜溜的，那么傈僳族人则认为这是鬼舔了房墙，是凶

---

① 高国祥：《中国西南文献丛书》第1辑，第103册，第67页；转引自张泽洪《中国西南的傈僳族及其宗教信仰》，《宗教学研究》2006年第6期。

第四章　植物崇拜文化中的生态伦理思想

兆，家里将要死人。

　　哈尼族亦是一个爱竹、敬竹的民族，其宗教神话、民俗当中就有不少竹崇拜的内容。哈尼族的村前寨后一般都有很多竹子。哈尼族人建成房子后，一般都会在村寨前后各栽上三排金竹。有些地方甚至规定，村寨前的竹子栽种必须由 30 岁以上的男子实施。竹子的摆放也有讲究，竹尖要避免朝向别人房子。哈尼族人不仅盖新房要栽种竹子，而且生孩子后也要栽种竹子，足见哈尼族人爱竹、敬竹之情。在日常生活中的衣食住行、岁时节日、婚丧嫁娶中也处处离不开使用竹子。哈尼族的年轻人表达爱情时，就常常以送小竹篓为信物。红河一带的哈尼族地区，流传"吃新谷"的习俗。每年农历七月的头一个龙日，哈尼族人不仅要吃新米饭以及当年种植的蔬菜瓜果，还要以嫩竹笋做菜，表示庄稼的收成像竹子一样节节高。

　　凡是哈尼族的坟场必定是竹子丛生，因为当哈尼族的老人去世下葬之后，家属必定会在坟墓四周栽种竹子。栽种竹子时，还要请祭司来主持仪式，祭司的祭词充满了哈尼族人对竹子的尊敬和爱护，如："人在世间需要竹，到了阴间仍要用，为去世老人出门上山去栽竹。先栽刺竹又栽金竹和毛竹，约收姑娘去栽竹，竹子栽在河谷底，竹子栽在河滩旁，水边竹子长得旺，满山遍谷长起来。"[①] 此外，死者家属还会用竹子编制一个竹篮，用作灵台，里面放置竹桌、竹剪刀之类，将之安放在房子中柱上，供家属祭拜。

第三节　植物图腾、禁忌文化与生态保护

一　植物图腾文化中的敬畏植物意识

　　仡佬族的图腾有牛、竹、葫芦等，其中竹图腾最普遍。相传，很久以前一女子在水边洗衣服时，有三节大竹流入女子足间，推之不去。突然，竹子中又传来婴儿声，破之，一个男孩从竹子中出来，此

[①] 廖国强：《论云南少数民族的种竹护竹习俗》，《云南民族学院学报》（哲学社会科学版）1996 年第 2 期。

· 129 ·

为仡佬族的祖先。在黔北的仡佬族那里，至今还保留将胎盘埋于竹林中的习俗。仡佬族的妇女生产之后，其丈夫或其妹妹会在深夜将"衣胞"（即胎盘）埋于竹林中，其间不仅要焚香，还要求在回家路上不能回头，否则小孩吃奶或吃饭会出现呕吐现象。掩埋"衣胞"的用意在于希望孩子将来能够受到"竹神"的保佑，命根像竹子根一样牢固。

在黔北仡佬族那里，竹图腾崇拜还表现在房屋建造方面。仡佬族人建造新房必须用竹篾拧成的"大缆"做拉绳。此"大缆"制作、使用都体现了仡佬族的竹图腾崇拜。"大缆"的材料是竹子，在砍伐竹子之前，必须用糍粑、酒水、香烛等祭祀"竹神"，而且只能由"红墨师"（即石匠掌墨师）执行。竹子砍好了之后，不能随意搁置，而应该用板凳垫起置于堂屋，避免竹子着地，以免人畜跨越。怀孕妇女或月经期间的女性不能触摸竹子，否则主人家会不吉利。"大缆"制作之后，还要进行相应的祭祀仪式。担当祭祀任务的是"黑墨师"（即木匠掌墨师）。在焚香、祭献糍粑、酒水等之后，"黑墨师"还要高声念道："竹王竹王，生在青山绿洋洋。地脉龙神赐你生，露水茫茫赐你长，红墨师爷请你下，变成一根紫金藤。金龙背上（指中柱）缠三转，富贵荣华万万春。左缠三转生贵子，右缠三转贵儿生。"[①]

布依族也是一个崇拜竹子的少数民族。布依族人相信人的灵魂来自竹，人死了之后随竹升天等。与其他少数民族类似，布依族的竹崇拜也常常与生殖崇拜相结合。在布依族传统社会，刚结婚的布依族女人在怀孕时，家人为了预祝她能顺利生产，则在家中举行一种叫作"改都雅"（敬门神）的宗教仪式。妇女生产前，其家中摆好祭坛，放上猪肉、公鸡、酒等供品，由毕摩（主持祭祀的巫师）主持仪式，与此同时，娘舅家会派两位男性送来带有竹叶的一对竹子（保留竹叶是表示生命力强盛），此谓"神竹送子"。毕摩则用送来的竹子做成拱门，再在上面挂上三排，每排九个的相互牵手的红纸人。备好这些之后，毕摩开始祈祷，祈祷结束之后，再将一对神竹安放在孕妇的床

[①] 梅应魁：《略述仡佬族的竹图腾崇拜》，《贵州民族宗教》2004年第4期，第31页。

第四章 植物崇拜文化中的生态伦理思想

头或房门口。布依族人相信,只有经过这个仪式,妇女才能安全生产,母子才能平安。这种仪式的形式在贵州黔南布依族苗族自治州的长顺、广顺等地区则有所不同。在这些地区,竹子不是由娘家送来,而是由婆家人去采伐,所采伐的竹子多是当年出土的新鲜竹子。采伐好的竹子交由毕摩做成"桥"形,安放在孕妇的卧室内,凡是逢年过节,便对此"神竹"进行祭祀供奉。而在贵州西部的六盘水、晴隆、贞丰等地,毕摩不仅将竹子做成船状,而且还在船上安放几个小草人,每个小草人手拿船桨,毕摩再将小船放入孕妇家的水缸里,如果小船顺利"渡"过,则孕妇必能顺利生产。

北盘江沿岸的布依族村寨几乎都有一个用楠竹搭建起来的大约3米高"神房",此为全村寨最神圣之地,里面供奉着各家祖灵。当地布依族每到除夕夜晚,各家都用新竹枝或竹片插到"神房"堂屋的神龛上,然后进行祭拜活动,此过程叫作"迎接祖先回家过年"。

茶树是德昂族人的图腾。德昂族人喜欢饮茶,甚至将其制作成酸茶、腌茶当成菜肴食用。与许多其他少数民族一样,德昂族人日常生活也离不开茶,但与大多数少数民族不一样的是,德昂族人认为自己的民族与茶树有亲缘关系,他们对茶树崇敬有加。相传很久很久以前,一只三足的神鸟(德昂族人叫"弄阿铁兰嘎")从西王母殿门口的茶树上飞到高黎贡山一株古树上,鸣叫不已。一个老婆婆闻声来到树下,三足鸟往地下吐出一颗闪闪发亮的种子,然后就不见踪影。老婆婆将种子种在地里,第二天就长成了参天大树,树叶发出丝丝清香。老婆婆便摘下几片咀嚼,刚入口苦涩无比,但不久之后有回甜之感,咽下后还可生津止渴。于是,德昂族的先民纷纷效仿。久而久之,德昂族人的生活中就离不开茶叶,无论迁徙到哪里,都要种植茶树。今天德昂族人村寨里,经常可见几百年的古老的茶树。这些老茶树被当成神树对待,严禁破坏。

二 植物禁忌文化中的尊重与敬畏自然意识

生活在云南西双版纳的傣族,自古就过着靠山吃山,靠水吃水的生活,对他们赖以生存的森林树木特别爱护,并且在保护森林方面形

· 131 ·

成了许多独特的禁忌文化，饱含了傣族人敬畏自然，爱护自然，与自然和谐共处的生态伦理思想。

西双版纳地处热带，茂密的热带雨林是当地得天独厚的自然资源。尽管资源丰富，但世代生活在这里的傣族人从不肆意乱砍滥伐，而是清晰地意识到森林与他们之间和谐关系的重要性。傣族人对他们周围环境的林木做了区分，例如薪柴林、佛寺园林、竹楼园林、龙山林等，其中"龙山林"被傣族人视为他们村寨的"保护神"，这也最能代表傣族人有关森林方面的禁忌观念和行为。有数据表明，到21世纪初，西双版纳境内共有"龙山林"1000余处，总面积不低于10万公顷，占西双版纳森林总面积的5%。①

傣族的"龙山林"禁忌起源于傣族原始宗教，与傣族的祖先崇拜和自然崇拜密切相关。傣族人认为，"龙山林"是祖先灵魂寄居之处。在傣族人看来，他们的祖先源于森林，祖先去世之后，灵魂没有消失，而是回到森林之中，并且守护着森林，保护村寨和家人。从"龙山林"禁忌内容来看，它还兼具自然禁忌和神灵禁忌的特点。在傣族人的观念里，"龙山林"既然是祖先灵魂的居所，那么它就神圣不可侵犯，否则就要招致灾祸。在西双版纳，当地傣族对"龙山林"满怀敬畏，绝不会轻易进入到"龙山林"砍伐树木、打猎、开垦土地等。

"龙山林"禁忌是傣族人在长期与自然打交道过程中逐渐积累起来的生存智慧，是傣族人民在认识宇宙和自然规律的基础上，以一种独特的方式处理人与自然环境之间的矛盾。"龙山林"的禁忌体现了傣族人敬畏大自然，爱护大自然的伦理情怀。正因如此，在傣族村寨，上百年甚至上千年古树十分常见，当地傣族人对这些古树爱护有加，古树都被赋予了神圣色彩。他们认为"龙山林"有灵魂，因而，对此必须恭恭敬敬，而不能伤害它们，否则必然要遭到惩罚。即使不属于"龙山林"的林木，傣族人也心怀敬畏，不会轻易动刀动斧。

---

① 李本书：《傣族"龙山林"文化禁忌与边疆生态环境的安全》，《北京师范大学学报》（社会科学版）2008年第3期。

第四章 植物崇拜文化中的生态伦理思想

如果生产与生活中需要使用林木，傣族人也是有选择性地砍伐。这种朴素的生态伦理观念再加上得天独厚的气候条件，西双版纳的森林覆盖率超过了60%。如此之高的森林覆盖率为保障当地人民良好的生态环境，保障当地人民拥有优美的生存环境起到了巨大作用。

生活在云南的哈尼族是一个典型的稻作民族，在长期的农业生产和生活过程中形成了许多独特的禁忌文化。哈尼族人在水稻种植方面有着丰富的经验，同时也形成了有关稻作生产的禁忌文化，例如，如果鸟和老鼠死在田中，哈尼族人则认为这是不吉利的。哈尼族的禁忌文化还有许多植物禁忌的内容，例如哈尼族村寨附近的"寨神林"被村民视为是寨神"昂玛"的居所，因此，砍伐神林中的树木，到神林中放牧、捕猎等行为是绝对禁止的，此外，有孕在身的妇女也被禁止进入神林。即使有资格进入神林的人，也必须态度严肃，不可打闹嬉笑，不可跨越寨神石。类似的植物禁忌也存在于布朗族、德昂族、布依族等少数民族文化中。

侗族像其他西南少数民族一样相信"万物有灵论"。他们认为山川河流、动植物都有灵魂。侗族地区的动植物禁忌文化非常发达。侗族人认为"神山"上不能随便动刀斧，也不能随意取土、挖石等。村寨附近的古树更是被视为有神灵依附，任何人都不敢侵犯。在侗族地区，侗族人一旦发现水杉、红豆杉这样的珍稀植物，都会在上面结上一个草标，表示这些树不仅有灵魂，而且还是树中的长者，这种有草标的珍稀植物，绝对不允许砍伐。

在贵州黔东南的侗族地区，侗族人进山伐木之前都要进行占卜，要择吉日进山。在砍伐树木时，一般请一名富有经验的年长者先动刀，而且前三刀时要屏住呼吸。如果遇到藤条缠树现象，则必须先除去树上的藤条，然后才能砍树。树木倒下之时也有禁忌：忌讳树木倒下时树顶朝下而树蔸朝上。在砍伐过程中，如果有人提出休息，就必须马上休息，否则就有可能出事故。当地侗族人还忌讳将一个山头的树木砍得片甲不留，他们相信这样做必定遭到山神的惩罚：要么伤残，要么病死，因此，如果确实要大面积砍伐树木，也必须在原地留下一棵或几棵"守山树"。何种树木可以砍伐，何种树木不能砍伐，

· 133 ·

当地侗族人都有讲究。他们不会去砍伐那种树干上长满了疙瘩的树。他们相信，若砍了这种树木，砍伐者日后也会长满疙瘩。雷电击中过的树木也没有人要，因为侗族人认为凡是被雷电击中过的树木肯定是有邪魔。坟墓周围的树也没有人敢动，此外，诸如漆树、杨梅树、夜盲树、泡桐树皆被当地侗族人忌讳用来做柴烧。据说，接触漆树会致人皮肤过敏；杨梅树如果用来当柴烧，也会导致断子绝孙；而如果把夜盲树当柴烧，则会致人染上夜盲症；如果泡桐树当柴烧，则会使人耳朵变聋。此外，当地侗族人不会用做过鱼窝的木材当柴烧，"如果有谁违犯，不仅自己喂养的鱼易死之外，而且自己也容易患病"[①]。

基诺族人与其他西南少数民族一样，也有许多植物禁忌，例如，几乎每个基诺族村寨前后都有寨神林、坟林、水源林、隔火林、防风火林五种被赋予灵性的树林，这些树林严禁砍伐，也不能在这些树林中打猎、捡拾蘑菇、采摘野果，禁止在这些树林中大小便、唱歌、谈情说爱等行为。

苗族人在长期的生产与生活实践中，累积了许多禁忌文化。这些禁忌对于维持苗族的生产生活的秩序与社会稳定起到了重要作用，尤其是那些涉及自然环境的禁忌对当地生态环境的保护起到了很大作用。

苗族人认为其居住环境中的山、水、森林树木、动物都有灵魂，对于这些有灵性的动植物产生畏惧和崇拜心理并形成许多禁忌。例如，苗族人往往把自己村寨周围的大山看成神山，忌讳采伐和狩猎神山上的动植物。如果有胆大妄为者，贸然上山违反禁忌，必将受到村民的惩罚。在贵州从江县岜沙苗寨就有一个3个"120"的惩罚性规定，即如果有村民打破禁忌贸然进入神山，那么一旦发现，他（她）将被罚120元钱，再罚120斤酒和120斤肉，此规定至今还在生效。

神山之上的动植物不许随意采伐和狩猎，祖坟周围的树木也禁止砍伐，坟山上的动物也禁猎杀，甚至坟山上的土石也禁止取用。在从江县岜沙苗寨，人死之后，不垒坟墓，而是掩埋之后在坟堆上面种植

---

① 吴嵘：《贵州侗族民间信仰调查研究》，人民出版社2014年版，第107页。

第四章 植物崇拜文化中的生态伦理思想

一棵树,这棵树木绝对禁止砍伐,甚至还不允许发生任何污损此树的行为。这些禁忌对当地生态环境的保护起到了重要作用。

在苗族地区,不仅有神山禁忌,还有神树方面的禁忌。苗族普遍存在枫树崇拜。在苗族人看来,枫树就是"妈妈树",对于这些"妈妈树"是绝对不允许砍伐,否则就意味着杀害了苗族的"妈妈",一旦有人胆敢这样做,那么必将受到全苗寨的人讨伐。在苗族村寨,凡是古老树木都被赋予神圣色彩,都被看成保护村寨的"神树"。在贵州黔东南雷山县的西江千户苗寨,当地苗族人认为,苗寨需要"守寨树""芦笙场""家祭桥"三种神圣之物护佑。苗族人相信,村寨离不开神树,没有神树的守护,村寨就难以平安,就要遭受厄运。因此,对于这些神树,绝对不许村民随意砍伐。

苗族人相信,缺少了"守寨树",荒郊野外的精灵就很容易进入村寨,危害人们的健康。不过,有了"守寨树",那些妖魔鬼怪虽然很难从村寨的正门进入,但还可以从其他途径入侵。因此,除了栽种和保护"守寨树"之外,还要在村寨四周栽种"风水林"和茅草地,这样就完全可以防止妖魔鬼怪的入侵了。村寨的每个人都有义务看护"风水林"和茅草地。在贵州省锦屏县的钟灵乡,当地每个苗族村寨几乎都可以见到这种"风水树"。大小不等的"风水树"一般分布在村寨的后山,不仅美化了村寨,也寄托了苗族人的信仰。

布依族的传统文化中也有许多采伐植物的禁忌。布依族和苗、侗族等少数民族一样也喜欢种树。村寨四周高大的古树都被视为是守护村寨的"护寨树"。例如,在黔西南的贞丰县一些布依族村寨,当地一些村寨的参天古树都被村民系上许多红绫,它们被当地村民视作护寨的神树。他们认为,系上红绫的神树会护佑村寨一年四季平安、风调雨顺。每逢节日,当地布依族村民都要到树底下进行祭树活动。对于这些树木,布依族人绝对不会将其采伐。即使老死、枯死的树木,布依族人也不去砍,而是让其自然倒地,然后再在原址重新栽上一棵小树苗。

此外,布依族人也与侗族、苗族等少数民族一样,在适应自然环境的过程中,创造了许多神山神林文化禁忌,这些神山一般离村寨不远。

· 135 ·

神山及其山上的神林被视为是有灵魂的、神圣的。当地布依族人认为神山神林是保护他们的神圣之物，因此，不允许人们随意走进神山神林之中，更不可进山狩猎、放牧、砍伐树木。此外，布依族人忌讳砍伐树上有鸟巢的树木。如果在路上遇上猴子，不能追杀，只能放行。如果在建房挖地基时挖到蛇、鼠、蛙这些动物，也不能将其打死。

在长期的采集、狩猎和捕鱼的生产实践中，壮族人养成了朴素的敬畏自然、善待大自然的生态伦理意识。壮族和西南地区其他少数民族一样，特别爱惜森林树木。他们十分清楚森林树木就是他们的生存基础。他们也更清楚地知道，只有森林树木才能调节气候，涵养水源，才能确保他们获得干净的水源，保障水稻丰收。因此，壮族和傣族一样，亦有"龙山"和"龙山林"并有诸多相关禁忌。"龙山林"被视为村寨的保护神，因此，禁止任何人采伐"龙山林"中的树木，也不允许到"龙山"上和"龙山林"中随意大小便和抛掷污秽物。在文山州，最有名的"龙山"当数"老君山"和九龙山，这两座山被当地壮族人视为最神圣的山，山上植被丰富，物种繁多。以老君山为例，此山植物茂密，分布了100多种珍贵植物，180多种具有药用价值的植物，是天然的植物种子库。

在广西的武鸣山等地，当地壮族村寨普遍有崇拜"神树"现象。壮族人认为，这些"神树"不能随便接近和触碰，也不可在神树底下大小便或发生男女关系，不可胡言乱语亵渎神树，更不允许砍伐神树。如果有人违反这些禁忌，要么破财和生病、致残，要么丧命。

无论是把树木看成神还是看成祖先灵魂寄托之地，其结果都是保护了树木；对山神的崇拜，圣境的崇拜所形成封山、捕猎等祭祀，其结果也起到了保护自然环境的作用。这些禁忌是西南少数民族在同自然打交道过程中的产物，是人们在长期的生产和生活实践中所建立起来的"什么可以做，什么不可做"的行为规范。尽管这些禁忌相对原始、朴素、神秘，但是它在一定程度上制约和规范了人们的日常行为，对生态环境和生物的多样性起到了积极作用，改善了人们的生存环境。

禁忌是先民认识和探索自然的一种方式，具有调整人与自然、人与人关系的功能。作为一种原始宗教规范，禁忌与道德规范不一样。

第四章　植物崇拜文化中的生态伦理思想

道德规范明确告诉人们善恶标准，并指导人们什么可以为，什么不可以为，积极指导人们，引导人们向善；而禁忌并没有明确告诉人们什么是善，什么是恶以及为什么是善和为什么是恶的，只是告诉人们不能做什么，但是禁忌与道德规范一样，其效力同样是来自于内心力量。当然，禁忌在人们内心产生的力量是出于一种敬畏和恐惧的意识，同时，禁忌中绝大多数内容没有科学根据，它需要依靠传统的力量、内心的信念来引导人们遵守。从心理学上来看，禁忌是源于人类对自己欲望的克制，因此，禁忌无疑能够帮助人们克制自己的欲望，约束自己的行为，就此而言，人类也只有克制某些欲望，才能建立一个稳定的社会环境，才能与自然和谐地相处。

西南少数民族传统禁忌文化形态万千，形形色色，而且与他们的原始宗教信仰结合在一起，形成一个具有预知、禁忌和禳解功能的禁忌体系。在他们的生产与生活中处处有禁忌，事事有禁忌。这些禁忌规约和引导着他们的思想与行为。无论这些禁忌是产生于何种原因，也不论那些少数民族出于何种目的，但在他们的心目中，自然与人总是被视为一种亲密的、共生的关系。更为重要的是禁忌所体现出来的"敬畏"心理，而这正是当代人普遍缺乏的。今天的人们在科学思想和无神论思想的鼓舞下，普遍不信这些，同时对自然无所畏惧，这种心理对大自然的探索、对物质生产、对文明的进步也许是件好事，但对生态环境却未必如此。

小　结

当代著名的生态学家霍尔梅斯·罗尔斯顿认为，人类不能只关心自己的生存利益，而不关心自然界其他生物的利益。人类不能只把大自然看成改造和利用的对象，把大自然的动植物等看成只是具有为人类提供物质的工具性价值。他认为，自然界的动植物本身就具有价值，动植物和其他非生命体，都是自然界的一部分，都为自然界的完整和生物圈循环发挥着作用。因此人类应该把社会伦理道德扩展到自然界，人类应该尊重自然界。阿尔贝特·史怀泽在20世纪初提出应该"敬畏生命"原则,他说:"有思想的人体验到必须像敬畏自己的生命意志一样敬畏所有的生命意志。他在自己的生命中体验到其他生命。对他来说,善是保存生命,促进生命,使可发展的生命实现其最高价值。恶则是毁灭生命,伤害生命,压制生命的发展。这是思想必然的、绝对的伦理原理。"① 随后,这一原则被当作一条重要的生态伦理学的"律令"。诚然,敬畏生命、敬畏自然是保护动植物,保护生态环境的一个重要前提,也是生态文明建设的内在要求。如何敬畏生命与敬畏自然?什么样的态度和行为才是敬畏?按照中国儒家的传统,对父母的"孝",对兄弟的"悌"就是最大的敬,在超自然的、神秘的力量前禁止某些行为,就是最高的"畏"。西南少数民族却把某些动植物和自然现象当作父母兄弟对待,纳入"血亲伦理"范围,此为最大的"敬";他们为了某些动植物和自然物自觉形成否定性规定即"禁忌",不仅隐含了对动物的道德关怀,更表达了对动植物和自然物最高的"畏",客观上调节了人与自然的关系,规范了人们的行为,保护了当地的生态。

从当代生态伦理学这种视角来看,西南少数民族的植物崇拜无疑是一种以原始的方式敬畏和尊重自然,与自然和谐相处的典范。西南少数民族将树木、竹子等植物神化,相信它们具有某种超自然的力量,甚至视为氏族的祖先和保护神,能够左右和影响他们的生产与生活,甚至命运与吉凶祸福,从而衍生出多样的植物崇拜文化。无论是竹崇拜还是其他植物崇拜,都是西南少数民族心理和价值观的表现,也是这些民族与周围环境和谐共存的见证。这些将图腾、禁忌、祖先崇拜混合在一起的植物崇拜,夹杂着这些少数民族对祖先创业的历史记忆,但更多的是出于西南各少数民族对自然敬畏和尊重,出于对大自然的热爱之情。这些植物崇拜的文化能够流传至今,本身就是少数民族合理地利用和保护森林资源,与自然和谐共生的见证。

---

① [法]阿尔贝特·史怀泽:《敬畏生命》,陈泽环译,上海社会科学院出版社1992年版,第9页。

第五章　宗教文化中的生态伦理思想

马克思说:"宗教里的苦难既是现实苦难的表现,又是对这种现实苦难的抗议。宗教是被压迫生灵的叹息,是无情世界的心境。"[①]宗教情感的神奇魅力在于它能抚慰人们心灵的创伤,能给人以精神安慰,净化人的心灵,但这不是宗教情感的全部,用今天生态伦理视角来看,宗教情感还具有宝贵的生态伦理价值。在生态危机日益严重的今天,愈来愈多的西方学者开始谴责西方传统文化中的人类中心主义、二元对立思维模式,而将希望的目光投向东方的佛教与道教。

与原始的宗教信仰(如自然崇拜、图腾等)不同,正统宗教如佛教、道教是有组织、有教规、有典籍教义的宗教。因此,本书在前文阐述过原始宗教信仰之后,在此另立一章专门讨论佛教、道教生态伦理思想对西南少数民族的影响。佛教、道教是中国传统文化的重要组成部分,更是西南少数民族传统文化的重要部分。佛教、道教对西南少数民族的政治、经济、文化、社会生活等各个方面都产生了深远影响。佛教、道教生态伦理思想早已成为西南少数民族群众内心信念,融入到他们生产与生活之中,也成为西南少数民族生态伦理思想不可分割的重要组成部分。正因如此,要甄别他们的生态伦理思想哪些是从佛教或道教而来,就显得十分困难,但本书认为无须做这种甄别,因为,既然这些少数民族信仰佛教、道教,那么佛教与道教的生态伦理思想自然而然也就成为他们的生态伦理思想一部分,所以本章着重介绍佛教、道教生态伦理思想以及佛教、道教在西南地区的传播

---

① 《马克思恩格斯选集》第1卷,人民出版社1995年版,第2页。

状况。

本章将佛教、道教生态伦理思想作为西南少数民族生态伦理思想组成部分加以阐释,首先阐述佛教、道教在西南地区的传播状况,以几个少数民族为例说明佛教、道教对西南少数民族的影响,然后阐释佛教、道教中的生态伦理思想,这些生态伦理思想主要表现在:戒杀护生,尊重生命的观念;众生平等,无情有性所包含的万物平等观念;道法自然、无为而治的尊重自然规律思想;相生相养、济世度人的生态和谐思想;知足常乐、归真返璞的保护自然资源的生态智慧等。

第一节 佛教生态伦理思想及其在西南地区的传播与影响

一 佛教生态伦理观

佛教与森林有着不一般的关系。万木葱茏、云深树老之地从来都是修行的佳境。据佛经所记,佛教始祖释迦牟尼就是由其母亲在途经蓝毗尼花园时,在一棵阿输迦树(无忧树)下生下的。后来他在森林里苦修,历经六年,最终在菩提树下悟道。释迦牟尼传道之处便是一座森林公园,甚至涅槃也是在林中——娑罗林中。佛教的寺庙多建立在丛林之中,佛经中所描绘的清净世界也是一个古木参天、浓荫蔽日的世界。佛教徒往往在那些深山密林、茂林修竹之境修行。"佛教中讲到使修行者增长佛法修养的七法之一,就是独处林中修行,'七者乐于山林闲净独处。如是比丘,则法增长,无有损耗。'从修行的角度看,山林的环境有利于修行者进入宁静的境界,是所谓'山林静思惟,涅槃令入心'"[①]。

佛教伦理的基本指向是离恶向善,为善去恶。佛教认为善就是"顺益",所谓"顺理名善,违理名恶",即凡是言行顺应佛法、佛理即为善,也就是说,能够顺应佛教教理,并给自己和他人带来实

[①] 董群:《佛教伦理与中国禅学》,宗教文化出版社2007年版,第194页。

际利益的思想、语言和行为都是善,反之,违反佛法、佛理,害人又害己的思想、语言和行为即为恶。因此,信佛者就应该遵守佛教戒律,修善去恶。佛教主张"诸恶莫作,众善奉行,自净其意,是诸佛教"。

佛教伦理规范最核心部分都浓缩在"十善"的道德标准上:"不杀生,不偷盗,不邪淫,不嗔恚,不贪欲,不两舌,不恶口,不妄语,不绮语,正见。"佛祖告诫一切人、天、菩萨、佛都应以此为根本。十善业道又可以进一步分为身业、口业、意业。其中"不杀生""不偷盗""不邪淫"属于身业;而"不妄语""不两舌""不恶口""不绮语"为口业,而其他三种则为意业。此外还有较高要求的"修三福"即孝养父母,奉事师长,慈心不杀修十善业;受持三皈具足众戒不犯威仪;发菩提心,深信因果,读诵大乘,劝进行者。所谓"持五戒"即是修"不杀生、不偷盗、不邪淫、不妄语、不饮酒"五种戒律。

按照佛教理论,善的行为必然带来善报,恶的行为必然导致恶报,所谓"善因乐果,恶因苦果"。报应不一定是现世,而且还将作用于来世,佛教用十二因缘解释了众生的过去、现在、未来的三世中所有因果循环的流转现象。世界一切事物和现象都不是无缘无故的,而是因缘而生,因缘而灭。所谓"有因有缘集世间,有因有缘世间集;有因有缘灭世间,有因有缘世间灭"。"因缘"是指各种条件,生与灭都是因缘和合而成。

佛教思想最重要的理论基石就是"缘起论",它也是佛教伦理道德的基本原则。历史上,不同的佛教派别对缘起论有着不同的解释,也因此有了各种形式的"缘起论",但是,无论哪种缘起论,其基本要义都是指宇宙万法皆由因缘所生,通俗地说,"缘起"是指世界万事万物的产生与消灭都是有原因和条件的,都存在一种相依、相缘、相资的关系和过程。"所谓此有故彼有,此生故彼生。谓缘无明有行,乃至生老病死、忧悲恼苦集。所谓此无故彼无,此灭故彼灭。谓无明灭则行灭,乃至生老病死、忧悲恼苦灭。"(《杂阿含经》卷十)。缘起论是依据十二因缘解释的。根据佛教理论,人生是由无明、行、识、名色、六入、触、受、爱、取、有、生、老死12个相依相续的环节的连锁，构成了生生死死的起因，即"十二因缘"。以"无明"为例，其意简而言之就是"无知"。无明是痴迷根本即贪欲、嗔恚、愚疑等烦恼，皆是本能的冲动，也就是蒙昧状态下的意志，是一切痛苦的终极根源。

佛教的缘起论深刻地抓住了事物之间普遍联系与发展变化条件性。它说明了世界万事万物都是处于因果联系的链条之中。事物之间互为因果，互为条件，相互依存，相互联系。世界实际上是一张巨大的相互联系的网络，其中没有任何事物是孤立的。从缘起论的角度来看，世界没有永恒之物，也没有绝对存在者，一切都是随条件的变化而变化，唯一真实的存在只有因果关系。从伦理学视角而言，缘起论揭示了人与自然、人与人之间相互影响与相互关联性。"佛教缘起论伦理思维揭示的正是各种相互关系间的应当。佛教伦理学思索的关系对象，涉及人与佛、人与人、人与社会集团、人与其他生命类型（有情众生）、人与环境（器世间）、形（肉体、色）与神（精神、心）等方面，可以说是伦理学中思考伦理关系最全面的一类。从缘起论的原则看，佛教是深具伦理特色的宗教。"[①]

佛教缘起论是佛教关于人与自然关系的理论基础，它揭示了整个世界是一个统一的整体，世界万物都是彼此联系，息息相关的，整个世界是一个巨大的生态网。从生态学的角度来看，缘起论揭示了地球上的生态系统是一个相互关联的网络，人不可能孤立地存在于这个世界，而是与自然万物紧紧相连。

既然万物都是因缘和合而成，那么万物就没有"自性"，而是随因缘的变化而生灭即万法无常无我，这就是佛教缘起性空的"无我论"。佛教宣扬"诸行无常，诸法无我，涅槃寂静"。"我"指的是独立的实体，不变的自性，所谓"无我"就是指万物并不存在不变的实存的本性，"无我"就是性空。因此，在现象层面，缘起的存在是"有"，而就其本性而言，则是"空"。"有与空统一于缘起事物之中，

[①] 董群：《佛教伦理与中国禅学》，宗教文化出版社2007年版，第34页。

第五章　宗教文化中的生态伦理思想

绝不相离，这也就是佛教所谓的'色（物质）不异空，空不异色；色即是空，空即是色'的意思。"①

缘起性空的"无我"论揭示了人类并不是世界的中心，人类与自然万物一样都是有条件的存在。因此，人类不应该执着于"自我"。人类并不是自然的中心和主宰者，也是没有"自性"的空无，这种观点无疑是对人类中心主义的有力回击。

佛教还在缘起论的基础上进一步提出因果论。因果论是指世界上任何事物都有前因后果，没有突然的无因而生的果，也没有不产生果的因，凡事都有原因，也都有结果。因能生果，果能酬因，因果相生，理法历然。凡原因都必然有果，果没有出现之前，它不会自行消失。宇宙万物都要受到因果法则的支配。佛教认为，世界一切色、心诸法，皆非自然而然地生成或偶然生成，必然是依靠他力而生成。好比一棵树，树不是无缘无故地就能生成，不是世界本来就有树，也不是本来就没有树，而是必须有"因缘"即树的"种子"在合适的水、土壤、阳光等条件下孕育而成。种子、水、土壤、阳光、空气是树的"因缘"。无论心法、色法无不如此即"因缘生法"。因缘是因，因缘所生法则是果，因果不相分离。

佛教认为，有因必有果，而因又分善因和恶因，果又分乐果和恶果。善因产生乐果，恶因必然导致恶果。佛教宣扬"天地之间，五道分明。恢廓窈冥，浩浩茫茫。善恶报应，祸福相承，身自当之，无谁代者。数之自然，应其所行。殃咎追命，无得纵舍。善人行善，从乐入乐，从明入明。恶人行恶，从苦入苦，从冥入冥"（《佛说无量寿经》下）。佛教认为有什么的因便产生什么样的果。因果报应也叫"因果业报"。"业"是指业因，也就是造作、作、行动之义，包括所有人的身心活动，主要表现在三个方面即身（行动）、口（言语）、意（思想），佛教将此三方面称为"三业"即身业、口业和意业。所有的过去、现在和将来的行为都可以导致某种结果，这被称为"业力"。业力的不同影响到生死的"流转"。众生是在六道

---

① 方立天：《佛教生态哲学与现代生态意识》，《文史哲》2007 年第 4 期。

· 143 ·

（天、人、阿修罗、地狱、畜生、饿鬼）轮回还是从中解脱，就看其业力性质（中性、非善非恶、不生果报）。"三界之内，凡有五道。一曰天，二曰人，三曰畜生，四曰饿鬼，五曰地狱。全五戒则人相备，具十善则升天堂。全一戒者，则亦得为人。人有高卑或寿夭不同，皆由戒有多少。反十善者，谓之十恶，十恶毕犯，则入地狱。抵挨强梁，不受忠谏，及毒心内盛，徇私欺，则或堕畜生，或生蛇虺。悭贪专利，常苦不足，则堕饿鬼。其罪差轻少，而多阴私，情不公亮，皆堕鬼神。虽受微福，不免苦痛，此谓三途，亦谓三恶道。"① 这是说，一个人生命的寿夭、地位的尊卑以及在六道中哪一级都是其业力所决定，善有善报，恶有恶报，善必受福乐，恶必受苦难。

　　从当今生态伦理视角看，佛教的因果报应论揭示了世上所有生命都是与环境相统一的，人类与周围环境是相互联系，互为因果的，人类只是生态系统的一个分子。"因果报应理论包含着人类与环境互为因果，人类作为生态系统的一员通过自身行为而与环境融为一体的思想，这在客观上揭示了生命主体与生存环境的辩证关系，在生态学上具有理论参照意义。"② 佛教劝导人们应该多行善业，少做或不做罪恶之事，应该善待周围环境中的一切生命与非生命的东西，而不应该掠夺环境资源，破坏环境。"佛教因果报应思想要求众生从事善业，要求人对自然的索求必须与人对自然的回馈相平衡，反对掠夺资源，破坏环境，符合生态系统的反馈调节要求。生态系统的自我调节有其一定的限度，超过一定的限度，就会引起生态失调，甚至导致生态危机。佛教劝导人类不要造恶业，就生态问题而言实具有警世意义。"③ 佛教认为构成世界的四种基本元素是地水风火，世界万物都曾经是众生的身体，所谓"一切地水是我先身，一切火风是本体"正是此意。众生的身心与环境是相互依存，相互转化的。用今天的标准来看，这

---

① 方立天：《论中国佛教伦理的理论基础》，《伦理学研究》2003年第4期。
② 方立天：《佛教生态哲学与现代生态意识》，《文史哲》2007年第4期。
③ 同上。

第五章 宗教文化中的生态伦理思想

些佛教观念都是宝贵的生态伦理思想。

此外，在佛家看来，一切众生都是平等的。所谓"众生"就是众缘而生之义，其梵文是 sattva，音译为萨埵即"有""存在"的意思。佛教经典一般将其译为"众生""有情"，实际上是指一切有感情、有意识的生命体。佛教经典《金刚经》云："若卵生、若胎生、若湿生、若化生、若有色、若无色、若有想、若无想、若非有想非无想……此皆名为众生。""佛告罗陀，于色染着缠绵，名曰众生；于受、想、行、识染着缠绵，名曰众生"（《杂阿含经》卷六），"众生者，众缘和合名曰众生。所谓地、水、火、风、空、识、名色、六入因缘生"（《大乘同性经》卷一）。佛教一般认为三界（欲界、色界、无色界）六道（天、人、阿修罗、地狱、畜生、饿鬼）这些有情生命体，都是流转于生死迷界的"众生"。

在佛教看来，人与其他生命体都是平等的即"众生平等"。也就是说，所有的生命体，包括六凡（六道）之外四圣即佛、菩萨、声闻、缘觉几类生命体，从诸佛菩萨到有情含识，都有其自身的尊严，都是平等的，都有生存权利。人与其他生命体本质上并没有差别，有生有死，都是在六道中轮回，他们之间的差别只在于迷或悟的程度不同而已。佛教进一步提出，不仅六道生命体是平等的，而且十法界（四圣与六凡）中所有生命体都是平等的，因为他们都有佛性，各界生命体相互之间可以交渗互具即"十界互具"。不管是佛，还是人、动物都是平等的。众生因"迷"而为凡夫，而佛因"悟"而成圣。当然，迷与悟没有绝对的界限，所谓"一念迷"和"一念悟"，迷与悟往往只在一念之间。众生与佛，没有高低贵贱之分，即使是畜生、饿鬼都具有成佛的潜能，都可以成佛。有意思的是，基督教也宣扬人人平等，但是其平等是建立在上帝高高在上，人类匍匐在下的平等，人与上帝不可能平等，人永远成不了上帝。而佛教则认为，佛与人是平等的，人人皆可成佛。

佛教的平等观念并不是仅限于有情众生之间的平等，它还包括了有情众生与"无情有性"事物之间的平等。所谓"无情"是指没有情感、意识之物，例如草木花卉、山川河流、瓦砾土石。所谓"有

· 145 ·

性"是指有佛性,都可以成佛。①《大乘玄论》中说道:"唯识论云,唯识无境界,明山河草木皆是心想,心外无别法,此明理内一切诸法依正不二,以依正不二故,众生有佛性,则草木有佛性。"(《大藏经》)这些无生命、无情识之物都是佛性的体现。禅门常说"青青翠竹尽是法身,郁郁黄花无非般若",其意是指像翠竹、黄花这些无情之物,都有佛性,都是诸佛的体现。在佛教看来,有情众生与无情之物在佛性上并无区别。总而言之,不管有生命、有感情和意识的人、动物等有情众生,还是无生命的,不具备情识的草木山石、山川河流,都是平等的。

在当代生态哲学语境中,佛教的平等观念重要意义有二:第一,世界是一个巨大的生态系统,每一个系统中的元素(生命体与非生命体)都具有生存权利,彼此是平等的。他们之间是处于一种相互依存、相互作用的系统之中,共同维持这个巨大系统平衡,如果其中一些元素无论是生命体还是非生命体遭到破坏或毁灭,那么整个生态系统的平衡就要被打破,最终影响到每一个生命体与非生命体。第二,在佛教的平等观念中,宇宙万物本性是平等的,是没有高低之分的。尽管万物都有佛性之说难以得到世俗认可,但其中却透露出宝贵的生态伦理价值观念:人与其他万物是平等的。人类应该尊重自然、敬畏自然。佛教思想有助于宣传生态伦理观,树立生态意识。

二 佛教在西南少数民族地区传播

"西南地区是全国宗教信仰最为普遍、宗教品系最为齐全的地区。"② 佛教、道教很早就传入此地,伊斯兰教也在元代之际,随着回族和蒙古族人的迁移来到西南,近代又有大批西方基督教传教士在西南传播基督教。

佛教从印度传入中国,其第一个入口便是云南。早在周秦时,云

---

① 当然,也有佛教经典不承认无情之物有佛性,如《涅槃经》曰:"非佛性者,所谓一切墙壁瓦石无情之物,离如是等无情之物,是名佛性。"
② 万红:《论西南民族地区的庙会》,《中央民族大学学报》(哲学社会科学版)2006年第2期。

第五章　宗教文化中的生态伦理思想

南与印度就有往来，这条起始于四川的道路被西汉张骞称为"蜀身毒"道。古印度的佛教主要沿着这条道路，途经缅甸进入云南，但此通道并非佛教入滇唯一道路，除此之外，还有两条主道：其一，古印度佛教经西藏入滇，被称为"吐蕃道"；其二，佛教从四川、中原途经贵州入滇，这条道所传入的佛教就已经深受中原文化影响。由于传入的渠道多，因此，云南的佛教教派多样，各具特色。

中国佛教三大支系在云南都有影响，此三大支系为：其一，南传佛教，又叫上座部佛教，俗称为小乘佛教，其经典皆用巴利文书写。在云南西部少数民族地区如西双版纳、德宏、普洱、临沧等地流传甚广。信此教的少数民族有傣族、布朗族、阿昌族、德昂族等，具有全民信教特点。有关此教的入滇时间，目前尚无定论，进入各少数民族地区的具体时间也不一致。公元7世纪左右传入之说较为可信并有物证支持：1981年文物专家从一尊青铜佛像底座上发现有"傣历一一七年"的字样即公元755年，也即唐天宝十四年。最早接触此教的是西双版纳地区的傣族，当地佛教界认为此教初传期为"傣历八十六年（公元724年）"[①]。不管哪种情况，初来乍到的佛教一开始并没有立刻受到欢迎，而是沉寂了很长一段时间，直到傣历639年（1277年）左右才开始被当地少数民族接受。"勐泐第五世主刀良陇执政期间，傣文创制后始刻贝叶经文。佛教开始在西双版纳流行。"[②] 明代时期，缅甸金莲公主嫁到西双版纳，随行僧人携带《三藏》等典籍。不久又建造"金莲寺"，上座部佛教此时发展到了顶峰状态。滇西其他几个地区如德宏、临沧等地，佛教进入的时间要晚于西双版纳地区，而普洱地区迎接小乘佛教的到来已是清代初年。

其二，北传佛教即汉传佛教，常称为大乘佛教，其经典用汉语书写。云南大部分少数民族和汉族群众都信此教，在昆明、大理等地以及白族地区和彝族地区颇有影响。云南境内的大乘佛教滥觞于汉朝，此时云南的佛教只是"过路佛教"即匆匆而过，不被当地人重视，

[①] 王海涛：《云南佛教史》，云南美术出版社2001年版，第389页。
[②] 同上。

▶ 西南少数民族传统生态伦理思想研究

因为此时云南各地原始巫术流行,佛教还没有被当地群众认识和接受。直到几百年之后的西晋时期,大乘佛教才逐渐被当地人接纳、吸收、改造或融合。早期佛教一直附和当地巫术,此时,佛教终于"从地下走到地上,从阴间走到阳间,真正在南中地区流行起来"①,但此时佛教并未完全摆脱巫术的纠缠,尚不能独立统领当地人精神世界,直到南诏国在经济上、政治上一统江山,佛教才真正获得独立地位,达到了空前繁荣状态。忽必烈灭南诏之后,内地佛教顺势而入,密教地盘逐渐被显教挤兑,尤其在明、清之时,云南的密教主导地位基本丧失,显教得势。

其三,藏传佛教又叫喇嘛教,其经典用藏语书写。云南西北地区的迪庆、丽江等地的藏族、纳西族、普米族和摩梭人都信此教。与西双版纳、德宏等地上座部佛教信仰一样,此地藏传佛教信仰也具有全民信仰的特征。此教传入云南时间大致在唐代早期,公元7世纪左右。滇西北这些少数民族之所以都选择藏传佛教而不是上座部佛教或汉传佛教,其原因有二:在地理位置上,这些少数民族都处于同一片区域——滇西高原;在历史文化上,这些少数民族在族源上都是同一个民族——古羌族,因而在民族心态、思维习惯、价值取向、行为方式、风俗习惯等方面颇为相似。再者,迪庆的维西、德钦、中甸等地还曾是吐蕃的辖区,直到雍正期间才划归云南。

从地理条件上看,云贵高原的深山老林很适合出家人修炼,大山尤其如此,正所谓"天下名山佛占多"。云贵高原之上的贵州,自古就有"地无三里平"的说法。的确,那里崇山峻岭,层峦叠嶂,这样的自然环境为喜爱山林的佛教提供了绝佳的落脚地。佛教很早就传入贵州,但真正大规模地深入贵州则是在明代。从明代开始,佛教主要从四川、重庆等地入境贵州。明代开始,佛教在中国的影响日渐式微,法门秋晚,各个派别与宗门相互争斗,乱象丛生,这也使得外地佛教徒不断迁徙至贵州,贵州的佛教香火日渐兴旺。

20世纪50年代,贵州清镇出土一尊佛像,其造型与同期四川省

---

① 王海涛:《云南佛教史》,云南美术出版社2001年版,第66页。

第五章　宗教文化中的生态伦理思想

的绵阳、安县、三台与重庆的忠县、开县等地佛像几乎一致。考古专家据此推断，早在东汉末年，佛教便由四川等地传入贵州。尤其到了西晋之际，四川与缅甸、印度的通道繁忙起来，商贾往来频繁，以致引起了远在中原的汉代政权关注。汉代政权于是通过这样的古道，与缅甸、印度诸国往来频繁。《史记》中记载："及元狩元年，博望侯张骞使大夏来，言居大夏时见蜀布、邛竹、杖。使问所从来，曰'从东南身毒国①，可数千里，得蜀贾人市'。或闻邛西可二千里有身毒国。骞因盛言大夏在汉西南，慕中国，患匈奴隔其道，诚通蜀，身毒国道便近，有利无害。于是天子乃令王然于、柏始昌、吕越人等，使间出西夷西，指求身毒国。"② 在张骞呼吁下，汉朝开通了此道。在这条古道上来来往往的不只是商贾，还有僧人。史料记载，古代巴蜀地区通往缅甸、印度的几条古道都要途经贵州，来往的僧人边走边传播佛教。

从年代上看，唐代为宗教提供了一个宽松的发展环境，此时，贵州腹地佛教僧人、寺庙也开始增多。《太平广记》中记载了唐代一个叫牛腾的人在贵州释教状况："牛腾，字思远，唐朝散大夫郏城令，弃官从好，精心释教，从其志终身。常慕陶潜五柳先生之号，故自称布衣公子。"③"公子至牂牁，素秉诚信，笃敬佛道，虽以婚宦，如戒僧焉，口不妄谈，目不妄视，言无伪，行无颇，以是夷僚渍其化，遂大布释教于牂牁中。"④

此外，唐代时期，盘踞云贵高原的少数民族部落与唐王朝并存。初唐时，这些少数民族形成了六个较大的部落，称为"六诏"。除了诸诏之南的"南诏"始终归附李氏政权之外，其余五诏常弃唐而依附吐蕃。为了使其余五诏臣服，唐王朝将一些士兵和平民移至贵州等地，据以为剿灭五诏的前沿。大量入黔的人群也带来了中原的文化，

---

① 也称"天竺"，即印度。
② 司马迁：《史记》第 8 卷，中华书局 2010 年版，第 6871 页。
③ 《太平广记》第 112 卷，转引自贵州省宗教学会《贵州宗教史》，贵州人民出版社 2015 年版，第 7 页。
④ 同上。

从此，贵州的佛教也借此盛行起来，寺庙和僧人遍及贵州各地，尤以黔北与黔东南居多。"唐代，黔北和黔东南地区已建有遵义大悲阁，绥阳金山寺、卧龙寺，桐梓金锭山寺、兴旺寺、玄风寺、三座寺，习水景福寺，仁怀永安寺，正安大成寺、蟠龙寺，沿河福常寺，万山弥勒寺，岑巩鳌山寺，黄平宝相寺，印江大圣登铁瓦寺等。"①

有寺庙就有僧人。唐代时，贵州有文字记载的 10 余座寺庙中，理应有上百人以上的僧人，但具体数据无从考证，有关史料记载的有名有姓的贵州高僧有 4 人即通慧、海通、义舟、普达，其中通慧禅师创建岑巩鳌山寺，而海通法师则是四川乐山大佛创建者。《嘉州凌云寺大佛像记》记载："开元初，有沙门海通者……崇未来因，作古佛像。"②

宋代之后，贵州的佛教进一步繁荣，信徒陡增，庙宇遍地。赵宋王朝继承李唐王朝在贵州等地的羁縻政策。这种管理制度较为松散，当地土官自由度大，因此易被他们接受，羁縻地区与中央政府之间的关系也较为稳定。在这种环境下，中原的佛教信徒游走于羁縻州各地，推动贵州腹地佛教发展，在此影响下，贵州各地土官也逐渐热衷于礼佛兴寺，佛教文化得到了进一步的发展。据史志记载，"宋代，黔北地区，在桐梓建有崇恩寺、鼎山寺、虎峰寺，遵义建有万寿寺、福源寺、金山寺、桃源山寺，正安建有善缘寺，绥阳建有辰山寺，务川建有铜山寺，沿河建有沿丰寺等。此外遵义的观音院、普济庵，习水的罗汉寺亦皆为南宋时所建。黔东地区，印江建有西岩寺、大圣登铁瓦寺，思南建有华严寺、城子寺，黄平建有宝珠寺等。"③

由此可见，从晋代至唐、宋，佛教对贵州的影响从多条途径展开。而古代贵州之地不仅与古代南诏国接壤，而且其很多地方如黔北、黔西南和黔西曾一度属于南诏国的范围。而南诏国又与缅甸、印度接壤，历来崇信佛教，有"佛国"之称。此外，贵州作为古巴蜀

---

① 贵州省宗教学会：《贵州宗教史》，贵州人民出版社 2015 年版，第 8 页。
② 同上书，第 12 页。
③ 同上书，第 16 页。

通往南诏、缅甸、印度的通道，与巴蜀接壤，因此巴蜀地区盛行的佛教文化对贵州影响深远。许多从巴蜀而来的僧人多从黔北、黔东南进入贵州腹地，这也是古代黔北、黔东南寺庙林立的重要原因，此外，中原汉族移民进入贵州，也是佛教传入贵州的一条重要途径，其通道多以乌江水道为主。

史料记载，早在元代时，就有印度僧人到贵州传播佛教。1321年至1323年，印度僧人提纳薄陀，法号"指空"，曾在"滇东黔西之乌撒乌蒙①地区，弘传佛法"②。此外，省外僧人也频频来贵州云游。元代的贵州境内的佛教氛围在唐宋基础上继续高涨，寺庙林立、香火旺盛如"遵义的大德护国寺（湘山寺），正安的普明寺，绥阳的蒲象庵（回龙寺）、长嫌寺（长嵌寺），道真的普照寺（蟠溪寺），仁怀的观音阁，凤冈的崇佛寺、仙山寺，铜仁的正觉寺等。其中之湘山寺（大德护国寺）、蟠溪寺皆为黔北名刹"③。

明代政权加强了对贵州的统辖，开始在贵州设置布政使司，并实行土流并存政策，设立卫所，实行屯田制度，如此一来，外地移民便大量进入贵州，贵州人口数量与结构状况也随之发生变化，同时各地之间的道路也开始通顺。在此背景下，进入贵州的佛教信徒也随之增多，此时，贵州佛教繁荣，寺庙遍及全省，香火旺盛。较为有名的寺院主要有贵阳的大兴寺和永祥寺、兴仁的护国寺、安顺的圆通寺、毕节的普惠寺、遵义的万寿寺和湘山寺等。

明末清初，中原地区以及西蜀地区战火不断，而贵州境内尚无战乱，因此，不少僧人与平民为避乱世而入黔。贵州各地一时僧人云集，佛教氛围浓烈，当地百姓礼佛兴寺的兴趣也更加被激发起来，贵州佛教文化走向繁荣。同时许多文人信徒聚首贵州，"他们或开山建刹，雕塑佛像；或请刻藏经，购置经律；或开堂说法，著书立说；或潜心佛典，论辩佛理；或摩崖刻石，咏诗作画。在弘扬佛法同时，大

---

① 乌撒乌蒙，即今贵州省威宁县一带。
② 贵州省宗教学会：《贵州宗教史》，贵州人民出版社2015年版，第21页。
③ 同上书，第23页。

力推进贵州佛教文化的发展。"① 佛教在贵州发展到了鼎盛时期。但是，在晚清之后，由于佛教过于世俗化、功利化，以及当时政治、社会文化的影响，贵州境内佛教事业开始衰退。

三 佛教对西南少数民族的影响

佛教的传入对西南地区的文化形成了有力冲击。在佛教到达之前，此地的少数民族由于生活在大山之中，远离了中原文化，与外面文化交流也相对较少，文化上相对封闭与落后。在佛教传入西南地区之前，原始的巫觋文化在群众精神生活中占据着统治地位。从性质上来看，原始巫觋文化是人类理性还未完全觉醒，对自然的意识还处于一种较低水平的文化。自然崇拜、图腾崇拜、祖先崇拜和鬼神崇拜都是这种意识水平的反映。佛教到来之后，西南少数民族在顽强地坚守自己民族的原始信仰之外，也逐渐将外来的宗教融入到自己文化中，形成了各具特色的宗教信仰文化。此外，西南各少数民族之间，与汉族之间相互杂居现象非常普遍，这也使得西南地区的宗教信仰异彩纷呈。

佛教传入之初，贵州本地的原始巫觋文化对佛教极力排斥，但是，经过长期的磨合之后，佛教也开始吸收当地的巫觋文化，如巫教中的神祇、咒术、礼仪等内容也在经过精心的改装之后，走进了寺庙，变成与佛教杂合之物。"这种现象，从晋代黔东的'喜傩神'、唐代'夷人'敬护牛腾、宋代思州土酋田氏、播州土官杨氏奉佛兴寺等史实中，可见端倪。"②

在佛教文化的影响下，苗族人对大慈大悲观世音菩萨尤为喜欢。苗族地区的大小寺庙均以观音庙居多。苗人堂屋的神台上，所供奉的也多是观音菩萨。这与汉族社会习俗并无二致。观音在苗族人心目中俨然是有求必应的慈悲菩萨，凡是家中有人生病，或者出现某些不好的事情，苗族人便求助于观音菩萨，甚至在修建房屋，耕田种地过程

---

① 贵州省宗教学会：《贵州宗教史》，贵州人民出版社2015年版，第23页。
② 同上书，第20页。

第五章　宗教文化中的生态伦理思想

中,都要请求观音菩萨护佑。如"出门经,出门碰到观世音,观音老母在前进,四大天王随后跟,金灯千盏来开路,妖魔神鬼尽躲开,摩呵般若波罗密"①。

佛教也是侗族人普遍的信仰。据史料记载,早在宋、元之际,佛教就开始传入侗族地区,到清代中叶,黎平等地的佛教极为繁荣。"明初府属境内已建有南泉山寺、太平山寺等寺庙。到了清代中叶,仅黎平县境内就有寺、庙、庵、堂达100余座,居庙和尚48人,尼姑72人。"②虽然"萨岁"崇拜一直是侗族重要的祖灵信仰,但是与汉族和其他民族一样,侗族文化包容性使得佛教信仰也能在侗族人的心灵中占有一席之地,而且由于佛教中一些观念与侗族原始宗教的某些思想相接近,这使得佛教在侗族地区传播更广,更受当地群众欢迎。"故发展速度比任何外来宗教都快,成为外来宗教中惟一普遍接受的一种宗教。"③直到今天,佛教文化依然是当地侗族文化的重要组成部分。从鼓楼到风雨桥,再到个人信仰,处处都有佛教文化的影子。当地侗族人在祭拜"萨岁"神之余,也不忘敬拜菩萨。轮回观念、因果报应等观念更深入人心,因此,初一、十五吃斋的习俗依然被许多侗族人坚持。

布依族是一个信仰摩教的少数民族,但是,摩教的思想和仪式也莫不受到佛教的影响。自明代佛教进入布依族地区之后,佛教思想就逐渐与当地布依族的自然崇拜、祖先崇拜、摩教等宗教文化融合,老摩公们不仅为村民禳灾祈福,也常常学习和传播佛教思想。《观音经》《三官经》《本命经》等经书多被他们念诵和抄写。此外,摩教经书中一些思想也是直接或间接来自佛教,如摩教认为人死之后,灵魂进入极乐世界,这显然是受净土宗思想影响,再如,佛教的"娑婆世界""南瞻部洲"等概念,也直接进入到摩教教义中,"只是摩教

---

① 游建西:《近代贵州苗族社会的文化变迁(1895—1945)》,贵州人民出版社1997年版,第158页。

② 刘锋、龙耀宏:《侗族:贵州黎平县九龙村调查》,云南大学出版社2004年版,第579页。

③ 同上。

中对'娑婆世界''南瞻部洲'没有具体描述，一般是在提到死者家所居之地的国、省、县、乡、村名前，用这两个地理概念。说明在摩教观念中它们分别是国家之上的两个范围不同的地理概念。"[1]

　　佛教对西南少数民族的傩文化有着重要影响。傩文化是一种古老的原始文化现象，世界很多民族在其历史上都有过傩文化。就其本质而言，它是一种多元混杂的文化样式，是一种脱胎于原始的图腾崇拜、鬼神崇拜和祖先崇拜的古老文化。早在新石器时代，中国就存在祖先崇拜现象。殷商时期祖先崇拜、鬼神崇拜、图腾崇拜盛行，这些文化又相互影响，相互结合，形成一套固定的逐疫驱鬼的宗教祭祀仪式，今天常将其称为"傩"和"大傩"。

　　西南地区尤以贵州境内的少数民族的傩文化保存最为完整。古代贵州交通不发达，又有崇山峻岭和瘴疠阻挡，因此，外来因素干扰较少，贵州傩文化保存相对完整。贵州威宁彝族傩戏"撮泰吉"，贵州铜仁一带的傩戏，贵州遵义一带的傩戏和贵州安顺地戏都是其中的代表。佛教中目连救母的故事很早就被中国民间搬上了戏剧舞台，它是中国百姓以自己喜爱的方式演绎儒家的孝道和佛教因果报应等思想观念。目连戏传入西南之后，又与当地地方特色结合，形成了独特的表演方式。目连戏演出与傩戏联合在一起，开演前要举行驱傩活动，既要念经又要拜佛，杀鸡祭祀，驱鬼逐疫。

　　在佛教传入傣族地区之前，傣族、布朗族人早就有原始宗教信仰，例如家神、寨神、勐神的崇拜。在西双版纳地区，傣族人相信一家之主去世之后便成了家神，一寨之主去世之后便成了寨神，一个勐的首领去世之后便成了勐神。缺少了家神、寨神、勐神，便没有家、没有寨、没有勐。正是这种信仰，在傣族地区，几乎每一个村寨都有寨神勐神崇拜现象。当佛教传入时，其不杀生，众生平等伦理观念与傣族人原始信仰多有冲突。佛教传入之初，佛教被傣族人认为是空谈的东西，"盘腿闭目吧，风就是粮食，云会填饱你的肚子；盘腿合掌吧，虎豹豺狼不会来伤害你，大水大火不会来损害你的皮毛，因为你

---

[1] 贵州省宗教学会：《贵州宗教史》，贵州人民出版社2015年版，第79页。

的灵魂早已住在天上的仙宫。"① 但是，后来佛教在传播过程中进行必要让步和调整，其严格的伦理规则不得不变通。至今，傣族地区的佛教徒不像汉族大乘佛教的教徒那么严格遵守戒律，不仅可以娶妻生子，而且可以喝酒吃肉等。

佛教传入傣族地区之后，形成了许多门派。大的门派主要有"润派""摆多派""摆庄派"（又称寺院派）及"左抵派"。每个门派又有众多小门派。云南德宏、保山的傣族所信仰的"润派"和"摆庄派"影响最大，而芒市、孟定等地的傣族所信仰的"摆多派"影响最小。而"左抵派"由于戒律太严，如过午不食，终生茹素，以石为枕、以树皮为被褥，不得无故出寺门，更不得随意入村等严苛戒律，因此信徒很少，影响微弱。

佛教的传入不仅改变傣族的社会信仰结构，更重要的是改变了傣族人对世界的看法和道德伦理观念。傣族人的善恶观念、因果报应、来世等观念无不受佛教教义的影响。傣族的《佛教格言》中宣扬："善事，好人易做。善事，恶人难做。恶事，最好不要去做。恶事，将来一定会焚烧做的人。善事，要抓紧去做。无论做什么事，做了后，心里烦恼的那样事，便是坏事。无论做什么事，做了后心里不烦恼的那样事，便是善事。坏事和对自己无利的，这些事，很容易做。好事和对自己有利的事，这些事很难做到。快乐，是做坏事的人所不容易得到的。作善得善报，作恶得恶报。众生一定依业果受报。"②行善不仅能给自己带来快乐，而且还能够形成好的业报。相反，作恶既得不到快乐，也必然招致恶报。《佛教格言》又说："做罪孽深重的事，对于今生和来世都不好。积集罪恶，带来痛苦。不做恶事，带来福乐。恶人，容易做恶事。清净的人，不会做恶事。性恶的人，一定受苦于自己的恶果。善人，因忍耐远离恶业。"③ 傣族人相信，行

---

① 枯巴勐：《论傣族诗歌》，岩温扁译，中国民间文学出版社1981年版，第93页。
② 《中国贝叶经全集》第10卷，人民出版社2006年版，第463页；转引自谢青松《傣族传统道德研究》，中国社会科学出版社2012年版，第63页。
③ 《中国贝叶经全集》第10卷，人民出版社2006年版，第473页；转引自谢青松《傣族传统道德研究》，中国社会科学出版社2012年版，第63页。

善积福，作恶必报。一个人多做善事，必然会得到幸福，相反，一个人积集罪恶，必然带来痛苦与灾难。

众生平等是佛教思想的一个重要内容。在佛教看来，人与自然万物都是因缘和合之物，通俗地说是一定条件下的产物，人只是自然的一分子，人与自然万物都是平等的。在此平等观念影响下，信仰佛教的傣族人尽管在观念上都认可"不杀生"戒律，但是他们并不会严格遵守此戒律，其原因在于傣族地区佛教保留了原始佛教的一些内容。原始佛教戒律并没有禁止信佛的教徒吃肉，不过，佛教徒只能吃"三净肉"即外人屠宰之肉，也就是说，佛教徒被禁止食用自己亲手屠宰之肉，但可以食用他人屠宰之肉。当时的佛家教义并不认为这种行为违反了"不杀生"的戒律。同样，在传统的傣族社会，人们虽然认可"不杀生"戒律，但并不戒荤。在他们看来，碗中肉只要不是自己所杀，便可以食用，并不违背戒律。信佛的傣族人还相信，那些违背"不杀生"戒律者都将受到惩罚，死后必然要进入地狱"莫阿乃"。傣族人认为，在地狱"莫阿乃"，布满了盛有滚烫的沸水大锅，那些不遵守"不杀生"戒律等作恶者，就要被扔进沸水锅中进行煎熬，直到其灵魂完全净化，没有任何邪念，方可离开此锅。那些佛教戒律以及所衍生出来的种种传说，对傣族人思想观念影响深远，对他们的行为起到了一定的约束作用。

由于信仰佛教，佛教生态观念也就深深植根于傣族人内心世界，他们在日常生产与生活中践行着佛教生态观念。傣族人喜欢建造寺庙，也喜欢植树造林，并且植树造林活动又常常含有宗教意蕴。据统计"西双版纳的植物与佛教活动密切相关的达100种之多，而且多数栽培在佛寺庭园中"[①]。傣族地区佛寺密布，据研究，西双版纳"全州共有558座佛寺，150座佛塔"[②]。每一座佛寺院内外，每一座佛塔周围都种满了树木，大多都是按照宗教仪轨所种植的。

[①] 李本书：《善待自然：少数民族伦理的生态意蕴》，《北京师范大学学报》（社会科学版）2005年第4期。

[②] 同上。

第二节　道教生态伦理思想及其在
　　　西南地区的传播与影响

一　道教生态伦理思想

无论是道家哲学还是以道家哲学为基础的道教都没有直接提及生态保护问题，但是，在处理人与自然关系方面，道教和道家哲学充满了人文精神和生态伦理智慧，那些智慧成为传统生态伦理文化宝贵的组成部分。

道教和道家的生态伦理思想主要体现在以下方面：其一，道法自然、天人一体的生态伦理思想。道家的核心范畴是"道"。道是天地万物的根源和基础，"有物混成，先天地生。寂兮寥兮，独立而不改，周行而不殆，可以为天下母。吾不知其名，强字之曰道"[1]。道是先于天地存在，是万物的始因。"夫道，有情有信，无为无形，可传而不可受，可得而不可见，自本自根。未有天地，自古以固存，神鬼神帝，生天生地。"[2] 丰富多彩的万物都是从"道"而来，"道"乃世界之本源，因此，万物之间是相互联系在一起。万物都是按照"道"所赋予的自然本性而运行不止。

在道家看来，天与人是一体的，人和其他万物是在一个和谐的整体中，彼此之间相互依赖，彼此平等。《黄帝阴符经》说道："天地，万物之盗；万物，人之盗；人，万物之盗。三盗既宜，三才既安。故曰：食其时，百骸理。动其机，万化安。"[3] 所谓"盗"是指天地、人、万物相互之间是互相汲取资源而共生，这种相互汲取资源又是那么自自然然，就如静悄悄地偷盗的行为一样。这样相互汲取资源也是符合天道，是"宜"的。人与万物是平等的，人并非是宇宙的主体，

---

[1] 陈鼓应：《老子今注今译》，商务印书馆2006年版，第169页。
[2] 《庄子》，方勇译注，中华书局2010年版，第102页。
[3] 李荃：《黄帝阴符经疏》卷中，《道藏》第2册，文物出版社、天津古籍出版社、上海书店影印版，第740页；转引自杨燕、詹石窗《道教生态安全意识发微》，《世界宗教研究》2013年第2期。

▶ 西南少数民族传统生态伦理思想研究

在"道"与"自然"面前，人只是"居其一"而已。《道德经》说道："故道大，天大，地大，人亦大。域中有四大，而人居其一焉。人法地，地法天，天法道，道法自然。"① 人与天地万物不仅相互依赖，而且是平等的。"以道观之，物无贵贱；以物观之，自贵而相贱；以俗观之，贵贱不在己。"② 道教反对把人看成高于一切万物的思想，反对人把自己看成自然的中心和处于统治地位的主体。

庄子的思想颇具代表性，他说，"天与人一也"，又说"天地与我并生，万物与我为一"③。这就是说，人与自然是一个有机整体，自然中有人，人在自然之中，人中也有自然。人的身体、生命无不都是自然的一部分，"舜曰：吾身非吾身也，孰有之哉？曰：是天地之委形也。生非汝有，是天地之委和也；性命非汝有，是天地之委顺也"④，天地人虽然差别巨大，但同源于一种元气。庄子认为，天与人是合一的，不管你承认与否，认识到与否。"故其好之也一，其弗好之也一。其一也一，其不一也一。其一与天为徒，其不一与人为徒。天与人不相胜也。是之谓真人。"⑤ 在天、地、人这个自然大系统中，只有和谐相处，人类才能长久平安。

其二，道法自然，自然无为。自然一切都是各有其宜，都遵循"道"而运行，所谓"天道无为，任物自然"，自然万物有其自身运行规律。"天地无全功，圣人无全能，万物无全用。故天职生覆，地职形载，圣职教化，物职所宜。然则天有所短，地有所长，圣有所否，物有所通。何则？生覆者不能形载，形载者不能教化，教化者不能违所宜，宜定者不出所位。故天地之道，非阴则阳；圣人之教，非仁则义；万物之宜，非柔则刚：此皆随所宜而不能出所位者也。"⑥ 既然万物都有自己的运行规律，因此人不要干预自然，不要把人类自

---

① 陈鼓应：《老子今注今译》，商务印书馆2006年版，第169页。
② 《庄子》，方勇译注，中华书局2010年版，第260页。
③ 同上书，第31页。
④ 同上书，第364页。
⑤ 同上书，第96页。
⑥ 《列子》，(晋) 张湛注；(唐) 卢重玄解；(唐) 殷敬顺，(宋) 陈景元释文，陈明点校，上海古籍出版社2014年版，第7页。

第五章 宗教文化中的生态伦理思想

己的意志强加于自然之上,不要想当然地改变自然界。庄子说:"有天道,有人道。无为而尊者,天道也;有为而累者,人道也。主者,天道也;臣者,人道也。天道之与人道也,相去远矣,不可不察也。"①也就是说,人类不要做"有为而累"的傻事,而应该服从"无为而尊"的天道,顺应自然之道,"顺之以天理,应之以自然"。庄子主张"观于天而不助""与天和"。"夫人命乃在天地,欲安者,乃当先安其天地,然后可得长安也。"②真正的无为就是要放任自然万物,任其自由发展,不要去改变自然常态,不要去改变万物的本性。如果一切都任其自然,保持本性不变,天下都不用去治理了,实现"无为而治"。

其三,敬畏自然和尊重生命。道教重视"生",认为"天道恶杀而好生"。道教主张"贵生""自爱""摄生"和"长生久视"。道教从"贵生"进而"尊生",将道德关怀、慈悲之心从人和社会扩展到万物和自然界。道教认为人应该"好生恶杀",要"慈心于物"。人类财富的多寡在于自然界生命旺盛与否。《太平经》叙述道:"富之为言者,乃毕备足也。天以凡物悉生出为富足,故上皇气出,万二千物具生出,名为富足。中皇物小减,不能备足万二千物,故为小贫。下皇物复少于中皇,为大贫。无瑞应,善物不生,为极下贫,子欲知其大效,实比若田家。无有奇物珍宝,为贫家也。万物不能备足为极下贫,此天地之贫也。"③"此以天为父,以地为母,此父母贫极,则子愁贫矣。"④也就是说,万物一起生长,生生不息,绵绵不绝,万物共生共荣,才是富裕。"上皇"时代以后,自然界的物种开始有所减少,因此变成了"小贫"。到了"下皇"时代,物种更不齐全了,就成了大贫了,由此可见道教对自然界各种生命的尊重和爱护。

道家还吸收佛教思想,认为善恶必有报应,虐杀动物的行为会遭到恶报应,而善待生命则有善报。《洞真太上八素真经三五行化妙

---

① 《庄子》,方勇译注,中华书局2010年版,第175页。
② 《太平经合校》,中华书局1960年版,第124页。
③ 同上书,第30页。
④ 同上。

· 159 ·

诀》中说:"仁者好生恶杀,救败护成,禁忌杀伤,隔绝嫉妒,能和合阴阳,放生度死,慈悲谦疑,念念弗忘,积仁成寿,遂登神仙。"[1]相反,虐杀动物则必然受到恶报。例如,用毒药杀鱼的,有三十罪过,杀禽鱼昆虫一命的,有三过。甚至传授捕鱼打猎行为的,其罪过也有三十。被称为民间道教经典的劝善书《太上感应篇》(又称《感应篇》)是一部在道教基本理论基础上吸收了佛教与儒家思想的经典。此书大部分是有关家庭、社会关系的道德伦理,例如:不履邪径,不欺暗室。积功累德,慈心于物。忠孝友悌,正己化人。矜孤恤寡,敬老怀幼等。也有涉及慈悲生灵,因果报应的伦理条款:昆虫草木,犹不可伤。又把诸如射飞逐走,发蛰惊栖,填穴覆巢,伤胎破卵等行为视为恶行,犯下恶行必遭报应。这些伦理条款以通俗易懂的因果报应说,把保护生命,残杀昆虫鸟兽等行为与善恶报应联系起来,具有极大的震慑力,对于保护生态环境起到了无形的作用。

正是因为尊重生命,道教戒律中有许多禁止杀生,倡导护生的戒律。三国两晋时期出现的《老君说一百八十戒》是道教最早的戒律集。其中许多戒律都是禁止性规定:"第十八戒,不得妄伐树木。第十九戒,不得妄摘草花。"[2]这是保护植物资源的,还有保护水资源的如"第三十六戒,不得以毒药投渊池江海中"[3]。也有保护土地资源的禁止性规定:"第四十七戒,不得妄凿地,毁山川。"[4]还有保护动物的戒律如"第四十九戒,不得以足踏六畜"以及"第七十九戒,不得渔猎,伤煞众生"[5]。"第九十七戒,不得妄上树探巢破卵。第九十八戒,不得笼罩鸟兽。"[6]道教戒律《玉清下元戒品》中亦有多条禁止杀害生命和破坏环境的戒律如"不得烧败世间寸土之物;不得以

---

[1]《道藏》第33册,第475页,转引自尹志华《道教生态智慧管窥》,《世界宗教研究》2000年第1期。
[2]《道藏》第22册,天津古籍出版社1988年版,第270页。
[3] 同上书,第271页。
[4] 同上书,第270页。
[5] 同上书,第271页。
[6] 同上书,第272页。

第五章 宗教文化中的生态伦理思想

火烧田野山林；不得教人无故摘众草之华"① 等。这些戒律非常明晰地要求道教徒不能毁林，不能杀害动物，不得破坏水资源等。

另有道教戒律《中极戒》，其戒律尤为全面详细："不得杀害一切众生物命；不得啖食众生血肉；不得鞭打六畜；不得有心践蹋虫蚁；不得上树探巢破卵；不得用金银器食饮；不得营谋身后厚葬体骨；不得以食物投水火中；不得烧败成功现物；不得贪著滋味；不得便溺虫蚁上；不得便溺生草上；不得便溺人所食水中；不得笼罩鸟兽；不得惊散栖伏；不得无故采摘花草；不得无故砍伐树木；不得以火烧田野山林；不得冬月发掘地中蛰藏；不得择美食；不得误以毒药投诸水中；不得塞井及沟池；不得竭陂池水泽；不得以秽物投井中；不得热水泼地，致伤虫蚁；不得衣物盈余不散穷人；与人同食，当其粗；当念居山林幽静，精思至道；当念万物为先，不但祝祷己身；当念无求、无欲，清白守贞；当念天地日月风雨雪霜以时；当念天真，其对淡然无为。"② 这些戒律中既有规定不能杀害动物，不能虐待动物，又有规定不能毁坏植被，不能污染水资源。更重要的是还规定了道教徒应该从思想观念上爱惜生命："当念万物为先"，还规定道教徒从价值观上应该无欲无求，清白生活，从而在内心深处杜绝杀害生命，破坏环境的念想。在实践上，这些戒律虽然只对出家修行者有效，但这些戒律所包含的尊重生命、保护自然环境等生态伦理思想却不可能封闭在庙宇、道观之中，而是逸出高墙，飘散在民间，对西南少数民族百姓同样产生了极大影响。

此外，其他道教经典中也有许多要求道教徒尊重生命、保护自然环境的戒律，例如，《石音夫醒迷功过格》《虚皇天尊初真十戒文》《太上十二品飞天法轮劝戒妙经》《太平经》《黄帝阴符经》《要修科仪戒律钞》《洞玄灵宝天尊说十戒经》等。

善待生命，人类应该把自然界其他生命当成伙伴，这是当代生态

---

① 《道藏》第25册，天津古籍出版社1988年版，第153页。
② 《中极戒》，《藏外道书》第12册，第31—387页，转引自蒋朝君《道教戒律中的生态伦理思想研究》，《宗教学研究》2011年第2期。

伦理学一个重要核心观点。当代生态伦理学认为每一个生命都有自身存在的权利和价值，都应该受到尊重。道教重视生命的思想以及保护生命的各种戒律，是一种尊重生命、善待生命的生态伦理思想。与当代生态伦理学具有某些相通之处。

其四，少私寡欲，见素抱朴。道教认为人应该少私寡欲，崇尚节俭。老子主张"去甚、去奢、去泰"，不要膨胀自己的欲望。人类与自然和谐相处，就不能无限制地一味地向自然界索取物质。在道家看来，对于物质财富，要懂得知足常乐，放弃贪欲，过简朴的生活。"祸莫大于不知足，咎莫大于欲得。"

实际上，当今生态恶化问题无不与人们欲望膨胀有关，过度膨胀的物质消费加重自然环境的承受力，人类不断从自然界索取资源，导致各种自然资源危机。在倡导人们减少欲望方面，庄子走得更远，他要求人们应该"形如槁木，心如死灰"，最大限度地减少欲望，进入一种"心斋"的境界。

道家主张人应该从名利资货、人欲物累的束缚下解脱出来，返璞归真，保持自由自在的本性和独立的人格，进入到"天人合一"的境界。人是自然的产物，是自然中特殊存在，人应该保持自然本性，守住自己实而不华的原始天然本性。这种天然本性就是"朴"。只要抛弃浇薄浮华，虚伪巧诈，做到恬淡无为，顺应物情，随顺自然，安时处顺，人人都有可能恢复到这种自然纯朴的本真状态，

二 道教在西南地区的传播

古代楚地为道家之先声，蜀地则为道教的一个先声。根据文献记载，大致在东汉末年，道教就开始在西南各地活动："东汉时期的西南夷地区，已有仙人的修炼活动。《后汉书》卷一百十六《南蛮西南夷传》载：'筰都夷者，武帝所开，以为筰都县。其人皆被发左衽，言语多好譬类，居处略与汶山夷同。土出长年神药，仙人山图所居焉。'"[①]

---

① 张泽洪：《中国西南少数民族与道教神仙信仰》，《宗教学研究》2005年第4期，第98页。

第五章　宗教文化中的生态伦理思想

东汉顺帝年间（公元126年至144年），今江苏人张陵（又名张道陵），以太上老君为旗号，在巴蜀鹤鸣山（今天四川成都）一带修道，创"五斗米道"，广收信徒。它一开始就受到巴蜀地区少数民族的原始宗教影响，带有浓厚的巫术色彩，因此多被其他群众和佛僧贬为"米巫""米贼"。为了扩大影响，五斗米道的创始者张陵在巴蜀一带设置"二十四治"："太上以汉安二年正月七日中时下二十四治，上八治、中八治、下八治，应天二十四气，合二十八宿，付天师张道陵奉行布化"①，所谓"治"就是管理范围，犹如今日的"教区"之谓。此二十四治不仅包括四川、陕西部分地方，也包括云南、贵州一些地方。

道教与西南少数民族文化之间相互影响。在道教来到西南之前，就早已有氐、羌、叟等少数民族在此地生产生活，而且这些地方的古老巫风傩俗也为道教的产生和外入做好了铺垫。五斗米道的创立不仅大量吸收了这些少数民族的文化，也招收了大量的少数民族群众，正因如此，有研究者认为五斗米道其实就是西南少数民族的宗教："符箓之事始于张道陵，符箓固非中国汉字也；余疑其（五斗米道）为西南少数民族之宗教，而非汉族之宗教。"② "过去都认为天师道起源东方，与滨海地区有密切关系，然天师道祖师张道陵修道于西蜀的鹤鸣山，在今天岷江东岸仁寿县境内。仁寿西隔江为彭川眉山，俱属古隆山郡，是氐、羌族经历之处，故我疑心张道陵在鹤鸣山学道，所学的道即是氐、羌族的宗教信仰，以此为中心思想，而缘饰以《老子》之五千文。"③ 甚至有研究者认为道教是源于西南少数民族的原始宗教。道教源于西南少数民族等观点未必可信，但可以肯定的是，从道教创立到后来的发展壮大，它都积极地吸收西南少数民族原始宗教文化。一则为了丰富道教自身，二则也为了满足西南少数民族偏好，以便吸纳更多的少数民族信徒，例如纵向长眼之神是古代西南少数民族先民

---

① 《云笈七签》第28卷；转引自郭武《道教与云南文化：道教在云南的传播、演变和影响》，云南大学出版社2011年版，第57页。
② 蒙默：《川大史学·蒙文通卷》，四川大学出版社2006年版，第340页。
③ 向达：《唐代长安与西域文明》，生活·读书·新知三联书店1957年版，第175页。

普遍崇拜的神祇，彝族、傈僳族、摩梭人的创世神话中都涉及他们的祖先曾经是"纵目"而不是"横目"。西南少数民族的道教画像中许多神祇都是三只眼，其中间眼睛为纵向，这一习尚逐渐被道教吸纳。"蜀侯蚕丛为氐人，是知纵目为氐人习尚。原来西南少数民族素有纵目之风。"① 可见道教三眼神自古就是西南少数民族普遍供奉之神。

三国时期，五斗米道的势力受到曹氏政权打压，大规模的集体性修道活动已不复存在，也难见有史书对此段时间内的西南地区道教活动的记载，但是，道教在民间的影响却还在继续。三国之后，西南地区的道教活动又开始活跃起来，此时，道教逐渐被当时的士族阶层接受，而同时期中原的一些汉族士族阶层也开始迁移至"南中"地区，即今天的四川、云南、贵州一带，于是，西南地区的道教传播也跟着活跃起来。

经过魏晋南北朝的嬗变，道教逐渐走向成熟，也逐渐登入大雅之堂。到隋唐之际，朝廷对佛教、道教都十分尊崇，汉代那种独尊儒术的局面一去不复返了，取而代之的是儒释道三足鼎立的局面。隋文帝杨坚信奉道教，连其开国年号都是取材于道教，名曰"开皇"，道教味十足。杨坚大力扶持道教的发展，大兴土木建立道观，在此背景下，一批道士也受到重用，进入管理阶层。史书记载："道士张宾、焦子顺、雁门人董子华，此三人，当高祖龙潜时，并私谓高祖曰：'公当为天子，善自爱。'及践阼，以宾为华州刺史，子顺为开府，子华为上仪同。"② 隋炀帝杨广继续扶持和利用道教，此时的西南地区与当时汉中地区道教发展情况大致同步："其风俗大抵于汉中不别"③，而史书记载"汉中之人……好祀鬼神，尤多忌讳，家人有死，辄离其故宅。崇重道教，犹有张鲁之风焉。"④

---

① 卿希泰：《道教与中国传统文化》，福建人民出版社1992年版，第442页。
② 《隋书》第6册，第1774页，转引自卿希泰主编《中国道教史》第2卷，四川人民出版社1992年版，第5页。
③ 《隋书》第3册，第830页，转引自卿希泰主编《中国道教史》第2卷，四川人民出版社1992年版，第24页。
④ 《隋书》第3册，第829页，转引自卿希泰主编《中国道教史》第2卷，四川人民出版社1992年版，第24页。

第五章　宗教文化中的生态伦理思想

　　李唐王朝实行儒释道三教共同发展的政策，此时道教也达到了空前繁荣。唐太宗李世民尊崇道教，在佛道相争时，他明显倾向于道教，大量起用道士参政，兴建道观，并以道教的理论根基《老子》中的无为思想作为治理天下的指导方针。武则天当政时期，虽然佛教更为得宠，但道教也得到政府的扶持，发展势头不输于佛教。随着唐代对西南统治的增强，中原与西南地区的交流更加频繁，道教对西南地区的影响也随之扩大，遂成为西南诸民族的主要信仰的宗教之一。

　　唐宋之际，中原各地经济社会迅速发展时，西南地区各地的经济社会也得到了快速发展。当时云贵高原的南诏国、大理国的社会经济、文化等方面都空前繁荣，与汉族、吐蕃、印度等地方的文化交流也十分活跃。在这种环境下，道教向西南地区的传播就更加活跃。许多南诏、大理国的官员和贵族子弟陆续进入四川学习，在那些道教重镇学习与生活，他们不能不受道家影响。南诏、大理国也不时向中原朝廷进贡，彼此之间交流频繁。与此同时，中原的道士也不断云游山水秀美的南诏、大理国、巴蜀。例如唐末年间非常有名的道士"广成先生"杜光庭（字宾圣，道号东瀛子）"唐僖宗中和元年（公元881年）入蜀，见唐祚衰微而留蜀不返。"[①]

　　唐宋时期，四川涌现了大批道士，其中有些道士如杜光庭、袁天罡、李淳风等都是当时著名的道士。全真道派也在此时传入四川，而当时南诏、大理国的统治者也表现出对道教的浓厚兴趣，许多道士因此得到重用，道教影响不断扩展开来。"南诏王与人盟誓时请五斗米道的重要神灵'三官'来和五岳、四渎及管川谷诸神灵共同作证"[②]，"大理政权的建立即与一位名叫董伽罗的道士有关。后来大理国王段智兴改元为元亨、利贞、安定等，而元亨利贞等名称多为道家所用。"[③] 此时，贵州印江、松桃等地就常有道士出没。南宋时，与巴蜀接壤的播州一带道教活动频繁，出现了不少道观。杨氏土司在遵义

[①] 萧霁虹、董允：《云南道教史》，云南大学出版社2007年版，第37页。
[②] 杨学政、刘婷：《云南道教》，宗教文化出版社2004年版，第24页。
[③] 同上书，第25页。

统治达800余年，对道家倍加扶持，因此这一带道教发展尤为迅猛。

蒙古族人入主中原之后，政府对佛家、道家、伊斯兰教、基督教实行兼容并蓄的原则，在此背景下，道教又比金、宋时期更加盛行和繁荣。此时，北方的全真道和南方的龙虎宗在众多的派别中脱颖而出，分别成为北、南方的重心。北方的诸派逐渐归于"全真"名下，而符箓诸派纷纷集于龙虎派周围，形成了"正一"派，全真、正一两大道派逐渐形成对峙局面。此时，四川成都一带全真道也异常活跃，青羊宫、青城山都是当时全真派的重要基地，但此时云南境内的道教活动却相对沉寂。有研究者认为，这可能与当时云南本地佛教盛行，排斥道家有关，此外，"新兴的全真道由于在'至元辩伪'后受到元室的遏制而尚未能远播到云南来。"[①]

明代皇帝迷信道术。在其庇护下，道教风行天下，也成为当时主流社会意识形态。许多道士出入宫廷，参与朝政，其中不少人威福在手，声势显赫。也正是有了高层的恩宠，道教徒养尊处优，蜕化变质，在道教的教理上止步不前，缺少创新。清朝统治者尊崇佛教，道教被视为汉人之教，故而受朝廷冷落，意识形态的主流地位不复存在，其活动范围只是限于民间。

明代政府加强了西南的管辖，大批军民进入西南，汉族与各少数民族之间交往频繁。在这种社会背景下，道教在西南得到了空前发展，对西南少数民族文化产生了很大影响。当时许多名噪一时的道士纷纷进入西南传教，例如张三丰、刘渊然等，直至清代，这种势头也未减弱。贵州各地的土司、流官都重视道教，纷纷建设神祠、宫观以助其统治。"贵州道教在明代得到大的发展，土官、流官、乡绅等重视神道设教，以维护其统治，纷纷创设神祠、宫观。宋元之际贵州见于记载的神祠新建仅为两所，到了明代不仅数量猛增，而且种类相当齐全。据嘉靖《贵州通志》记载，以嘉靖年间（1522—1556年）作为下限，除去兴建年代不详者外，贵州明时所建神祠达111所，分布

[①] 郭武：《道教与云南文化：道教在云南的传播、演变及影响》，云南大学出版社2011年版，第143页。

于全省 25 个府州卫县。"① 清代时期的张清夜、陈清觉等在西南地区十分活跃，信徒众多，当地各少数民族都不同程度受此影响。今天，一些少数民族如彝族、瑶族、白族、纳西族、傣族、布依族、壮族等民族文化中，依然有深厚的道教文化背景。

三　道教对西南少数民族的影响

西南境内的羌、藏、彝、满、苗等少数民族都信奉道教，道家传入这些少数民族地区之后，不仅嫁接了当地的原始信仰文化，而且与佛教结合，形成了独特的道教文化。羌族的白石崇拜、城隍崇拜都是道教文化，即使在佛教盛兴的藏区如四川阿坝、甘孜藏区，道教也占有几分天地，"有称'观音阁'、'土地庙'者，其实为道教的乾道主持，崇奉的也是道教"②。同样，道家传入彝族地区之后，也与当地的原始信仰糅合，形成彝族文化与道教文化犬牙交错局面。有学者甚至认为，不仅道教甚至道家都是起源于彝族的原始虎宇宙观。如"到目前为止，论述道家和道教即黄老思想的书刊，都认为道教产生于东汉末并把它称之为'原始道教'，说它主要是以道家哲学为其理论基础而建立起来的宗教。这似乎是道教委屈了道家；实则，道家和道教两者同出彝族所保留远古羌戎的原始虎宇宙观"③。这种观点正确与否还有待考证，但毕竟也在一定程度上指出了道教与彝族的关系。

今天云南昆明一带彝族撒梅人是受到道教影响很深的一个彝族支系。撒梅人信奉"西波教"，从此教的神灵系统看，它是在彝族古老神灵系统基础上吸收了道教部分神灵而形成，如被奉为最高神灵的太上老君以及主持天庭的日常工作并直接领导元始天尊和雷部诸神的通天教主等，莫不源于道教。此外，彝族地区流传的各种版本的创世神话似乎都受道教影响。例如，《查姆》是流传云南楚雄、红河一带的

---

① 庹修明：《贵州民间道教与傩坛》，《贵州民族学院学报》（社会科学版）1999 年第 4 期。
② 杨建吾：《道教在四川少数民族地区的传播》，《宗教学研究》1999 年第 4 期。
③ 刘尧汉：《中国文明源头新探——道教与彝族虎宇宙观》，云南人民出版社 1985 年版，第 98 页。

彝族史诗,其中叙述远古之时,天地连成一片,天地不分,只有一团雾。流传于四川凉山彝族地区的《勒俄特衣》创世神话都说宇宙起初是无天无地而混沌一团,这些描绘应该与老庄的混沌宇宙观相关。由此可见,道教传入彝族地区之后,吸收彝族文化成分,以更有利于当地人民接受的形式进行传播,对彝族人的思想观念和生活实践产生了重要影响。

云南大理是白族人主要聚居地。在南诏国时期,道教就已经在当地有了一定的影响了。中原很多道教徒千里迢迢来到此地传播道教。明清两代,道教在大理一带迅猛发展,白族民间信奉道教的风气炽盛。白族民间信仰"本主"教,实质是以村寨为单位的一种集体性崇拜,是古老的原始宗教余脉,后来也吸收了道教营养,其中不少"神仙"都来自道教。当时来南诏国传教的著名道士杜光庭也被白族人拉进"本主"教神谱当中。当然其他道教派别中未能进入"本主"教神谱的神仙也受白族崇拜。例如昆明西山一带的白族所奉的道教神祇有:"天地人三界十方万灵主者、玉皇大帝、上元天官、火君、灶君、土地、山神、雷神、财神、龙王、鲁班、太上老君、关圣帝君、众天星等。"[①]

瑶族也是一个受道教文化影响较深的少数民族。例如,道教正一派对初入道的未成年人,必须授"太上童子一将军禄"才允许其成为正式弟子。受此影响,云南瑶族对将要成年的男子(15岁)则要举行"度戒"仪式,其戒律与道家戒律非常接近。在举行此仪式时,"须设立神台并在神台前装设两扇花坛,象征阴阳二府的宫门;花坛下部设五道拱门,每道拱门上挂一个黄色的橘子,称之为'仙桃果';拱门后挂着三清、盘王、玉皇、三元、雷王、龙王和赵、邓、马、关四帅的画像"[②],由此可见道教对瑶族的影响。

云南丽江一带的纳西族与滇西北的纳西族在信仰上有所区别,后者多信仰东巴教等,而前者则接受道教。南诏国时期,道教就在此地

[①] 萧霁虹、董允:《云南道教史》,云南大学出版社2007年版,第113页。
[②] 同上书,第116页。

第五章　宗教文化中的生态伦理思想

流传。明清之际，纳西第 13 代土司（1578—1646 年）信奉道教，亲撰《山中逸趣》《芝山云邁集》等，还亲自到武当山恭请武神像，置于玉龙雪山下的庙中供奉。此外，各个时期的土司都喜欢广建神庙，经常组织洞经会和皇经会。上层主政者尚且如此，那么民间道教发展状况也就不难想象了。在流传过程中，道家的思想逐渐被纳西族本民族的文化吸收。例如东巴经中《懂述战争》和《碧庖卦松》两部经典中有很多道教思想的影子。"由于道教很早就在丽江纳西族中流传，所以道教思想已被纳西族东巴教汲取，反映在东巴文书写的东巴经中。如《懂述战争》和《碧庖卦松》两部经典中的'精藏五行'与中原汉族的'五行'学说是相同的。"[①]

除此之外，苗族、布依族、壮族、阿昌族、水族、佤族、哈尼族、仡佬族等少数民族都不同程度地受到道教影响，例如，这些少数民族至今传承的傩文化便是道教等文化影响下的产物。尽管儒释道都对傩文化产生过影响，但其中道教对傩堂（坛）戏、冲傩戏、端公戏、阳戏的影响明显超过儒学和佛教。这些傩文化至今还依然在贵州的遵义、铜仁、凯里、兴义一带流传。贵州傩戏的发展与道教从古代巴蜀传入有关。各种傩戏的演出过程大都一致。演出前，必须得傩祭即请神，演出过程中又要酬神，最后还要送神，这些过程都表示了对祖先、神灵、先师的尊敬和祈求。开坛时要摆置香案，挂上道教味十足的"三清图"。傩戏的演员尤其是掌坛师都自称是玉皇门下的弟子，学徒学成之后，还要举行一整套的仪式，其中许多都源自道教。

作为一种文化形态，道教传入西南地区之后对少数民族文化发展起到重要作用，深深影响了西南少数民族的社会生活和思想观念。在历史演变中尤其是近代之后，没有政权支持的道教，只能在民间求发展。但是，由于自然环境和历史文化等因素，西南少数民族群众生活艰苦，广大少数民族百姓缺少多余的财力从事炼丹，同时由于教育落后，绝大多数群众属于文盲或半文盲，因此对道教理论也难以理解。许多道教派别为了争取信徒，只好放弃玄理，更不谈宗教形而上学意

[①] 杨学政、刘婷：《云南道教》，宗教文化出版社 2004 年版，第 57 页。

义上的修养，而转向直接为信徒消弭灾祸，风水问卜，参与傩文化活动，为信徒谋求现世利益。如此一来，道教本身也跟着退化。新中国成立后，由于我国政府实行宗教自由政策，也由于少数民族生活水平和受教育程度提高，西南少数民族地区的道教保持良好的发展势头。

小　结

在漫长的民族交往历史过程中，佛教与道教以西南少数民族容易接受的方式逐渐成为西南少数民族的政治、经济、社会文化生活中不可或缺的部分。它们慢慢走进了西南少数民族的心灵，成为他们重要的信仰支柱。它们是缓解人间苦难生活的精神食粮，也是保持这片土地青山绿水的内在精神动力。

生态伦理的核心问题是人与自然关系。佛教与道教在如何摆正人与自然关系问题上为生态文明建设提供了智慧。佛教从"缘起论""因果报应"等角度论证了人类不是孤立的存在者，而是与自然万物紧密联系，人与世界万物都是处于普遍联系起来的大网之中。在禅宗看来，"青青翠竹，皆是法身；郁郁黄花，无非般若"，无论是有情有识的飞禽、走兽等，还是无情无识的山川、草木、土石等皆有佛性，"众生"平等。这些思想蕴含了将伦理扩展到一切万物的生态伦理智慧，超越了"人类中心主义"狭隘性。

佛教主张以慈悲为怀，善待生命，又以轮回、因果报应思想很准确地回答了为什么要尊重和敬畏生命。道教的理论基础道家哲学从"道"是世界本源、道生万物的角度，提出了"天人合一"的思想，认为天、地、人是一个统一整体，人不过是自然界一部分。道家认为大自然的万物都运行有常，主张"自然之道不可违"，人不能从自己的私欲和意志出发改变自然常态，而应该顺应自然，让万物顺其本性。道教经典《太平经》还把自然界中的山泉、土石与人的血液、骨肉对应。在道教看来，这些物质也伤不起。对这些自然物伤害就犹如伤及人体自身，所以人类应该敬畏生命、敬畏自然。道家贵生、尊生，以生命为天地万物的自然本性，生命无比神圣，因此应该"慈心于物""慈爱一切",将慈爱扩展到万物。但人类又不得不从自然界获取生存物质,即便如此人类也不能贪得无厌,道教劝勉人们应该过简朴、恬淡的生活,学会知足常乐,追求"归真返璞"的境界,以减少对自然资源的消耗。为保证这些生态伦理观念能够内化于心、外化于行,佛教、道教组织都制定了许多戒律,使这些伦理观念真正化作实践行动,起到保护生态的作用。

第六章　生产方式中的生态伦理思想

生产方式是生产力与生产关系的总和，是人类向自然谋求物质资料的方式，是在此过程中形成的人与自然界、人与人之间的相互关系总和。生产方式与民族的社会历史、风俗习惯、自然环境等因素有关。有哲人说：人们要生活就必须解决衣、食、住、行以及其他一切所必需的东西，因此第一个历史活动就是生产。西南少数民族大多生活在大山深处，山区的地理环境决定了西南少数民族的传统生产方式只能是传统农业生产和传统的狩猎方式如刀耕火种、毁林开荒、上山狩猎等。这些生产方式给人们的第一印象是原始落后，损害植被，破坏环境。但一些少数民族历史却告诉我们，这些生产方式不仅没有造成环境破坏反而蕴含着合理利用自然资源，与自然和谐相处的智慧。本章共四个小节，分别从"刀耕火种""自然农法""梯田文化""稻田养鱼"四个方面来阐释西南少数民族生产方式中的生态伦理思想。第一，"刀耕火种"过程中，人们选择合适的时间、有组织、有计划地进行，同时施行"轮休"制度和严格的管理制度，从而有效地减少了刀耕火种所造成的损害，确保了土地恢复能力。刀耕火种是某些山区农耕民族顺应自然环境，合理利用自然的方式。第二，西南少数民族传统的耕作方式如卫生田、冲肥、刀耕火耨、踏田等，虽然原始，但却是生态的。第三，梯田文化是生产与审美的统一，充分展现了人文与自然和谐、尊重自然、因地制宜的生态智慧。第四，稻田养鱼是西南少数民族在有限的自然环境条件下，充分合理地利用自然环境最直接的展示。

第六章 生产方式中的生态伦理思想

第一节 刀耕火种中的保护生态智慧

一 西南少数民族刀耕火种概况

"刀耕火种"是指用刀、斧砍伐森林，焚烧树木之后再进行农业耕作。语出宋代陆游："山宿山行，平日只成露布，刀耕火种，以今别是生涯地。"在此之前，古人将此方式称为"火耨刀耕"或"畲田"，如唐代罗隐在《别池阳所居》诗中写道："黄尘初起此留连，火耨刀耕六七年。雨夜老农伤水旱，雪晴渔父共舟船……"

在人类历史上，作为一种森林农业耕作方式，刀耕火种约有1万多年的历史，它曾普遍存在于各个古代文明世界。今天的热带、亚热带森林丛中如南美洲的亚马孙流域、非洲沙漠以外的森林地区、亚洲的东南亚山地，依然存在以此种生产方式为生计的人群。

作为世界农业文明发祥地之一的中国有着悠久的刀耕火种历史。《国语》中有记载"烈山氏"带领其子做农官，而能"殖百谷百蔬"，"烈山"为放火烧山之义。由于中原汉族把"刀耕火种"看成野蛮不开化的标志，因此汉族的史书中对刀耕火种的记载最多也是三言两语，而南方少数民族地区的典籍中对此方面的记载则相对详细。例如明代《海搓余录》中对海南黎族的刀耕火种状况有比较详细的记载："黎俗四、五月晴界日，必集众研山木，大小相错，更濡五、七日，皓洌则纵火，自下而上，大小烧尽成灰，不但根干无遗，土下尺余，亦且熟透矣，徐徐锄转种棉花，又曰具花；又种早稻，曰山禾，米粒大而香可食，连收三四熟，地瘦弃至之，另择他所，用前法别治。"[1]从这些记载来看，当时刀耕火种的耕作方式已经非常普遍了。

西南地区山多地少，森林茂密，刀耕火种方式曾在许多少数民族历史发展过程中发挥过重要作用，尤其是与缅甸、越南、老挝比邻的

---

[1] 《元明善本丛书纪录汇编》，商务印书馆影印本1937年版，第162卷，第2页，转引自尹绍亭《远去的山火——人类学视野中的刀耕火种》，云南人民出版社2008年版，第9页。

▶ 西南少数民族传统生态伦理思想研究

云南省,其刀耕火种文化最为丰富。云南也是新中国成立之后依然保留刀耕火种文化最多的地方。云南刀耕火种又集中于滇西南,这种分布多与滇西南特殊的地理位置和气候有关。刀耕火种地带一般是亚热带或热带,如西双版纳、文山、德宏、临沧、普洱、怒江等地。这些地方气候炎热,降雨量大,而且雨季和旱季分别明显,雨季比较集中于每年的五月到十月。由于气温高,雨水充沛,一番刀耕火种之后,再经过7至8年轮歇,地上又很快恢复成林,这些气候、地理特征显然是刀耕火种的最佳条件,此外,滇西南刀耕火种为何历史悠久,分布广泛,可能还与这些地方人口密度有关。由于这些地方自古交通不便,历史上常被称为"瘴疠之地",中原汉族人很少进入这种区域,当地土著居民人口又少,所以这些山区一直是处于人少山地多局面。新中国成立前,滇西南实行刀耕火种的区域,人均山地一般都在30亩以上,人少地多的自然条件是刀耕火种在这些地方长久存在的最重要条件之一。

西南地区的"彝族、哈尼族、拉祜族、佤族、布朗族、景颇族、怒族、傈僳族、独龙族、德昂族、普米族、纳西族、基诺族、苗族、瑶族以及克木人和苦聪人都有过刀耕火种的历史"[①]。其中有些少数民族直到新中国成立许多年之后才告别刀耕火种的生活,例如云南的景颇族、彝族、独龙族等。在历史上,由于中原文化对其他地区文化的鄙视以及大汉族主义思想,古代少数民族的刀耕火种文化被视为"蛮夷"的象征,因此,正史对这种文化几乎避而不谈。《华阳国志》中记载牂牁郡(今贵州境内)"俗好鬼巫,多禁忌。畲山为田,无蚕桑"[②]。从这种描述的语气来看,作者对刀耕火种并没有多少好感。但是,刀耕火种作为一种古老的农耕方式,曾在少数民族文明史上起到过重要的历史作用。刀耕火种也并非人们所理解的只是"毁林开荒"、破坏森林环境的代名词,相反,刀耕火种的农耕方式还是这些

---

① 尹绍亭:《人与森林——生态人类学视野中刀耕火种》,云南教育出版社2000年版,第6页。
② (晋)常璩:《华阳国志校注》,刘琳校注,巴蜀书社1984年版,第378页。

第六章　生产方式中的生态伦理思想

少数民族合理利用自然，协调人与自然的矛盾的生态智慧体现。

生活在云南的景颇族，与其他西南少数民族一样，以农耕为主要生存方式。景颇族的传统农耕方式主要有三种：刀耕火种、旱谷、水田稻作。绝大部分景颇族人直到新中国成立才开始告别刀耕火种的生产方式，但亦有少部分景颇族人直到21世纪初才完全终结刀耕火种。20世纪40年代，尹明德对生活在云南与缅甸交界的景颇族刀耕火种情况进行了调查。他记录道："其人多山居，迁徙无常。……种植多杂粮、旱谷、稗子、小米、芝麻、芋薯、苞谷、荞豆之属。无犁锄，惟以刀砍伐树，晒干，纵火焚之，播种于地，听其自生自实，名曰刀耕火种。其法，今年种此，明年种彼，依次轮植，否则地力尽而不丰收矣。"①

刀耕火种作为一种农业耕作方式，其模式并非单一，在不同民族、地域那里表现出不同方式。日本学者佐佐木高明先生把刀耕火种分为两个大类，"第一类是'根栽型刀耕火种农业'，其起源和盛行的自然环境是东南亚的热带雨林地域；第二类是'杂谷栽培型刀耕火种农业'其起源和盛行的自然环境是'非洲、印度热带干旱地域'"②。除此之外，刀耕火种还可以根据耕种期和轮休期的长短、耕作者的历史背景、对刀耕火种的依赖程度等进行分类。景颇族的刀耕火种主要有两种类型：第一种类型是砍伐耕作（景颇语叫"于劝格罗"）。这种方式有几个特点：其一，每块土地只耕作一年便休耕，景颇族人称之为"勒能格罗来"；其二，这种土地一般不进行深挖和犁锄，景颇族人称之为"恩这恩格老罗"；其三，景颇族人对自己周围的土地进行有序轮休，每年只砍伐某片区域，而其余土地则处于休耕状态，景颇族人称之为"勒多坎格罗"。显而易见，实行这种刀耕火种的方式，其前提条件是地广人稀，而那些人多地少的景颇族人，采用第二种类型的刀耕火种即挖地耕作（景颇语叫"于遮格罗"）就

---

① 尹明德：《滇缅北段界务调查报告》，1931年版，第7页，转引自尹绍亭《远去的山火——人类学视野中的刀耕火种》，云南人民出版社2008年版，第9页。

② 尹绍亭：《远去的山火——人类学视野中的刀耕火种》，云南人民出版社2008年版，第55页。

· 175 ·

比较合适。通常做法是将树木砍伐焚烧、耕作之后，来年并不轮休，而是进行除草、深挖、犁锄之后，再种上农作物。与第一种方式"于劝格罗"相比，第二种方式"于遮格罗"需要投入更多的劳力，对生态环境影响更大，但其优点是节省土地。

　　土地上种植何种农作物一般取决于土地状况。景颇族人根据土地土壤肥沃程度、海拔、坡度情况把土地分为三种类型。海拔较低的山脚下坝子地带，多为山上泥土冲击而成，因此土地肥沃，景颇族人把这样的土地叫作"格铁夏于"。景颇族人一般在这样的土地上种植陆稻、玉米、花生、红薯、黄豆、棉花等；山坡高处的土地，由于海拔比较高，气温相对较低，景颇族人把这种土地叫作"格字夏于"即冷地。景颇族人一般在这种土地上种植一些相对耐寒的农作物如高粱、土豆等；而那些处于山坡的中段土地，属于温暖土地，景颇族人把这种土地叫作"能弄夏于"，这种土地一般种植高粱、玉米等作物。

　　在景颇族的历史上，刀耕火种没有造成环境破坏的根本原因还在于他们实行一种土地轮休制度。景颇族人一般对自己村寨所拥有的土地进行规划，一般分为10个区域，每年选择1个区域耕种，而其余9个区域则处于休耕状态。这样每10年一次轮休，景颇族人称之为"诗能勒督昆"。对于那些还未满10年，尚处于休耕状态的土地，景颇族人把它叫作"于门"。对于这种土地，任何人都不能擅自开垦、破坏。休耕10年或10年以上的土地，已经长满树木、杂草，土地肥力已经得到恢复，景颇族人把这种土地叫作"于贡"。

　　若要实施刀耕火种，除了考虑"地理"因素外，还要考虑"天时"，也就是说，刀耕火种还要按节令而行。何时砍伐、焚烧树木草地，何时播种，都必须找准时机。尹绍亭曾对云南卡场的景颇族调查后发现，该景颇族支系掌握了丰富的刀耕火种经验。他们发明了自己的历法，用之指导农耕。例如，他们将一年12个月命名为苦达、让达、文达、石腊达、知通达、森安达等，其含义分别是在家织布月、准备工具月、砍地月、播种月、冬天结束月、节约用粮月等。当地农谚道："腊月砍地干又干，三月烧地肥又肥，二月砍地不成器，三月

第六章 生产方式中的生态伦理思想

砍地饿肚皮。"① 此外，树的大小，也对应不同时间。当地景颇族人认为，大树林须在腊月砍，小树林须在正月砍。总之，景颇族人用自己的智慧，在利用大自然维系自己生存的同时，又以一种特殊的形式保护大自然。这种善与自然相处的智慧，尽管原始单纯，但却是当代社会普遍缺乏的。

生活在云南贡山一带的独龙族，是我国人口最少的民族之一。历史上，独龙族也是一个主要依靠刀耕火种维持生计的民族。清末民初丽江师爷夏瑚曾对独龙江一带的独龙族做过人类学考察。其《怒俅边隘详情》中记载了独龙族的刀耕火种情形："农器亦无犁锄，所种之地，惟以刀伐木，纵火焚烧，用竹锥地成眼，点种包谷。若种荞麦、稗、黍等类，则只撒种于地用扫帚扫匀，听其自生自实。名为刀耕火种，无不成熟。……今年种此，明年种彼，将住房之左右前后之土地分年种完，则将房屋弃之也，另结庐舍，另坎地种。其已种之地，须荒十年八年，必候其草木畅茂，方行复砍复种。"② 独龙族刀耕火种采取山地轮歇方式，由于独龙族生活在高山地区，日照时间偏少，植物生长速度较慢。独龙族人对此非常清楚，他们为了适应此种自然环境，就在地里种植生长速度极快的"水冬瓜"树，并采用混种方式。具体办法是：初次砍伐森林，必留下树桩，以待第二年发新枝。由于没有树枝树叶的遮蔽，独龙族人就在这种土地上套种农作物。等到森林再次茂盛起来后，再将其砍伐、焚烧，然后一边播种农作物，一边栽下水冬瓜树苗。2 至 3 年之后，树木成荫，停止套种，土地便处于轮歇状态，保持 5 至 6 年，水冬瓜树便长至 10 余米高，此时又可以进行新一轮的砍种。就这样，独龙族人在生存实践中，适应自然环境过程中，学会了协调人与自然、人口与土地之间的关系。

独龙族一般生活在大山深处，常在山势较为陡峭的山腰间种植庄稼。在这种地形上实行刀耕火种，肥力保持和水土保持是一个不小的

---

① 尹绍亭：《远去的山火——人类学视野中的刀耕火种》，云南人民出版社 2008 年版，第 74 页。

② 方国瑜：《云南史料丛刊》第 619 卷，云南大学出版社 2000 年版，第 121 页。

难题。为解决此难题，独龙族人民采取了"戳穴点种"，这也是西南少数民族刀耕火种生产方式中最为普遍的方法，即以一根竹木棍在地面上戳开一个洞口，然后往洞里种上种子。这些地方的耕地多陡峭不平，难以使用牛耕、锄耕，即便使用，也很容易造成水土流失。为协调人与自然的关系，确保能够在这种地方生存下来，独龙族和其他少数民族一样也采用这种"戳穴点种"办法。尽管这种方法较为原始，但却是最适应当地环境，最能有效保持肥力、水土的一种方法，体现了当地少数民族的生态智慧。

彝族也是一个有着悠久的刀耕火种历史的民族。据史料记载，早期彝族人以游牧为主，农耕为辅。当他们的祖先迁徙至云南等地的高山密林之中后，便开始以农耕为主要生计手段，例如彝族中"罗婺""母鸡"等支系自古就生活在山中，多以刀耕火种的农业和牧业为生。《云南图经志书》中记载，"境内有车苏者，居高山之上，垦山为田，艺荞稗，不资水利。然山地硗薄，一岁一易其居，以就地利，暇则猎兽而食之。"[①] 另有《滇海虞衡志》卷十三《志蛮》："黑罗罗……男子耕牧，高岗烧垅必火种之，顾（故）不善治水，所收莜稗，无嘉种。"[②] "撒弥罗罗者……山居耕瘠贩薪。阿者罗罗……耕山捕猎，性好迁徙。"[③] 再如，云南元江哈尼族彝族傣族自治县青龙镇一带的彝族直到20世纪80年代，还依然保留着"刀耕火种"的生产方式。直到90年代之后，当地才开始大量使用畜力耕作和种植水稻，才真正告别刀耕火种的历史。这一带彝族人的刀耕火种同样也是采取两种方式：一是"无轮作刀耕火种"，即一块地种一季作物之后，便进入10年左右的轮歇；二是"短期轮作刀耕火种"，即一块地连续种植2年之后，便进入7至8年的轮歇。至于那块地采用何种方式，主

---

① （明）郑颙修、陈文纂：景泰《云南图经志书》，传抄北京图书馆藏明景泰六年（1455年）刻本，卷三《马龙他郎甸》，第17页，转引自尹绍亭《人与森林——生态人类学视野中的刀耕火种》，云南教育出版社2000年版，第24页。

② （清）《滇海虞衡志》（第十三卷），宋文熙、李东平校注，云南人民出版社1990年版，第315页，转引自尹绍亭《人与森林——生态人类学视野中的刀耕火种》，云南教育出版社2000年版，第25页。

③ 同上。

要由土地距离村寨的远近而定,当然,大多数土地是交替采用此两种方法。

位于云南西双版纳景洪县中东部的基诺山区,那里群山绵绵,大多数山峰都在千米之上,在此群山中生活着一个古老的少数民族叫基诺族。与大多数西南少数民族一样,基诺族人也有悠久的刀耕火种历史。基诺族人的刀耕火种实行轮歇耕作方式。轮歇的办法大致分为两种:一茬轮歇和轮作轮歇。所谓一茬轮歇,与景颇族人的"勒能格罗来"类型相同,即每块地只耕作一年便抛荒;所谓轮作轮歇是指一块地耕作之后,只经过短暂的抛荒之后改种其他作物。实行一茬轮歇耕作方式的基本条件是地多人少,因为每块地只耕作一年,便进行长达13年以上的轮歇,这就要求此村寨必须同时拥有13块以上类似的土地,才能保证年年有地耕。轮歇时间的长短应该与植被恢复时间有关。经过13年的恢复,地上森林又茂盛如故。但为什么是13年,而不是14年或12年呢?据说这可能与当地基诺族人的祖先崇拜有关。传说基诺族的祖先阿嫫在澜沧江边开荒造田,一天,她肩挑两座大山进入基诺山区造田,却遭到其他族人的反对。这些人在她的扁担上挖了几个小洞,洞里放上一把尖刀。当阿嫫走到基诺山附近时,扁担折断,尖刀刺进她的肩膀,鲜血直流,阿嫫最终因流血过多去世。阿嫫的去世让基诺族人悲痛不已,13天之后才下葬。从此,基诺族计算时间就以13天为一轮,土地轮歇也以13年为一轮。另传基诺族人喜欢奇数不喜欢偶数,因此,选择13年轮歇。即使不实行13年轮歇的村寨,也是坚持"荒七不荒八""丢三不丢四"的原则。

根据土地类型的不同,轮歇时间也有所差异。基诺族人把山区林地分为几种类型:一是海拔较低、气温较高、坡度较缓、土壤膏腴的土地;二是海拔较高、气温低、坡度大的硗瘠之地;三是介于第一类和第二类之间,也就是处于山腰间的土地。对于这三类土地,刀耕火种所实行的轮歇时间也有所差别,第一类土地气温高、土地肥沃,雨水充足,植被容易生长,往往经过5至6年,最多7至8年之后,这些土地上植被很快又茂密成林,有些地方甚至2年就树木成林,这样的土地,其轮歇时间相对较短。但是,地势高、坡度大的土地,由于肥力不够，气温较低，植被生长慢，因此，这种土地轮歇时间明显要长，有些甚至轮歇时间高达19年。当然，轮歇时间的长短，往往还与当地基诺族人所拥有土地多少有关。

云南西双版纳勐海县一带的布朗族，是一个直到新中国成立很久后仍留着刀耕火种生产方式的少数民族。当地布朗族一般生活在海拔千米之上的高山区。布朗族的刀耕火种多采用"一茬轮歇制"或"无轮作自然轮歇制"，土地只种1年就实行抛荒即轮歇，经过7年至8年之后，又进行新一轮的耕作。

勐海县的布朗族把土地分成若干"营旺"，然后实行有序的轮番耕作。对于不同海拔的土地，当地的叫法亦有所不同。根据研究者的调查，在曼散，凡是海拔较低的土地叫作"麻根"（即低地之义），而海拔较高的土地则叫作"麻聋"（即高地之义）。而在曼夕，土地则分为三类，海拔最高的土地叫"腾龙"，海拔最低的叫作"腾环"，而处于此两者之间的则叫作"腾刚"。当地的布朗族根据土地类型不同而种植不同的农作物，因农作物的不同，土地轮歇的时间也不同。种植棉花的土地一般要种植两年才进入轮歇，即第一年种植棉花，第二年种植陆稻。凡是只种植陆稻的土地则种植一年后便进入轮歇。布朗族人信奉原始宗教和佛教，他们相信处处有鬼神，生产、生活中都由鬼神主宰，正因如此，在实行砍山之前，他们必须进行必要的祭祀仪式。不仅祈祷、算卦，还以牛、猪等动物做祭品，以敬鬼神。仪式之后，方可开始砍山。

总体而言，刀耕火种的文化，除了技术、礼仪之外，还有相应的社会组织和土地制度。滇西南地区的少数民族刀耕火种的生产方式与其社会组织及其管理紧密相关。少数民族传统社会组织是刀耕火种的组织及其管理机构。以基诺族为例，该族中发挥组织及管理职能的是以村寨为单位的氏族长老制，一个村寨就是一个氏族。每个氏族中，德高望重的男性可以担任长老。基诺村社的长老会议是执法机构，负有维护氏族土地制度，组织实施生产的职责。

刀耕火种能否顺利实施，常常取决于氏族长老。例如，村寨之间山界的划分、土地争端都需要各方长老出面协商解决。刀耕火种时所

第六章　生产方式中的生态伦理思想

需的"防火道"的修筑和维护，也需要长老监督检查。在焚烧树木之前，长老必须亲自或指定人员到"防火道"上巡察，确认没有问题之后，才允许点火。这种严格管理措施，对于防止烧地引发山火，防止生态破坏起到了重要作用。在基诺族那里，各个村寨的土地通常要分成13个区域，实行有序轮歇。每年开辟哪片土地，哪些土地实行轮歇，都由长老开会决定。

基诺族人在选择刀耕火种所需的耕地时，除了考虑生产需要和生态之外，还有宗教、环境美化等方面的考虑。每个村寨都有神林，而神林是绝对不能实行"刀耕火种"的。在焚烧林地时，村民家的坟地也必须采取措施加以保护。此外，"为了涵养水源，凡山谷两侧数十米宽的山坡皆为约定俗成的水源林；出于对优美聚落环境的追求，村寨周围及道路两旁一定范围内规定为风景林和护道林。神林及坟地的神圣不可侵犯自不待言，水源林、风景林及护道林的保护也有规有矩。由于具有优良的护林传统，人们皆能自觉遵守并互相监督不成文的森林法，在不少村寨，保护生态环境的任务则由青年组织担负。青年们有义务留意任何破坏保护林的不轨行为，哪怕是损坏保护林的一花一木，不论损坏者是普通村民还是长老，都由该组织一视同仁给予应有的处罚。"[①] 由此可见，氏族组织以及相应的管理制度对于刀耕火种的实施，对于生态环境的保护都起到了很大的作用。

刀耕火种是一种较为原始的农耕经济。新中国成立之后，社会生产力和生产关系发生了巨大变化，同时也由于人口的繁衍等因素，滇西南少数民族农耕模式也开始发生改变。20世纪50年代之后，滇西南的怒族、佤族、傈僳族、德昂族、基诺族、景颇族、独龙族等少数民族都相继告别了刀耕火种的农耕模式，逐渐转型为以粮养畜、以粪肥田，将农业种植和牲畜饲养有机地结合为一体的"混合农耕"模式。改革开放之后，这种混合农耕模式尽管还在当地少数民族村寨中延续，但大部分年青的一代，走出大山，外出打工，从事这种农耕模式的人正在逐渐减少。

---

① 尹绍亭：《基诺族刀耕火种的民族生态学研究》，《农业考古》1988年第1期。

· 181 ·

二 刀耕火种与水土、植被保护

迄今为止，刀耕火种的"名声"不是太好，背负了破坏生态环境的罪名。这种生产方式留给世人的印象定格在：砍伐树木，然后焚烧成灰，直接造成了生态破坏。就连恩格斯这样的伟大导师，对刀耕火种也没有多大好感："当西班牙的种植场主在古巴焚烧山坡上的森林，取得木灰来作一代的能获得最高利润的咖啡树的肥料时，他们何尝关心到热带的大雨会冲掉毫无掩护的土壤而只留下赤裸裸的岩石呢？对于自然界和社会，在今天的生产方式中，主要只重视最初的最显著的结果。后来人们才惊奇于为了达到上述结果所采取的行为的较远的影响是完全另外一回事，在大多数情形下甚至是完全和那种结果相反的；需要和供给之间的协调，变成刚刚相反的东西。"① 的确，在干旱和半干旱地区实行刀耕火种，如果不善于休耕保护，很容易导致水土流失和植被破坏，而对于那些雨水充足的地区，且善于运用轮休办法的刀耕火种，其情况就完全不一样了。

相比较而言，刀耕火种比其他方式更能保护生态环境，这一结论乍听觉得不可思议，但是少数民族耕作实践却真实地展现了刀耕火种是如何保护环境。刀耕火种表面上是毁林开荒，但其并不中断也不减弱森林系统本身的自我恢复能力。首先，对于那些生长速度极快的树木，砍伐树干并没有伤及树木的根系，被砍伐之后的土地并没有失去保持水土的能力。实际上，热带雨林大多数树种生命力极强，许多树木"砍而不死"，即地面以上部分可以随意砍掉，只要保留地面以下的根系部分，那么在那种气温高、雨水充足的环境中，土地以下发达的根系很快就能长出新苗。其次，选择哪片森林进行砍伐，也是经过生态考量的。例如，在砍伐森林时，一般选择那些植被茂密且老树比较少的区域，而避开老树多的区域。这种做法一是为了避免砍伐老树，导致浪费时间和精力；二是为了保护老树。如果所选择的区域有老树，也尽量加以保护。刀耕火种一般选择植被茂密之处，主要是为

---

① 《马克思恩格斯全集》第20卷，人民出版社1971年版，第521页。

第六章 生产方式中的生态伦理思想

了确保燃料充足，同时也为了多留下灰烬，提高土地肥力。

此外，刀耕火种因为采用轮歇制，给予了被砍伐的森林充分恢复的时间。在热带和亚热带地区，这些森林恢复之速度相当惊人。当然这是地理、气候的特殊性决定的，这也是为什么那些雨水较少，气温较低的地区难见刀耕火种的生产方式之原因。

对于土地的轮歇，西南少数民族也是颇具经验和智慧。例如，在滇西地区，刀耕火种之后的土地可以有自然休闲的方式，也可以采用人工造林的方式。自然休闲的方式是指在抛荒之后，不再管它，而是任其自然生长。实行这种休闲方式的地方，一般气候炎热，降雨量大，因此树木生长极快。这些地方一些树种如"短命树"，短短两三年之内便可以成为参天大树，寿命也短，几年就枯死。此类树种虽不能成材，但对于保持水土、增加土地肥力大有裨益。此外，水冬瓜树、竹林等也都是生长速度极快的植物，对于森林恢复极有帮助。因此，当地的"基诺族、瑶族、苗族、哈尼族、布朗族、拉祜族、彝族等，都不在休闲地上种植树木，而是任其荒闲。他们之中的大多数的着眼点，在于尽可能地保护地中的树桩。比如在砍地时大树只修枝不砍伐；大部分树木砍伐时要留出一定长度的树桩，以利于再生；挖地、犁地时要尽可能避免伤着树根；气候干热时以茅草等掩盖树桩，以防晒死"[①]。

但并非所有土地都适合采用自然休闲方式，此时人工造林就显得十分必要了。此外，在一些人均土地不太多的地区，当地的少数民族为了缩短土地休闲时间，也常常实行人工造林的办法。此方式成与败，取决于树种选择，唯有采用生长速度快的树种才能达到效果。水冬瓜树、漆树、松树等树种常常是他们的首选，尤其是水冬瓜树，此树又名"赤杨树"，属于落叶小乔木，树皮光滑，灰褐色，嫩枝褐色，叶大而较薄，其生长速度极快，短短4至5年就可以长至4至16米高。此树根系特别发达，尤其有利于防止水土流失。其根部有根瘤

[①] 尹绍亭：《远去的山火——人类学视野中的刀耕火种》，云南人民出版社2008年版，第59页。

菌,具有极强固氮作用,这对于改善土地质量极有益处,同时其宽厚肥大的叶子掉落之后,又可以增强土地的肥力。由于根部固氮作用,即使在贫瘠的土地,此树的生长速度依然很快。根据研究者的调查,滇西南采用刀耕火种的少数民族,几乎都种植水冬瓜树,只是在栽种方法上有所区别。"西盟地区的一些佤族,过去是在作物收获之后撒播树籽;盈江卡场一带的景颇族,过去是将水冬瓜树籽和陆稻籽混合起来同时撒播;近似景颇族方法的还有腾冲县南部团田等地的汉族。"① "独龙族和怒族的方法也很有特点,他们不是播种树籽,而是栽种采集的水冬瓜树苗。怒族和勒墨人(白族支系)除了栽种水冬瓜树还种漆树,漆树栽种八年后可以割浆出售。"② 这些方法和措施的采用,对于刀耕火种之后土地上的森林植被的恢复,生态环境之维护都是非常有益的。

　　从砍伐树林方式上,"刀耕火种"生产方式也蕴含了生态智慧。一般说来,老树、大树一般不许砍伐,只许修剪树枝;而对于那些小型乔木和大型灌木,如果对耕作不会形成大的妨碍,也一般会留下半米左右的树桩,这些树桩来年又可以发新枝,延续了生命;对于小灌木和草本类,则务必齐地砍断,这样有利于消除杂草,保持肥力。如何避免保留地面上半米左右的树桩、大树、老树被大火烧死,这些山里的少数民族自然有他们的一套法宝,其秘密就在于柴草的摆放。一般地,在砍下树木杂草之后,再对这些被砍伐的柴草进行摆放,摆放时既要使得柴草均匀地分布地表,不能厚薄不均,否则有的地方就会燃烧不充分,而有的地方火势太大。柴草摆放要确保通风透气,保持干燥。柴草的摆放还要考虑点火后火势走向,确保火势可控,使火焰能蔓延至每一个角落。此外,柴草摆放不能靠近遗留的树桩和老树、大树,避免它们被大火烧着。

　　在处置和防范刀耕火种所导致的问题上,实行刀耕火种的民族颇

---

① 尹绍亭:《远去的山火——人类学视野中的刀耕火种》,云南人民出版社2008年版,第59页。
② 同上。

有经验。例如，如何防止焚烧时不至于引发山火，这些民族自然具有一套办法。例如，建立"防火隔离带"，选择低温湿润的清晨焚烧等办法，并且派人严加看管。一般地，焚烧树林之前，这些少数民族会在四周预留一个宽约10米左右的"防火隔离带"。隔离带当中，绝对不能留有杂草、枯枝败叶等，否则就起不到隔离作用。

在焚烧的时间上，这些少数民族也极富经验。一般地，树林的砍伐选在11月到来年的2月，而焚烧一般选在来年的3月或4月。这时已经过了干燥的冬季，此时烧山，火势便于控制。点火时机一般在清晨，因为此时山里的空气较为湿润，气温较低，柴草上还有露水，同时清晨一般没有风，这不仅有利于控制火势，而且火势蔓延的速度不会太快，有利于烧死草根、害虫等。但是无论如何，在山里大面积焚烧树木，绝不是一件可以掉以轻心的小事，而应该时刻保持谨慎。因此，在此过程中，当事者都会派人严加看管。看管人员既要负责观察火势走向，防止火势蔓延到非计划区域，又要确保地面的柴草务必燃烧完全，确保柴草化成灰烬，而不应该留下未燃烧的柴草，更不应该留下黑炭之类，以防带火星的黑炭随风飘入其他区域，引发山火。同时也要时刻关注留在地表上的树桩、大树、老树，以防它们被大火烧着。如果火势太大，对树桩、大树、老树有威胁，则需要向树桩、大树、老树浇水，保持湿润，防止被烧死。

根据调查，实行刀耕火种的地方，引发山火的事件极少发生。刀耕火种"是一种规范化、定型化的制度性生产方式，因而，对生产过程中可能引发的一切人为灾变都有规范的处置对策和成套的技术技能储备"[1]。防灾、减灾措施制度的有效执行，以及这些少数民族所积累的生态伦理知识和经验确保了刀耕火种能够避免环境灾害的产生。此外，刀耕火种所要选择的土地一般是靠近溪流的地段，既可以方便作业者沿着溪流进入林地，更重要的是便于取水控制火势，防止山火发生，当然也方便为此后庄稼提供所需的水源。

---

[1] 赵文娟等：《刀耕火种的变迁及其民族生态学意义——以云南元江县山苏作村为例》，《原生态民族文化学刊》2010年第3期。

研究人员调查发现，在西南地区，实行刀耕火种的地区的森林保护反而比那些实行其他耕作方式的地区更好。"20世纪80年代以前，执行'刀耕火种'长达数百年。可是到了今天，山苏作村的森林生态系统依然保持完好，人均拥有林地面积高达105亩，这一状况比那些从未实施过'刀耕火种'的地区人均拥有森林面积还要高。"[1]

由此可见，曾被冠以毁林开荒、破坏环境的刀耕火种生产方式，实际上体现了西南少数民族在长期与大自然打交道的过程中，合理利用自然资源，努力协调人之于自然生态系统的生存智慧。实行刀耕火种的民族都是靠山吃山的民族，他们对森林的感情和依赖是不言而喻的。如果刀耕火种真如一些误传的那样毁林开荒，破坏生态，那么刀耕火种这种生产方式不可能长期存在。也就是说，刀耕火种能够长久存在，其本身就是说明了某些问题。

第二节　原生态的自然农法

一　与自然相适应的稻作方式

中国是人类农业发祥地之一，也是出现水稻农耕文明最早的国家之一。许多考古证据表明，中国水稻栽培大约起源于新石器时代。湖南道县玉蟾岩遗址，江西省万年县的仙人洞遗址、吊桶环遗址三处稻作文化遗址的发掘，都表明中国是世界上最早将野生稻驯化为人工栽培稻的国家。研究表明，中国至少有1万年以上的水稻种植历史。人们在种植水稻的实践过程中积累了灿烂的稻作文化。例如，几乎每一个村寨都有龙王庙。同样，由于稻作对于土地的依赖，土地庙也遍及每个稻作地区的村寨。再如，稻作地区流行的日月崇拜、雷神崇拜、古神崇拜、水神崇拜等民间信仰现象都与稻作农耕有关。

西南地区不仅很早就有了稻作现象，而且迄今为止还比较完整地保存了稻作所衍生出来的一系列社会生活形态即稻作文化。例如，与

---

[1] 赵文娟等：《刀耕火种的变迁及其民族生态学意义——以云南元江县山苏作村为例》，《原生态民族文化学刊》2010年第3期。

第六章 生产方式中的生态伦理思想

稻作技术相适应的生活方式、生产习俗以及民族的性格、文化心理，等等。西南地区的一些民居建筑、民间艺术等文化形态无不与稻作生产方式有关。例如，干栏建筑显然是有利于下层堆放农具、杂物，圈养牲畜等，上层以上则用以住人，以避开过重的湿气和野兽的侵扰等。再如，西南地区流行的傩戏艺术，也与稻作生产和生活方式相关。"古时的稻作民族，巫傩之风盛行。稻作民族祭祀还愿时，为达到娱神娱人的效果，发明和创作了傩舞、傩戏、音乐、舞蹈等民间文艺及工艺美术。当稻作民族在没有始终的日子里生活时，利用稻作定时定期的规律性，领悟到'一松一弛''文武之道'和养身之道的道理。开拓了生活的丰富性，激发了人们举办农忙前后社交、聚会的兴致，形成日后的节庆日。"[1] 不仅如此，稻作生产方式还衍生一系列独特的稻作文化现象，"由稻作民族生活环境与习惯约定俗成的地理方言、饮食习俗、居住习俗、工艺美术、婚丧嫁娶等文化现象，反过来又成为稻作民族的文化符号和文化旗帜。"[2]

西南地区特殊的地理条件对水稻生长十分有利，生活在这个地区的先民很早就开始了水稻种植。这里是古人类发祥地之一，古代百越、百淮、氐、羌几大民族多迁徙至此，并相互之间不断繁衍融合，民族之间不断杂交，文化相互交流，这些活动都必须依靠以稻作为核心的物质生产基础。《山海经》记载："西南黑水之间，有都广之野……爰有膏菽、膏稻、膏黍、膏稷，百谷自生，冬夏播琴。"这说明早在战国之前，今天的川黔滇交界的金沙江（即"黑水"），就已经开始驯化野生稻了。在生产中，西南少数民族不仅善于根据自然条件进行耕作，同时也善于保护自然。他们所采取的耕作方式完全是一种"自然农法"。

"自然农法"是日本学者冈田茂吉（1882—1955年）1935年提出的理论。该理论主要是指农民在种庄稼过程中不使用化学肥料，而使用有机肥料。其基本主张有：第一，自然是一个生态系统，自然界

---

[1] 刘芝凤：《中国稻作文化概论》，人民出版社2014年版，第8页。
[2] 同上书，第8—9页。

中的动植物之间相互组成一个物质循环系统。第二，自然就是资本，人类要善待和尊重这种资本。人类应该与自然合作，在自然面前尽量"无为"，施行"无为农业"，从而不对自然环境造成污染。第三，现代人类在自然面前积极有为，大量使用技术，无视大自然自身的力量，粗暴地干预自然进程，打乱了自然物质循环过程，导致自然生态系统混乱与崩溃。第四，人类不能从单一目的出发，而应该把自己看成自然环境的一部分。人与自然中的动植物是等价的，人、自然、农业是相互依赖的，不可分割。概而言之，自然农法就是与自然共生的农法，实行不必耕地、不必施肥、不使用农药、不除去杂草的原则。

从理论上看，自然农法是一个崭新的理论，但是在实践上，这种有机耕作却是一个古老的传统。我国西南地区一些少数民族很早时候就采用这种方式，例如傣族、彝族、哈尼族、水族等。

据史料记载，早在2000多年前，云南的西双版纳地区的水稻种植业就十分发达。作为古越人的后裔，西双版纳地区的傣族自古就在这片富饶之地耕作水稻，因此傣族又有"稻作民族"之称。唐代樊绰在《云南志》记载："土俗养象以耕田。"明代之后，由于大批汉族人口融入，新的生产工具也带进了云南各地，在此影响下傣族的稻作水平和规模也提高了许多。明代朱孟震在其《西南夷风土记》中对西双版纳的傣族人的稻作状况有过记载："五谷惟树稻，余皆少种，自蛮莫以外，一岁两获，冬种春收，夏作秋成。孟密以上，犹用犁耕栽插，以下为耙泥播种，其耕犹易，盖土地肥腴故也。凡田地近人烟者，十垦其二三，去村寨稍远者，则迥然皆旷土。夏秋多瘴，华人难居。冬春瘴消，尽可耕也。"[1]

从地理位置上而言，西双版纳地处滇西南，那里群山绵绵，大小河流纵横交错。由于地处北回归线以南，纬度较低，因此阳光充足，降雨量大。再加上北方的冷空气被怒山、无量山、哀牢山这三座天然屏障挡在山外，因此，西双版纳地区常年气温偏高，几乎没有冬天。这些都是种植水稻最佳天然条件。不过，滇西南的山地面积达到

---

[1] 朱孟震：《西南夷风土记》，中华书局1985年版，第3页。

第六章 生产方式中的生态伦理思想

95%，可以用作稻耕只有 5% 的平地（当地人称之为"坝子"）。

傣族人在稻作实践方面积累了许多值得今天借鉴的经验与智慧。最有名的当数"卫生田"的耕作。所谓"卫生田"即傣族人的稻田里不使用人畜粪便，这主要与傣族人信仰佛教，偏好洁净的习惯有关。傣族人认为，用人畜粪便种出来的粮食去祭祀，是冒犯"神灵"之举。不使用肥料，又如何确保庄稼产量？傣族人在解决此问题时充分展示了不凡的智慧，主要做法有：第一，在 20 世纪 60 年代以前，当地人口尚未大量增加之前，西双版纳傣族地区，地广人稀，人均耕地面积大。例如有数据显示，"蔓远村 1955 年有 30 户人家，196 人，却有耕地 1544 亩，人均 7.87 亩"[1]。因此，在这种较好的自然条件下，即使不使用肥料导致产量不高，亦可以满足生存需要，新中国成立前，傣族地区流行一种观点即吃多少就种多少。第二，由于人均耕地面积大，所有当地傣族人常常采用一种最简单也是最有效的补充肥力办法——农田轮歇办法。傣族人水稻播种插秧在 5 月开始，到 10 月份水稻收割完毕，此后，农田进入轮歇。由于特殊的地理环境和气候，这些闲置的农田很快就长满了杂草。这些杂草无疑是增加农田肥力最好的东西。此外，傣族人所种植的水稻多为传统高秆品种，收割时，有意把很长一段的稻桩留在农田里，这又给农田增加了肥力。第三，傣族人有用牛"踏田"的习俗。傣族人每家每户都养牛，他们把牛散养在闲置的农田里，牛以田中的杂草和谷根为食，自然也会留下粪便，这又是一种绿色肥料。第四，傣族人的"卫生田"主要是指傣族人不会主动把自家猪栏、牛栏和茅厕中的粪便运到农田中，但傣族人并不排斥自然方式。例如，傣族村寨一般建在高处，而稻田却一般在村寨下处。每到下雨之际，村寨的污水、人畜粪便和山上的枯枝败叶，一起随着水流冲入稻田中，粪便等污物以这样的自然方式增加稻田肥力，仍然是受傣族人欢迎的。

彝族一般生活在海拔比较高的山区，这种自然条件对农业生产

---

[1] 《中国少数民族社会历史调查资料丛刊》修订编辑委员会：《傣族社会历史调查》（西双版纳之八），民族出版社 2009 年版，第 39 页。

极为不利，但是，彝族人却在长期生存实践中，因地制宜地发展了农业生产，学会了适应不利耕作的自然环境。从地形看，彝族地区多为高山，但也有少量的平坝地以及半山坡地，这三种地形在土质、水源、阳光方面各有差别。平坝地由于长期接纳山上冲击下来的土质，因此土地肥沃，并且由于地势低，水源也比较丰富，气温相对较高。彝族百姓就根据这些特点在上面种植水稻。而对于高山之上的土地，由于缺水、坡度大、气候寒冷，彝族百姓常常在这些地里种植耐寒、抗旱能力强的农作物，如荞麦、燕麦等，而介于这两者之间的半山坡地里一般种植土豆、玉米等农作物。彝族先民根据自然条件不同采取不同的耕种方式的智慧和能力，不仅有效地协调人与自然的关系，让世世代代的彝族人在这些地方扎下根来，而且又未破坏自然生态环境。

二 有机冲肥与除草方式

在高山和半山坡地形上种植农作物，土地肥力是个大问题，因为这样的地形坡度大，每遇雨水，土地表层就要被雨水冲走。要想取得一个比较满意的收成，就必须经常给土地补充肥料。以四川大凉山地区与贵州毕节地区为例，这两地是彝族比较集中的地方，海拔比较高，气候比较寒冷。世世代代的彝族人主要靠农业、畜牧、捕鱼、狩猎、伐木、养蜂为生。为了增加土地的肥力，当地彝族普遍采取焚烧荞麦秆、杂草和灌木，以形成草木灰。用今天的标准来看，这种方式不值得推广，但是在传统社会，要在这种环境生存下来，这也是一种较为可取的方式，更何况当地彝族人也懂得控制焚烧的范围和规模。例如，他们把荞麦秆扎成荞麦把或者把荞麦秆埋在地里，只保留一部分，这种方式就可以避免焚烧时对周围树木的影响。再如，除了焚烧荞麦秆等农作物，那些"野火烧不尽"的杂草、灌木也一起焚烧，而且焚烧时必定选择时日和风向，既为了便于焚烧，也为了避免引发山火。为了让有限的耕地发挥最大的功能，彝族人采取轮种的办法，甚至采取休耕的方式。当地彝族人在苦荞、土豆、燕麦之间进行轮番种植。这种选择是彝族人合理利用土地，适应自然的生态智慧的体

第六章 生产方式中的生态伦理思想

现。如果土地肥力较薄,光轮种还不够,还必须采取休耕的方式。凉山地区土地休耕方式比较常见,休耕长短主要看各地土地的肥力状况。

为了解决土地肥料问题,彝族人通常是将家禽家畜的粪便和草木灰添加到地里。由于山区的家禽家畜多为放养,这些动物的粪便收集起来较为困难。有些地方如凉山地区的彝族便采取一种独特的积肥方式——羊歇地。彝族人白天将羊群赶到山上放牧,晚上则将羊群赶到需要积肥的干燥的耕地里,将羊群圈在耕地里过夜,一个星期左右,再将羊群赶到他处。羊群走后,耕地里布满了羊群的粪便,这种方式既能短时间里积聚肥料,又节省了劳动。

最值得一提的是彝族人水稻种植方面的生态思想与实践。在彝族地区,旱作是他们主要的生产方式,但他们也在少量平坝地种植水稻。与汉族的水稻种植类似,其耕种也是典型的"精耕细作"。每一块田地都要翻犁多次,以保证田泥不结块和增加肥力。除此之外,彝族人还常常将一些当地常见的且容易在水中腐烂的杂草放到水田中,用田泥覆盖之,以改善土质。彝族人也十分清楚农业生产必须经常换种或轮种,同一个品种不能连续在同一块地里种植多年,要么换品种,要么换地,否则产量得不到保证。

种庄稼一怕杂草,二怕虫害。今天的农业生产领域对于这两个难题最常用的解决办法就是使用化学药剂,尤其是在中国这样一个人多耕地少的国家,为了向土地要粮食以解决吃饭问题,化学药剂的使用量恐怕是全世界之最,这些药剂的毒副作用毋庸多言。在化学药剂发明之前,西南少数民族的传统农业生产在解决土地肥力、除去杂草等方面发明了许多有效办法。在传统社会,彝族农民也要面临这两个问题。对于水稻田中的杂草,彝族人通常是用最原始的办法:用手拔除或用脚踩入田泥之中,这样虽然辛苦,但比现代除草剂要好得多。对于水稻田的病虫害,彝族人也采用一些生态环保方法。比如,彝族人在掌握了水稻田中的害虫习性之后,夜晚便用火把照田,这些虫子见火光便扑。为了达到更好的效果,他们还把松香末撒入火把中。尽管用今天的眼光来看,用这种方式防病虫害的作用有限,但是,对于传统的生产方式而言，这是非常有效的办法。再则，传统的水稻耕作方式并不会像现代农业那样导致大量的病虫害，因为传统水稻耕作使用农家肥，皆为有机肥料，病虫害比较少，而现代农业大量使用化学肥料，最容易产生病虫害。对于频繁使用化学肥料的水稻生产而言，用"火把"去除害虫的作用当然很微弱，但对于传统水稻耕作而言，则是一种极好的方式。

哈尼族人还发明了一种名叫"冲肥"的方法，堪称一绝。许多哈尼族的村寨中都有大小不等的用以积肥的大坑。平时村寨里牲畜粪便、生活垃圾都蓄积于其中，经过很长时间储存之后，便可以"冲"进梯田中，用作肥料。其方法较为简便，即利用山水灌满积肥坑，然后用木棍或锄头搅动坑内的肥料，再打开流水口，此时，坑内的水、肥料一起流进各家田里。"冲肥"还成了哈尼族人一个类似节日的活动。每到"冲肥"那一天，成年的哈尼族人都会特意着装，一部分人用棍子或锄头搅动肥坑，一部分人守在水流经过的地方，以保证肥水一路畅通，流至每户人家的田里。此外，山上腐烂的枯枝败叶以及牛马、野兽的粪便也是采用"冲肥"的方式，即利用山水把这些肥料冲进田里。谁家要这样冲肥，其他各家梯田的进水口就必须关闭。哈尼族人正是利用这种原始的积肥方法解决了水稻所需的大部分养料，这种独特的生态文化，是哈尼族人在高山自然环境下实行农业生产的智慧结晶。正是因为这些生态理念和实践，使得哈尼族的梯田成为当今世上最难得的一幅美丽生态画卷，是人类巧妙地适应自然环境，人与自然和谐的典范。

水族先民迁徙到西南这样植被茂密的地区之后，为了生存，他们学会了在山区进行稻作生产。在贵州南部和东南部地区，森林茂密，平坝较少，可供的耕地很少，所以水族的先民与这里的其他少数民族一样，不得不在不利于农业种植的地方开垦荒地，采取原始的耕种方式养家糊口。"水族从骆越母体中分离出来之后，仍然在相当长的历史时期里，保持着这种'火耕水耨'的稻作农业生产方式。"[①] 所谓

---

① 韩荣培、文传浩：《水族的传统农耕文化》，《古今农业》2006年第1期。

第六章　生产方式中的生态伦理思想

火耕就是把田地里的稻草秆与杂草一起烧掉，这样不仅可以将杂草根烧死，而且可以烧死大量的病虫害，留下的草灰又成为稻田的好肥料；水耨则是用水淹死杂草的办法，此办法能否成功，掌握时机最为重要，一是秧苗已经成长到一定的高度，二是杂草还未长高，此时控制好稻田的水量，确保水刚好淹没杂草而秧苗不受影响。经过几天的浸泡，杂草几乎都被水淹死，成为田里好肥料。俗话说得好：读书人怕考，庄稼人怕草，田地里的草总是除不完，虽然采用水耨能除掉不少杂草，但是这种方法只能起到有限的作用。没过多久，稻田里又布满杂草，此时，水族人就开始耘田即用秧耙将秧苗之间的杂草耙翻，然后用脚将其踩入泥土中，使其腐烂。过了一段时间后，又以同样的方法再实施一两次。这样既除了杂草，又增加了田泥的肥力。在今天这个大量使用除草剂的时代，这种传统的除草方式是值得我们深思与学习的。

　　在田地里焚烧杂草等固然是制造了不少草木灰肥料，但在水族人那里，日常生活也可以为田地蓄积肥料。在传统社会里，水族人多以烧柴取火做饭，每天会产生不少草木灰，这些都是极好的有机肥料！当然，只是靠烧杂草作为肥料，远远不能满足水稻生长的需要。为了解决此问题，水族与其他许多以农业为生的民族一样，也善于积累人畜粪便作为田里的积肥。在传统社会，几乎每个家庭都蓄养家禽家畜。猪一般是圈养，而牛则只是在庄稼生长期间进行圈养，庄稼收割完之后，就实行放养。圈养的猪牛粪便成了主要的农家肥。除此之外，富有劳力的水族人家还要上山割草或摘树叶撒入田地里，然后用犁将其翻入土中，经过一段时间浸泡之后，这些杂草和树叶就成了非常好的有机肥料。基于同样的积肥原理，水族人在收割水稻时，并不是齐地而割，而是留有一大段，将这段稻根埋入泥土中将其转化为肥料。这些实用而又生态的积肥方式是传统农业常用之法，西南少数民族地区至今还在使用，而在其他地方则普遍采用现代农业施肥方式，这其中当然有地理、历史、文化、经济等多方面原因。

· 193 ·

第三节　梯田文化的生态审美

一　梯田：适应自然的最优选择

生活在云南的哈尼族是一个善于合理改造自然，适应自然的少数民族。我国哈尼族主要分布在云南的红河与澜沧江地带，其人口主要集中在哀牢山区的元江、墨江、红河、江城等地。据史料记载，哈尼族人是从古代的氐羌部落演化而来。公元前4世纪左右，由于战乱，这个部落部分人口开始向川黔滇相接的安宁河、金沙江沿岸地区扩散，但后来又逐步南迁，直至迁到人烟相对稀少的滇南亚热带山区。

哈尼族的先民南迁之初，多以采集狩猎为生，过着原始公有制生活。来到西南地区之后，哈尼族的先民学会农业生产，懂得了种植水稻、荞麦、高粱等农作物。据史料记载，唐代时期哈尼族的水稻种植水平就已经很高了，梯田开发也已经有一定的规模。

哈尼族的梯田是人与自然和谐的杰出作品。哈尼族先民以其高超的生态智慧和天人合一的哲学理念，以坚强的意志和开拓精神，在相对艰苦的自然环境中，创造了自己美好家园，也为后世树立了一个人与自然相互交融和谐的典范。凡是有哈尼族人居住的地方就有梯田，梯田成为哈尼族的标志，是哈尼族人传统生态农业文明一颗璀璨的珍珠。

整个梯田生态系统包括森林、梯田、村落等有机组成部分。其中树林处于山坡的上层，海拔相对较高，而哈尼族人的村落则位于山坡的中段，梯田则位于山坡的下段，这种安排有其科学合理性。上段的森林多为阔叶林，植被茂密，为村落和梯田提供水源，保护了水土。处于山坡中段的村落，既有利于哈尼族先民上山砍柴、狩猎，也便于下至梯田中劳作。哈尼族的俗语对此已有生动的描绘：要吃肉上高山，要种田下低山，要生娃娃在山腰。此外，在山坡的中段安家，还有利于避免潮湿和减少蚊虫的侵扰。梯田修建在下段，这是对当地的地形、地势、水源等情况充分考量之后做出的合理安排：一则下段的田地便于利用水源；二则可以接纳由上而下冲击下来的腐朽草木肥料

第六章　生产方式中的生态伦理思想

和村落中的人畜粪便；三则下段气温和水温要比上段和中段高，有利于水稻的生长。梯田的开挖与布局也显示了哈尼族高超的智慧。首先，哈尼族人一般在选择荒地时，先考虑那种不怕风吹，向阳，水源较好的山坡，然后再考虑山坡的缓陡、土质等情况。开挖的时间一般选择在雨水相对较少的冬季，此时土质干燥，易于开挖，而且冬天农事较少，有空闲时间，此外，云南冬季的白天比较凉爽，适合于劳作。坡陡的地方开发成小面积的梯田，坡度缓的地方则一般开发成大的梯田，有的大至数亩。这种森林、村落、梯田三位一体的系统是哈尼族人适应自然环境，合理利用自然经验与智慧的体现。梯田是哈尼族地区特殊农耕文化的物质实体，也是这个民族的一个标志，是哈尼族悠久农耕文明的见证，更是良性农业生态系统的典范，是江河—梯田—村寨—森林四位一体的人与自然高度和谐与可持续发展的生态环境良性循环的标本。

水族先民在山多平坝少的环境下，也采用梯田方式解决耕地问题。他们在山坡上"畲山为田"即烧山开田。水族的《种五谷歌》中唱道："咱远祖，烧荒开坡，从那时起，才种粮食。……春三月，枝叶干透，放把火，烧成肥泥。"[1] 水族人烧山开荒的方式与刀耕火种一样，烧山之后，直接在土地上种植耐旱作物，第二年整治土地，修筑田埂、沟洫，此为新田，第三年种植水稻。在黔桂交界的月亮山山区就有许多形态原始、线条流畅、壮观无比的梯田，这些梯田是世世代代生活于此的苗族、水族人民合理利用大自然的见证。

苗族人民在耕地缺乏的自然条件下，因地制宜，充分利用自然资源，在山坡上建造梯田。与其他开发梯田的少数民族一样，为了充分利用土地，苗族人采用加密梯层的办法来建造最大的可耕稻田，因而形成了层层叠叠的线条流畅的腰带型梯田。梯田的创造，使山坡上稻作农耕所导致的生态环境问题得到了极大的纾缓，解决了人与土地的生态矛盾。

俗话说："庄稼一枝花，全靠肥当家。"在传统社会，肥料是稻作

---

[1]　何积全：《水族民俗探幽》，四川民族出版社1992年版，第24页。

农耕的关键之一。梯田开发扩大了当地苗族人的耕地，解决了他们的生存问题。对于稻田中的肥料，当地苗族人也自有一套办法。由于村寨位于梯田上方，村寨的人畜粪便以及山顶的枯枝败叶随着雨水冲击至梯田中，成了最好的有机肥料。再则，每年春夏之际，苗族人都在梯田里锄草，大量的杂草留在梯田中，自然腐败增加土地肥力。所以，梯田越反复耕作，梯田的土壤质量越好。

二 梯田灌溉中的生态智慧

在利用水源方面，哈尼族人更是技高一筹。在山坡上修筑梯田种植庄稼，最难的当数如何获得水源。尽管上段的森林为下面提供了充足的水源，但俗话说得好，"易涨易退山溪水"，山水很容易一泻而下而难以储蓄。为了解决这个难题，首先，哈尼族人在开挖梯田时把田埂做得很结实，既作过道，又能防渗水。他们把土块一层层地垒起来，用脚踩实。田埂的高度与厚度随着梯田坡度的变化而变化，坡度越大，水对田埂的压力也大，因此这种梯田的田埂就必须是又高又宽。相反坡度低的梯田就没有必要修筑那么高的田埂了，不管哪种田埂，都必须是既要便于行走，又要防止漏水和便于蓄水。其次，哈尼族修筑了大量的沟渠来引水灌溉。开挖沟渠主要为了把山溪水均匀地引入梯田中，避免山水直接冲击而下。水渠路线要由水源地和自然水沟的分布状况以及梯田分布状况来决定。水渠一般是上宽下窄，而且要控制坡度，否则坡度太大，水流和其中所夹杂的泥沙直冲而下，对下游水渠构成压力。如果遇到土质较软的地方，就必须在水渠两侧打桩，即用竹块和竹篾插入两侧，然后用土夯实，再在上面插上一些根系发达，易于生长的植物如柳树枝、竹子等，以便巩固水渠。有了水渠，梯田水源就有了保障。

由于社会的变迁，传统的哈尼族的梯田耕作方式也经历了历史的风风雨雨，比如，"大跃进""农业学大寨"时期，不顾客观规律，盲目开发和破坏梯田系统，更严重的是砍伐梯田系统中森林，威胁水源安全。直到21世纪初，我国实行"退耕还林"的制度，梯田上方的森林植被才逐渐恢复。此外，哈尼族传统的生态生产方式还面临着其他方面的挑战,如随着人口的膨胀,哈尼族人也在政府的倡导下,在急于增加产量的情况下,广泛栽种杂交水稻品种。如此一来,虽然产量提高了不少,但是传统的品种却消失了,生物的多样性受到影响。再者,在改革开放之后,大量哈尼族青壮年外出务工,哈尼族村寨只剩下一些留守儿童与老人,这样使得传统的耕种方式不得不因为人力的减少而发生改变,如使用机械、化肥、农药等。

水族在烧山开田时,对山坡上段的森林则加以悉心保护,以保证下方梯田耕种的水源。正是因为水族人深谙人与自然和谐之道,在今天的水族地区,森林植被茂密,有的地方如贵州三都水族自治县的瑶人山国家森林公园以及贵州荔波的茂兰喀斯特森林地带,不仅植被茂密,环境优美,而且还有大量的珍贵树种,这种美丽的环境在很大程度上得益于当地水族等少数民族传统的生产方式。这种生产方式是水族人在长期与大自然打交道过程中总结出来的实践智慧,是合理利用自然,巧妙地改造自然的生态智慧体现。尽管由于社会变迁,今天不少水族人外出打工,同时也由于现代农业耕作方式的影响,水族传统生产方式正在逐渐退出历史舞台,但是,这种生产方式所蕴含的生态伦理智慧并没有过时,依然是值得我们借鉴的宝贵遗产。

曲线蜿蜒、造型奇特的梯田错落有致地层层而下,宛如一幅美妙的山水画。梯田是一种耕作方式,也是一种艺术。西南少数民族面对不利于农耕的自然环境,既不消极悲观,也不狂妄自大,而是因地制宜、依山造田,与大自然和谐呼应。梯田是人文与自然完美结合,是生产性与审美性高度统一,梯田给予当地少数民族的不仅仅是物质上的满足,还是一种审美的享受,梯田文化充分表达了西南少数民族认识自然、尊重自然,与自然和谐共存的生态智慧。

第四节　饭稻羹鱼:自然资源之善用

一　适应自然与生产方式的调适

侗族是古代百越人的后裔,而百越人是最早的水稻种植者。侗族人何时开始种植水稻或糯稻,没有确切的历史资料支持。从贵州历史发展来看，侗族地区大面积种植水稻是始于明代，这是因为自明代开始，中央政府加强了对贵州的管辖。永乐十二年（1414年），明代政府在贵州设置布政司，贵州成了省级建制。此外，由于明代政府平镇云南的需要，把贵州当成了大后方，所以，大量军队和随迁的平民移入贵州，为了养活这些人口，明代政府实行军屯和民屯制度。大量的江南地区人口迁入，带来了内地生产技术和农作物品种，促进了当地的农业生产。政府在耕牛、种植、农具等方面，给予屯民优惠，加上大量荒地开垦，贵州的农业生产达到了前所未有的水平和规模。"屯田对贵州农业生产起了巨大的推动作用。它是一种大规模的、有组织的农垦活动，以军事移民或募商设屯、招徕游民等方式，在偏远的贵州山区建立起若干农业基地，推广了'中原式'的农耕技术，兴修水利，改良田土，推广牛耕，制造农具，培育良种，引进和推广新的农作物品种，改进耕作制度和耕作方式，因此，每个屯堡都成为'农业技术推广站'，带动了贵州农业生产的发展。"①

就地理条件而言，贵州侗族和苗族等少数民族生活的地方，并不是很适合水稻的种植。例如，贵州黎平等地的侗族地区，多是山高水长，侗族人常常聚居在半山腰，或山脚下狭长的地带，相比于其他地区的地形，这种地形更不利于水稻生产。高山和密林再加上云贵准静止锋气候影响，贵州很多地方日照时间偏少，而水稻的生长又需要充足的日照。侗族地区的水田多为梯田，水土容易流失，田地容易漏水。此外，虽然这些地方年降水量比较大，但可以利用的水资源却不多。这些地理环境条件都不是水稻生长最佳条件，但是，侗族人就是在这样相对较差的环境下，掌握了自然生态环境特点，利用自己的智慧和勤劳的双手，克服了自然环境的困境，大量种植水稻，适应了自然，养活了一代代儿女。例如，为了在那种阳光相对较少，空气湿润，长期阴冷的自然环境开展农业生产，生存下来，侗族人首先在农作物品种选择上很有经验。糯稻是他们的首选，糯稻相对其他水稻品种，生长期较长，比较适合这种环境。

---

① 《贵州通史》编委会：《贵州通史》第2卷，当代中国出版社2002年版，第204页。

第六章 生产方式中的生态伦理思想

即使是糯稻,其品种的差异也导致在适应环境上的悬殊,例如,"狗羊弄"这种糯稻就比较适应海拔高,日照时间少的自然环境。由于地理原因,在侗族地区,"冷水田""锈水田"① 比较常见,一般水稻品种在这种环境下产量比较低。面对这种自然环境,侗族人则选择一种叫作"万年糯"的品种,这种"万年糯"能够较好地适应这种水田,产量还比较高。

除了冷水田、锈水田这些不利于水稻种植的自然环境之外,侗族地区的水稻种植还要常常面临缺水的不利情况。尽管侗族地区的年降水量不低,但由于海拔高,坡度陡,雨水很难蓄积,往往一下大雨,雨水就直冲而下,上坡很快就处于缺水状态。为了在这种自然环境条件下生存下来,侗族人民在水稻种植时就选用比较耐旱的糯稻品种。"六十天糯"和"勾金洞"是侗族人首选的耐旱糯稻品种。这两个品种抗旱能力强,即使在稻田旱至田土开裂的状态下,其生命力依然强盛,产量几乎不受影响,与云南拉祜族、基诺族的旱稻不相上下。"勾金洞"这个品种能够抗旱的秘密在于每到旱季,刚好是"勾金洞"的扬花期,此时水稻不需要太多的水分,因此其产量不受影响。除此之外,侗族地区还有许多糯稻品种可供选择。侗族人就根据不同的自然地理条件如海拔、水温、气温、土壤肥沃程度的不同,而选择不同的品种,有效地避免了这些不利条件所导致的减产。

侗族地区人均耕地较少,要解决温饱就必须从少量的土地中要产量。耕地少就导致同一块耕地常年耕种,土地得不到休耕。侗族人在生产实践中认识到,要想在同一块地里年复一年的水稻种植中获得较为理想的产量就必须经常更换水稻品种,这样做不仅维持了生计,又保持了生物的多样性,更有利于生态的平衡。

侗族人在以水稻种植为生的生产实践过程中积累了丰富的适应自然生态环境的经验和智慧。他们可在高山峻岭之间种植水稻,减少对

---

① 锈水一般是黄铁矿化学反应后的产物,其化学成分主要是三氧化二铁等。由于这种物质比较难溶于水,常常沉淀于水中,或以微粒状悬浮于水中,致使水资源呈现"锈色"。贵州侗族地区,土质中高硫煤层、硫铁矿、铅锌矿比较常见,容易产生铁的氧化物,导致河流、农田中常见这种"锈水"。

· 199 ·

原始自然资源的依赖。不仅如此，他们在丛林中种植水稻，这又使得森林生态系统增加不少具有湿地功能的稻田，不但有利于涵养水源，也扩大了食物链，增加了山区的生物多样性。在水稻生产过程中，他们又认识到自然环境的差异性，根据不同的自然环境，种植不同品种的糯稻，他们甚至能在最不适于种植水稻的地方种植水稻。

生活在贵州、四川等地布依族，也是一个善于种植水稻的少数民族。布依族很早就学会了种植水稻，但相关历史记载却只是明清时期才开始多起来，如乾隆时期的《贵州通志》中记载"仲家善耕，专种水稻，兼种果木"。布依族人大规模地实行水稻种植当在明清之后，这显然与当时大量内地汉族移民迁入有关。在明代大规模人口涌入贵州之前，贵州的布依族一般很少使用牛耕、锄耕。史书记载古代贵州"耕者不用牛具，以木锹播殖"，农民养牛不是为了耕种，而是作为一种财富象征。明代田汝成在其《炎徼纪闻》中记载："其在金筑者，有克孟牿羊二种择悬崖凿窍而居，不设茵第，构竹梯上下，高者百仞。耕不挽犁，以钱镈发土，耰而不耘。"① 随着大量汉族人口迁入贵州，牛耕技术也逐渐在贵州普及。到清代时，移民数量又超过明代，许多河流沿岸的低海拔土地逐渐被开发用以种植水稻。此时，水利设施也逐渐多了起来。

与许多西南少数民族一样，布依族人也善于利用地理环境协调人与自然的关系。他们根据生态环境的差异，在不同的土地上种植不同作物。低海拔的低洼地带，由于水源较好，气温较高，布依族人就选择种植水稻，而在海拔较高，水源不足且气温较低的山上就种植玉米、高粱、大豆、红薯、花生等作物。

二　稻田养鱼模式与自然资源的合理利用

中国古代人民很早就学会了稻田养鱼。根据文献记载，早在东汉时期，我国就开始了稻田养鱼的生产方式。距今已有1700多年历史的《魏武四时食制》一书中就记载了那时稻田养鱼的情况："郫县子

---

① 田汝成：《炎徼纪闻》，中华书局1985年版，第56页。

鱼，黄鳞赤尾，出稻田，可以为酱。"① 我国考古学家们分别在陕西勉县、四川绵阳、新津等地都发现了古代稻田养鱼的证据。

稻田养鱼是侗族人民保护生态环境，合理利用自然资源的最壮丽的篇章。侗族人在稻田里养鱼已有上千年的历史。这些从东南沿海一带迁徙到贵州等的侗族先民，扎根在大山深处，过着"饭稻羹鱼"的生活。侗族人的稻田里放养鱼和鸭。在准备放养鱼的稻田里先挖好一个"鱼窝"，作为鱼的"房子"，这个地方要比稻田其他地方低许多，一般为1至2米深，2米宽的水坑，这种做法有其科学依据：没有一个稍微深的地方，鱼的产卵、生长会受到影响。阳光强烈的中午前后，鱼儿可以待在水坑里躲避高温，气温下降时，则可以躲在深水区保暖。

稻田养鱼需要稻田经常保持高水位，而这又要求水稻必须是植株较高的品种，以免水淹稻株。侗族人在长期的生产实践中积累了丰富的经验。他们一般选择糯稻品种，因为糯稻品种不仅植株高，而且比较适应那种冷水田。

在侗族地区，常常见到水稻田在下方，而稻田上方是侗族人的猪栏或牛栏，甚至是厕所。这样，人或牲畜的粪便最终流进稻田里，滋养了水里的微小生物，而这些微小又是鱼的食物来源，鱼的粪便又成了水稻的肥料，于是一个良好的小生态系统就建立起来了。选择什么样的鱼种也是稻田养鱼的关键。侗族人根据稻田情况，一般选择放养鲤鱼、鲢鱼或草鱼。比较肥沃的稻田，由于微小生物比较多，适合于放养鲤鱼、鲢鱼；容易长草的稻田，放养草鱼比较好，利用草鱼吃草特点而清除一些杂草。侗族人常常根据稻田水温情况，肥沃程度，以及日照时间的情况严格控制鱼苗放养的数量和鱼种的比例，这样既有利于水稻生长，又有利于鱼儿的生长。

在侗族地区，当水塘与稻田紧挨在一起时，侗族人就将稻田养鱼与水塘养鱼相互连接起来。这个小生态系统充分利用稻田和水塘的各

---

① 李昉、李穆等：《太平御览》，中华书局1964年版，第936页；转引自夏如兵、王思明《中国传统稻鱼共生系统的历史分析——以全球重要农业文化遗产"青田稻鱼共生系统"为例》，《中国农学通报》2009年第5期。

自特点。例如，在春播时节，由于刚插下去的秧苗还比较脆弱，所以此时如果放养鱼儿，势必影响幼苗的生长。但如果此时不放养鱼苗，那么鱼的生长期就缩短了。倘若此时将鱼"赶进"水塘里，当水稻植株长老之后，或者在水稻收割完之后，再将鱼苗"赶回"稻田，这个问题就可以得到解决。这样，侗族人似乎在水稻田进行了一场"水上畜牧"。

　　侗族人稻田养鱼的模式使得整个稻田形成了一个良性的生态系统，并且与周围的自然环境相互兼容和循环。从家禽家畜和人的粪便到水生生物，再到鱼和水稻，相互之间支撑着那个小生态系统。由于只使用有机肥，稻田的水质就避免了化学肥料的污染，因而稻田里病虫害也比较少，也因此避免了使用化学农药，这个稻田小生态系统完全是几乎不受化学物质的污染。

　　稻田养鱼模式，不仅可以减少农药、化肥的使用，而且减少了锄草和耘田等劳动量，其生态效益和经济效益是不言而喻的。然而，在20世纪，我国政府在人口多、耕地少的现实面前，长期施行"以粮为纲"的政策。此政策缓解了粮食不足问题，对侗族地区温饱问题的解决起到了很大的作用。为了配合该政策的实施，侗族地区纷纷放弃传统的稻田养鱼模式。为了提高产量，政府在各地推广"糯改籼"的办法，此后，又在侗族等地推广杂交水稻。这些新品种的推广，确实为侗族百姓增产增收了，但是，其付出的生态环境的代价也不可低估。由于稻田养鱼模式被抛弃，同时在一味追求产量的情况下，大量的化肥和农药用于水稻的生产，稻田的生物多样性，稻田的生态系统遭到很大的破坏。同时，许多具有遗传价值的传统水稻品种因为产量低的问题被抛弃了，致使品种灭绝。

　　贵州等地的苗族人也是一个善于稻田养鱼的少数民族。苗族歌谣唱道："开荒要留沟，留沟让水流，把水引到田里，好在田里养鱼。"[①]在传统社会，苗族人的稻田养鱼所需的鱼苗一般都是自己培养。先准备好一个配种池子，然后将经过暴晒的带叶树枝或鱼草放入配种池，

[①] 《苗族史诗》，马学良、今旦译注，中国民间文艺出版社1983年版，第195页。

再将种鱼放进水池中,种鱼将鱼卵产在树叶或鱼草上,然后将这些树枝或鱼草移至一个大木盆中,直至鱼卵孵化成小鱼。

除了稻田养鱼这种充分利用土地资源的方式之外,苗族人还在田间套种麻、豆、竹笋等经济作物。为了节约土地,苗族人喜欢在稻田的田埂上种植豆类作物。这种田埂一般比较宽,每隔1尺左右就点种一颗豆。豆子根部深入稻田中,从中吸取水分和养料,但豆类作物的根系具有强大的固氮作用,这又增加了稻田的肥力。除了种豆,他们还种麻、竹笋等作物。苗族古歌中唱道:"姜央开的田,田里边插秧,田坎上栽麻,麻长三尺高。姜央开的田,田里边插秧,田坎脚种竹,竹笋就有三庹长。"[①]

水族一般居住在山里,离大江大河较远,但他们生活中并不缺鱼,其中很大程度上得益于他们的"稻田养鱼"耕作模式。对于水族人来说,稻田养鱼并不轻松,因为水族人的稻田多为梯田。在梯田里养鱼的难度显然超过低洼田地里养鱼。梯田蓄水的难度较大,正因如此,水族人在田埂上做起了文章:把田埂堆高做厚,大大提高梯田的蓄水能力。鱼的种类一般为草鱼、鲤鱼,前者食草,后者以微生物、幼虫为食,而这刚好又有利于水稻的生长。这种"鱼稻共生"的生态农业模式是水族实践智慧结晶。

在梯田上成功种植水稻和养鱼,必须具备两点:第一,那里必须水源丰富;第二,要善于合理利用水资源。水族都是在水资源丰富的地方开发梯田,这些地方的水资源一般源于山泉水。山泉水持续流淌又依赖于森林植被,因此,水族人对梯田周围的生态植被实行严格的保护措施。此外,为了保证下层的梯田能够用到水,水族人通过层层导引的办法合理地节约使用水资源。

小　结

马克思说:"没有自然界,没有外部的感性世界,劳动者就什么

[①] 《苗族史诗》,马学良、今旦译注,中国民间文艺出版社1983年版,第194—195页。

也不能创造。自然界、外部的感性世界是劳动者用来实现他的劳动,在其中展开他的劳动活动,用它并借助于它来进行生产的材料。"① 自然环境是人类衣食住行的基础,所谓"靠山吃山,靠水吃水"。自然环境影响人们的生产方式,也影响了人们的生活状况,或者说,人们的生产与生活必须适应自然环境,"吃山"还是"吃水",要取决于是"靠山"还是"靠水"。处于茫茫大山之中,如何"吃山"就考验着人们的生存智慧。大山深处的西南少数民族,面对山地的自然环境,没有消极逃离,也没有妄自尊大"主宰"自然,而是顺势而为,能动地改造自然环境,展现了顽强的适应环境的能力,从而世世代代扎根于此。没有耕地,就实行刀耕火种,开荒种地,为了防止这种耕作方式破坏生态,他们不是滥砍滥伐,而是有计划、有选择性砍伐,而且辅以轮休制;为了解决土地的肥力问题,他们实行踏田、冲肥等方式;面对荒凉的山坡,他们开发出层层叠叠的梯田;面对山高水冷的自然环境,他们选择适应能力强的"糯稻",或者在稻田中养鱼,既在一定程度上满足了稻田的肥力,又满足了自己的生存需求。西南少数民族这些传统生存方式很完美地诠释了何为适应自然,何为与自然和谐共存,何为可持续发展。

　　生态文明建设的一个重要内容就是要转变农业生产方式。我国广大农村现有的一些耕作方式不同程度地以牺牲环境为代价。为了向土地要产量、要效益,化肥、农药、除草剂等化学试剂毫不吝啬地挥洒,造成了土壤、水质污染。转变农业生产方式成为生态文明建设必须迈过去的坎,在告别非生态农业,转向生态农业的过程中,是否可以借鉴西南少数民族传统农业生产方式中的生态伦理思想与经验?

---

① 马克思:《1844年经济学哲学手稿》,人民出版社1979年版,第45页。

第七章　水文化中的生态伦理思想

水是自然界重要物质，是万物存在之基，是维持地球生态系统最活跃的物质要素。远古时期的人们就知道"缘水而居，不耕不稼"。水又总是变幻不定，每当雨水充足，生产和生活就有了保障。相反，如果久旱不雨导致水资源匮乏，或者洪水泛滥，那么人们的生存就成了问题。水几乎决定了人们的生死存亡，正是如此，人类对水又敬又怕。人类既依赖水，又崇拜和敬畏水，尤其是农耕民族，对水更加依赖，所谓"仲秋行春令，则秋雨不降，草木生荣，国乃有恐"①。不难想象自古至今为什么有如此多的民族会赋予水以灵性，赞美水，同时又敬畏水。从文化角度看，水不仅仅是一种自然资源，它还表征一定的文化属性和社会属性，在人类文化发展史发挥着重要作用。西南少数民族在生活与生产实践中，积累了关于水的认识、利用、管理和教育等丰富知识和实践，创造了以水为载体的各种社会文化现象。

本章所涉及的"水文化"是指围绕水资源的开发、存储、利用、保护等措施和制度等。如何在相对较差的自然条件下合理利用水资源，保护生态环境，是一道考验人类生存智慧的难题。西南地区一些少数民族在此方面堪称榜样，他们在难以保存水资源的半山坡上生产与生活，无疑是适应自然、与自然和谐共存的典范，其主要表现在两个方面：第一，在思想观念上，对自然物——水充满敬意。侗族、哈尼族、彝族等少数民族水神祭祀、水井祭祀等水崇拜文化无不说明了这一点；第二，在实践上，用开发梯田、挖掘水井等方式巧妙地利用

---

①　《礼记》，饶钦农校，中华书局1996年版，第265页。

水资源，处处节约水资源，本章将对此予以详细描述，进而阐发其中的生态伦理思想。

第一节 爱水、敬水思想

一 水崇拜文化中敬水、惜水意识

云南西双版纳是傣族主要的集居地。西双版纳地处热带，气温较高，雨水充沛，生活在这样的环境下的傣族自然对水有不一样的情感。在傣语里，水叫作"喃木"，井水叫"喃播"，热水叫"喃还"，冷水叫"喃嘎"。有观点认为，傣族的文化就是"水文化"：傣族的稻作文化离不开水，家禽家畜离不开水，泼水节等都离不开水。许多傣族的谚语也反映了这种发达的水文化："树美因有叶，地肥靠有水""先有沟后有田""建寨需有林与箐，建勐需有沟与河""有树才有水，有水才有田，有田才有粮，有粮人类才能生存。"傣族的孩子一出生就进行水浴洗礼。傣族人认为，人从水中来，最后又回到水中去，所以在佛教传入云南之前，傣族人死后都实行水葬。

傣族尊奉水为圣洁、吉祥之物。在他们的神话传说中，傣族的英雄就是用水拯救了傣族。傣族创世神话中的"英叭神"是一个不吃其他食物，只靠水生存的开天辟地创造万物的神。完成开天辟地之后，英叭神将火神安置在一个石山下，火神将石山的石头炼成钢铁。石水与铁水结为夫妻，两者生下七个孩子，后来都变成了太阳。大地在七个太阳烘烤下，快要变成了焦土，此时，一个名叫"惟鲁塔"的青年勇敢地站了出来。他用万斤巨弩和巨石磨成的箭，将七个太阳中的六个射落。可是不曾料到，射落的太阳掉在地上，依旧是烈火炎炎，地上的人和万物大量地被烧死，人们惨叫声、哭声惊动了天上的英叭神，他不想大地的生灵就此消失，因此，他张开口，吸进潮风冷雾，再变成口水吐出来，于是倾盆大雨将地上的烈焰浇灭，人和万物又活了下来。

傣族水崇拜文化中最原始也是最重要的形式是水神祭祀。傣族人认为水神不仅是傣族用水的保障，而且也能给人们带来好运，当然一

第七章　水文化中的生态伦理思想

且得罪了，它也会带来灾难。每年年初，傣族的各个村寨都会举行祭祀水神的仪式，祭祀规矩多且比较严格，一般杀猪或杀鸡做牲品，外加酒、槟榔、花束等。祭祀地点有的选在水沟边，有的选在河堤边。祭祀时，既要投放祭品，又要念诵祷文。现有一篇祭祀水神的祷文对祭祀的过程和内容、目的记述得非常详细，其文如下："今年是吉祥的年份，本官奉议事庭和内外官员之总首领松笛翁帕丙召（召片领）之命令，赐为各大小水渠沟洫之总管。我带来鸡、筷、酒、槟榔、花束和蜡条，供献于境边渠道四周之男女神祇，请尊贵的神灵用膳。用膳之后，敬求神明在上保佑并护卫各条水沟渠道，勿使崩溃或漏水，要让水均匀地流下来并祈望雨水调顺，好使各地庄稼繁茂壮实，不要让害虫咬噬，不要使作物受损。让地气熏得粮食饱满，保各方粮食丰收。请接受我的请求吧！"[①]

傣族每年都要举行祭祀求雨的活动。每年的六月份（傣历为八月）正是西双版纳的气温转热的季节，容易发生干旱少雨，此时也正是插播水稻的时期，为最需要雨水时期，而在十一月（傣历为一月）时，则正是水稻成熟，准备收割之时，此时最担心的就是秋雨连绵，减少收成。傣族人往往通过祭祀勐神、寨神来达到求雨或求晴目的。求雨的祭祀活动一般选在傣历的八月八日。在八日前一两天，全寨实行闭寨，里面的人不能出寨，外面人也不能进寨。万一有外人在不知情的情况下来到村寨，则要求留下来参与次日的祭祀活动。此外，每家每户都要准备一只活鸡，祭祀当天早晨各户将鸡杀好，带上其他祭祀用品，到村寨后面的垄山集中。祭祀的一个重要环节是全村寨的男性都要磕头祷告，"祷告大意为：寨神请下来，我们准备了丰厚的祭品，请您下来吃，吃好后请您好好地照管我们曼远，管好人、牛、猪、鸡，不要得病，不要死；管好田中的谷子，让雨水丰沛，不要遭灾，不要得病，不要被虫吃，粮食大丰收，家家有饭吃。所有危害

[①] 张公瑾：《傣族文化》，吉林教育出版社 1986 年版，第 131—132 页，转引自郭家骥《西双版纳傣族的水信仰、水崇拜、水知识及相关用水习俗研究》，《贵州民族研究》2009 年第 3 期。

· 207 ·

人、畜和稻谷的灾害，都请您撑走。"①

水葬也是一种水文化。在西双版纳，去世的傣族人在入殓之前，必须由死者的后嗣或其亲朋为死者沐浴、净身。给死者祭祀物品的同时，还必须在地上滴点水，以便死者能够收到这些祭品。凡是帮忙送葬的人，都要回到死者家门口的水桶里洗手，以便洗尽晦气，死者家属最后还会将这桶洗手水送到远处倒掉，义为让晦气随水流走。

侗族是一个传统的稻作民族，稻作使得人们与水的依存关系更为紧密，正因如此，侗族人很早就有了水崇拜文化。从居住环境看，侗族人的房屋大多依山傍水，几乎每个寨子前面都有水流，大到河流，小到小溪流。不管寨子前是大河流还是小溪沟，村民都相信其中有水神，它既可以给寨子带来粮食和财富，但是也可以把寨子里的粮食和财富"冲走"。为了保护村寨，挡住不好的"风水"，截留好的"风水"，许多侗族的寨子都在水流上建起了"风雨桥"。此外，侗族村寨的房屋一般分布在河流某侧，或小溪流的两侧，其结构与水流方向有关，"如果房屋横河而建则会被认为挡住了水神的道路将受到水神的惩罚，不仅冲走财富，还将人的魂魄带走。"②

祭祀水神是哈尼族人水崇拜文化的重要内容，哈尼族人把鱼、螃蟹、水鸟、青蛙视为"四大水神灵"。每年六月，哈尼族都要举行祭祀水神的活动。祭祀日一到，哈尼族人在村寨长老的带领下，来到村寨的井边，宰杀鸡鸭，再摆上松枝、酒饭等祭品，然后开始祈祷，其内容多为祈求水神保佑风调雨顺、五谷丰登。祈祷完毕之后，则由哈尼族的妇女上场，她们身穿盛装，到水井边举行背新水仪式，祈求泉水长流不断。

壮族的《生仔》神话中也有许多有关水崇拜的记载。有一则神话故事讲述了壮族的始祖神布洛陀和姆六甲用水创造人类的故事。相

---

① 郭家骥：《西双版纳傣族的水信仰、水崇拜、水知识及相关用水习俗研究》，《贵州民族研究》2009年第3期。
② 吴嵘：《贵州侗族民间信仰调查研究》，人民出版社2014年版，第22页。

第七章 水文化中的生态伦理思想

传,"天地形成之后,布洛陀一心'要把大地来打扮,要把万物造出来'。但地上却只有布洛陀和姆六甲,再无人相帮,事情不好办。于是,他便找姆六甲商量要造人。姆六甲听布洛陀说要造人,不觉红了脸,笑而不答。布洛陀见她老不说话,便发气跑到东海去,找老弟龙王商量,久久不回。姆六甲感到孤独寂寞,日夜想念布洛陀,天天登山望归。布洛陀离开姆六甲久了,心中也很想念她。当他在东海远远望见姆六甲站在山顶翘首盼他时,不禁思情激荡,便含着一口水,使劲朝着她喷过来。不料,这口水一喷,竟'变成七彩虹,彩虹跨万里,横挂在天空,一头出自布的嘴,一头连着姆的身'。姆六甲怀孕了。布洛陀也被催了回来。九十天以后,姆六甲口吐'黄泥浆'(人种)。他俩便用黄泥浆来捏成一个个泥人,再用艾蒿、木叶、干草来裹着,放进醋缸里,天天用水浇淋。再过九十天,泥人开始蠕动,姆六甲便'用身子去暖,拿舌头去舔',日夜不停歇。再过九十天,泥人终于完全变成真人出来爬地见天了"[①]。这种神话是壮族人用想象、虚构的方式来表达对水的认识,隐晦地表达了壮族人热爱水、敬畏水之情。

壮族人水崇拜的形式也十分有趣,比如,在广西西北部的壮族村庄里,还保留一种"春情节"。每到大年初一,壮族的小伙就要去搞一些恶作剧,结果被惹得别人骂,但是在当地人看来,越是被人骂,就越吉利。同在这一天,村中女青年则纷纷到小河里"汲新水",也叫挑"春情水",义为将来可以找到一个如意郎君,所以春节的第一天又叫"春情节"。云南文山的壮族在大年三十晚上守年,不仅仅是为了防止"年"进入家门,还是为了在三十晚上能够趁早到水井里"抢新水"。

广西钦州一带的壮族地区至今还保留这样一个"浴新水"的传统习俗:新娘子进门第一天就被婆家人带到村寨的泉水处举行简单的祭祀仪式:新娘在他人的协助下,焚香,祈祷,向水中撒钱和米,然后婆家人用泉水轻轻地抹在新娘的额头上,之后,新娘向泉水跪

---

① 欧阳若修等编:《壮族文学史》第 1 册,广西人民出版社 1986 年版,第 55 页。

拜。有些地方"浴新水"则是由新进门的新娘到水井里挑一担新水。这种习俗在史书上早已有记载：清人梁廉夫作有《贵县竹枝词》，其中记叙道："'窄袖蓝衫锦带围，同行女伴两相依。问他压担为何物？说是新娘买水归。'自注：'压担，谓追随担后。粤西风俗，娶妇三朝，令妇女伴之出门挑水，谓之买水。'赵翼《檐曝杂记》亦云：'婚夕，女即拜一邻妪为干娘，与之同寝。三日，为翁姑挑水数担，即归母家。其后，虽亦时至夫家，也不同寝，恐生子不能做后生也。'"①

　　生活在云南、四川和西藏地区的纳西族也有水崇拜的习俗。纳西族人认识到水是生命之源，人类和自然万物都是从水中孕育而出。纳西族的百科全书"东巴经"中的《迎水经》记述了纳西族人水崇拜现象，其中叙述了十八层天落五滴水拯救了世界的故事，其大意是：远古之时，天上有九个太阳，大地被烘烤得干枯，人类和其他动植物几乎难以生存，此时，人类始祖美愣董主挺身而出，他对天大叫三声苦，十八层天上的盘孜沙美听到了喊声之后，便从五个手指上滴下了五滴水。五滴水落在五个山上，于是水便从高山上流出。此外，东巴经的《崇搬图》（汉译为《创世记》）中讲述了人类与天神发生冲突，导致天神用洪水淹死人类的故事，只有人类的始祖从忍利恩活了下来，从忍利恩后来和天神的女儿衬红褒白成为夫妻。他们一起带着谷物的种子和动物回到人间，决心重新繁衍人类。从忍利恩爬到居那若罗神山顶上，取了圣洁的泉水，他把三滴泉水往上抛洒，结果天体立刻变高了；接着他又把三滴圣洁的泉水向下抛洒，大地于是变得更加稳固了；他又把三滴圣洁的泉水向左边抛洒，太阳于是变得更加暖和了；最后再把三滴圣洁的泉水向右边抛洒，月亮顿时变得更加明亮了。

　　彝族对水的崇拜主要表现在对龙的崇拜上。云南的巍山、大姚等地的彝族都有祭龙潭（或龙洞，即传说中龙公龙母藏身地）的习俗。每年农历二月初（有些地方则是在农历三月或四月，如临沧等地）

---

① 廖明君：《壮族水崇拜与生殖崇拜》，《民族文学研究》2001年第2期。

举行。祭祀时，村寨的男人们在主祭带领下，用树枝搭好祭坛，再在上面放上祭品，然后开始焚香、祷告。

布朗族认为水由水鬼掌管。他们相信，每当风雨雷电交加之际，或者山洪暴发之际，水鬼就必定现身。他们甚至认为寨中也隐藏着水鬼。为了避免触犯村寨中的水鬼，布朗族人不在村寨中挖掘水井，而是舍近求远到远离村寨的地方掘井取水，或者将山间泉水用竹管引流至村寨中。与此类似，独龙族也相信凡水必有水鬼。如果在用水时触犯了水鬼，要么口舌生疮，要么肚疼腹泻，此时就需要请巫师出面祭祀水鬼，解除病痛。

佤族与其他许多少数民族一样，多居于高山山腰，用水是村寨居民的一件大事。在传统社会，佤族人为了水源的安全，确保村民的用水，村寨一般都配有专人管理水源。每年十一月，佤族都要举行"新水节"。在节日期间，不仅要用鸡、猪、牛等动物，而且还用烟、茶、酒等物品来祭祀水神。在祭祀期间，祭司带领村寨中威望较高的老人以及少年男女，带着祭品到山上请"水神"，然后村民们身着盛装在村寨门前迎接"水神"的到来。

各个少数民族都有自己民族的水文化，这些水文化是他们民族传统文化的一部分，也是我们了解这些少数民族历史传统的重要途径，同时更重要的是，透过这些水崇拜文化，我们可以看到这些少数民族认识自然、利用自然、保护生态、与自然和谐共存的宝贵生态伦理智慧。"水神""水鬼"等虚构的神话传说可以不信，但是，水文化中所蕴含的尊重和敬畏自然的意识，巧妙合理地顺应自然，与自然和谐的实践智慧却值得重视。西南地区各少数民族在生产与生活中，在适应自然环境过程中积累了许多有利于保持生态系统平衡的思想观念与实践智慧，这些思想观念和经验措施，对于缓解当今的水资源危机现状仍具有重要的启示意义。

二 泼水节中的爱水情结

提到傣族的水崇拜不得不提到傣族的泼水节。佛教传入傣族地区之后，傣族的水崇拜便与源于印度的泼水习俗结合起来①，形成了独特的傣族泼水节。在傣语中，泼水节被称为"京比迈"或"桑罕比迈"。一般在四月中旬（傣历为六月中旬）举行。在此时间段举行泼水节，显然符合傣族地区的干湿季气候转换②的生态特点。关于泼水节的起源，当地有多个版本。最流行的一种说法是：在很久以前，傣族地区有个无恶不作的魔王，抢了七个傣族姑娘做妻子。七个姐妹不堪恶魔的折磨，决心杀死恶魔。她们趁其熟睡之际，用恶魔头上的一根头发将他的头勒断。但七姐妹不曾料想，恶魔的头掉在地上后，引起了熊熊大火，当她们把头抱起来离开地面时，大火就熄灭了。就这样，七姐妹为了使大火不危及百姓，只好轮流抱着恶魔的头颅，每人抱一年，一年轮换一次。傣族人民为了纪念这七位勇敢的姐妹，决定用泼水的方式，帮她们冲刷掉身上的血污，洗去她们一年的疲惫，希望她们能在新的一年里平平安安、吉祥如意。

傣族的泼水节具有浓厚的宗教内涵，承载了傣族人精神信仰和情感生活。泼水节到来的前几天，家家户户打扫卫生，寺庙中的佛像也被洗浴净身。泼水节当天，每家每户都将猪肉、糯米饭、瓜果、玉米、花生等送到寺庙中赕佛，同时，各家各户都用沙石在寺庙前垒成沙堆，沙堆上插一根树枝，树枝上绑上一根长细线，并与寺庙相连，并且在沙堆前供上祭品，然后大家到寺庙拜佛，之后才开始泼水庆贺。

傣族的泼水节是傣族重要的民间活动，是傣族生产生活、宗教信仰、道德伦理观念、文化传统和民俗文化的综合载体。泼水节集中表现了傣族文化的特点，既有衣、食、住、行等俗化内涵，又有深层次的哲学、艺术、道德、宗教信仰，是一种极富民族特色的文化。20

---

① 一般认为，泼水节起源于古印度，原是婆罗门教的一种宗教仪式。每年某个时间段，教徒们都要到河边沐浴，以洗尽身上的罪恶。但那些年老或病弱的教徒，因为无法去河流沐浴，只好由其子女或亲朋到河里取水，为他们泼水净身。在佛教中，泼水节被视为是纪念佛祖释迦牟尼的节日，所以又叫佛诞节或浴佛节。据佛经上说，释迦牟尼一生出来，就向四周各走七步，右手指天，左手指地，大声说道："天上地下，唯我独尊。"霎时，天空现九条巨龙，一齐降水为释迦牟尼洗浴。

② 傣历的六月中旬正好是西双版纳等地由旱季转入雨季的时间节点。

第七章 水文化中的生态伦理思想

世纪 80 年代之后，随着云南的旅游业的发展，泼水节的名声也享誉海内外。从人与自然关系上看，傣族的泼水节还是傣族人爱水、敬水的体现，更是他们亲近自然，热爱自然的表现。

三 水资源管理

水稻高度依赖水，因此稻作最重要的环节之一就是要保证稻田中有充足的水。水稻种植的特殊性影响了稻作民族对居住环境的选择，比如傍水而居，既是为了生活方便，也是为了便于生产上的灌溉，显然，如此选择是一种顺应自然、适应自然的行为。

自古以来，傣族人逐渐积累了一套管理水资源的经验。傣族历史上很早就有负责管理水资源的专职人员即"盘南"和较为完备的管理体系。在传统傣族社会，每个村寨几乎都设有管理水利事务的人员，地方官府对管理水利也极为重视，现有清朝一则法令可以为证。公元 1778 年（傣历 1140 年），西双版纳当时最高行政机构议事庭发布一条兴修水利的地方令："一周年过去了，今年的新年又到来了。新的一年的七月就要开始耕田插秧了。大家应该一起疏通渠道，使水能顺畅地流进大家的田里，使庄稼茂盛地生长，使大家今后能丰衣足食，有足够东西崇奉宗教。命令下达以后，希'勐当板闷'及各陇达官员，计算清楚各村各户的田数。让大家带上圆凿、锄头、砍刀以及粮食去疏通渠道，并做好试水筏子和分水工具，从沟头一直到沟尾，使水畅通无阻。不管是一千纳的田、一百纳的田、五十纳的田、七十纳的田，都根据传统规定来分，不得争吵，不得偷放水。谁的田有三十纳也好，五十纳也好，七十纳也好，如果因缺水无法耕耘栽插，即去报告勐当板闷及陇达，要使水能够顺畅地流入每块田里不准任何一块宣慰田或头人田因干旱而荒芜。各勐当板闷官员，每一个届期要从沟头到沟尾检查一次，要使百姓田里足水，真正使他们今后够吃够赕佛。"[1] 此处所提到的"板闷""陇达"正是傣族的管理水资源人员。"板闷"制是西双版纳等地傣族最著名的水利管理制度。

---

[1] 张公瑾：《傣族文化研究》，云南民族出版社 1988 年版，第 10 页。

▶ 西南少数民族传统生态伦理思想研究

　　1950年傣族解放之前，西双版纳傣族地区一直保持这种传统的"板闷"制度。此制度起源于召片领一世帕雅真的景陇金殿王国时期。在传统社会，西双版纳傣族普遍实行分地制，领主把土地分为不同等份（一般为5亩、8亩、12亩、15亩四种等份）租给农民耕种。板闷的主要职责就是维持用水秩序，合理分配水资源。为了合理分配水资源，板闷根据各块田地大小、地势状况再判断其所需水量状况，然后制作四个大小不一的用来分水的竹筒。每个农户都需要到板闷那里领取已经登记造册的竹筒，再将竹筒埋在稻田的进水口。竹筒直径的大小就决定了进出水量的大小，这种创造性的分水方法是傣族人合理利用水资源，维持用水秩序的经验和智慧的体现。如果农户为了多用水而偷偷将小竹筒更换成大竹筒，那么，一旦发现则必须受到水规的处罚，例如，初犯者被处以缴纳一块大洋、一只鸡、一斤酒，并责令更换原有的竹筒。如果第二次再犯，则停止向其耕田供水，罚金增至三倍。如果板闷无正当理由不分水给农户，那么，农户也可以向他索要罚金。

　　板闷的另一个职责就是及时检查水渠疏通状况，督促农户维护水渠，确保水利畅通。水渠分段之后指定农户维护。每到春季，板闷便督促农户负责确保所承担的区段畅通，每年至少维修一次，农户必须确保所负责的区段符合板闷所规定的宽度、深度。如果农户不听从安排，不维护好水渠，则要遭受处罚，"如果有谁不去参加疏通沟渠致使水不能流入田里，使田地荒芜，那么官租也不能豁免，仍要向种田的人每一百纳收租谷三十挑"[①]。

　　板闷也会对各农户维护状况进行仔细检查，检查方法也颇具有创造性。板闷通常用一块小竹筏，一段用绳子拴住，然后放进水渠中。为了检查水渠底部宽度，板闷则将石块压在竹筏上，使之深入沟底，然后牵着绳子，让小竹筏顺水而下，凡是小竹筏不能通过的地方，就说明其宽度或深度不达标。遇此情形，板闷必定勒令负责该区段的农户立即动工疏通，直到小竹筏能够通过才算合格，此外，还要对此农

---

① 张公瑾：《傣族文化研究》，云南民族出版社1988年版，第10页。

第七章　水文化中的生态伦理思想

户进行处罚，其方式一般是缴纳一块大洋、一只鸡、一斤酒。除此之外，板闷还负责包括何时开闸放水、何时祭祀水神、巡察水渠以及处理水利纠纷等。

西双版纳地区干湿季非常分明，如果插秧时与雨季不太合拍，就常常出现稻田缺水的情况，为了解决这个矛盾，傣族人运用他们的智慧创造性地发明"寄秧"技术。水稻种植第一步是培养秧苗，通常是将种子播撒在"秧田"里进行秧苗培养，等秧苗长至一段长度之后，再择以时日将秧苗移栽至稻田中。一般说来，秧苗在秧田里待的时间不能太长，否则根部太长难以拔出，移栽后不易成活。但傣族人创造性地延长秧苗在秧田的时间。所谓"寄秧"就是让秧苗在秧田中多待上一段时间（一般为20天左右），再将秧苗移栽到稻田。由于在秧田生长的时间过长，所以移栽时必须掐去过长的根须和过长的叶子。

由于山区地理环境特殊，保护水资源并非易事，但西双版纳的傣族人却能成功保护水资源，积累了丰富经验和智慧。居住在森林中的傣族天生就知道森林对水资源的作用，他们认为"森林是父亲，大地是母亲"。傣族人在选择寨址时，首先考虑住地周围森林分布情况，然后再考虑水，再依次考虑田、粮、人。当地傣族人信奉"有森林才有水，有水才有田，有田才有粮，有了粮才有人的生命"。傣族自古就形成了"林—水—田"的传统稻作生态系统的管理方法。在"林—水—田"这个生态系统中，森林是最重要的。在傣族村寨，都会留出一片森林作为特殊保护的对象，傣族把这样的森林叫作"腾曼"，即村寨的森林之义。这种"腾曼"是作为水源林，它的存在直接关系到村寨的水资源问题，因此，这种"腾曼"绝对不允许随意砍伐。"腾曼"又会被傣族人赋予许多宗教色彩，往往成为守护村寨的"寨神林"即"龙林"。

新中国成立之后，傣族地区才开始修建水库。在新中国成立之前，西双版纳地区没有蓄水的水库，当地人民生产与生活用水几乎都依赖寨神林来保障。例如，1958年以前，"景洪坝子戛董乡曼迈寨200多户，100多人的人畜饮水及2000多亩水稻田的灌溉，就是靠山后'寨神林'涵养水源流出的箐水解决的"[1]，由此可见"龙林"对于傣族的重要性。实际上，"龙林"作用不仅仅是涵养水源，而且还具有增加稻田肥力和防风固田的作用。"龙林"中枯朽的植物，归入土壤，然后随着雨水，进入稻田成为最佳的肥料，所以傣族一句农谚概括得很精辟："林茂粮丰，森毁粮空"，此外，"龙林"对于稻田生态系统的预防风灾、火灾、寒流等都具有重要作用。

哈尼族人在利用和保护水资源方面同样充满了智慧。哈尼族是古老的游牧民族羌人部落的后裔，又称为"和夷""和泥""哈泥"等。云南境内的哈尼族多分布在红河、澜沧江两流域中间地带，其中红河哈尼族彝族自治州是哈尼族人口最多的地区。哈尼族生活的区域是典型的亚热带季风气候山区，全年日照时间达2000小时以上，年平均气温为18至20摄氏度，而且海拔相差悬殊，高温多雨，是典型的高低悬殊的山地垂直立体气候。低洼地区高温酷热，而山上却气温较低，因此低洼高温所导致的大量水分上升到半山腰和山顶时与冷空气结合形成雨水，从山上往下倾泻，形成了"山有多高，水有多高"的特征。哈尼族人就利用这种特点，因势利导，开挖大大小小的水沟，把山水层层引入到梯田或用于日常生活。世世代代生活在这种环境的哈尼族人就这样与大自然和谐共存。在哈尼族人生活的地方，村寨、梯田、高山、森林共同构成了一幅美妙的画卷。

哈尼族人以种植水稻为生，他们十分珍惜水、爱护水，对水充满了感情，甚至认为他们的祖先就是诞生于水中，这种观念在哈尼族神话、文学、艺术、宗教中都有所反映。例如"古老的祖先出生在洪水里，在充满阳光的日子里，他们在水波中徘徊，祖先们在一片原始森林中停下来，在那些阴暗和寒冷的季节里，他们步履蹒跚地走在路上……已死的祖先给了一个古老的命令，人们如果来到一个新地方，首先必须发现一个新的水源。发现水需要一位最美丽的女子，因为只

---

[1] 秦莹、李伯川：《西双版纳傣族传统灌溉制度的现代变迁》，中国科学技术出版社2014年版，第51页。

第七章　水文化中的生态伦理思想

有她能进入女水神的门槛"①。

　　哈尼族人在利用山泉水方面也极富智慧。在哈尼族生活的地方，由于山高水长，水往往从高层倾泻而下，很容易流失，所以如何循环利用水资源就考验当地百姓的智慧。哈尼族人在生产实践中，充分利用地理条件，修筑了许许多多纵横交错的横向绕山水沟，用以拦截从上而下的山泉水，同时把农田修筑成层层梯田，使得水资源层层利用。在利用水沟留住水的同时，哈尼族人还在水资源的管理上下功夫。每个村寨都有专人去看管水沟。为了防止山洪水冲垮水沟，哈尼族人就在水沟上游放置一种名叫"哈鲁鲁哈"的大竹笼。有的哈尼族村寨制定了"水规"，如："根据一股泉水或一条沟渠所能灌溉的田亩面积的多少，经过众田主的协商，规定每份田应得多少水，按沟水流经的先后顺序，在田与沟的分界处设上横木一条，并在横木上面将那份田应得的水量刻定，让水自行流进田里。这种水规，一代接一代，形成传统风尚，人人自觉遵守，任何人不会因为自家田水不够而自行扩大木刻或私自扒水。"②

第二节　水井文化与水资源保护措施中的生态智慧

一　水井文化中的适应自然与顺应自然的智慧

　　水井是人类智慧与劳动的结晶，是人类巧妙地利用自然资源的产物。我国是世界上最早发明水井的国家之一。考古专家在浙江、河南、河北等地发现不少新石器时代的水井遗址。《周书》《管子》《农书》等古代书籍记载了我国古人很早就学会挖掘水井。在传统社会，水井是每一个村落不可或缺的"基础设施"。水井还是"故乡"的一个标识，是远离家乡的游子的"乡愁"。一个地方的水井既是当地人

---

①　曹子丹：《水之子：哈尼族农耕文明影响下的物质文化》，《农业考古》2007 年第 4 期。

②　毛佑全、傅光宇：《奕车风情》，云南民族出版社 1990 年版，第 88—89 页，转引自王云娜等《云南少数民族传统文化对水资源管理的影响研究》，《云南农业大学学报》2012 年第 3 期。

民合理利用自然资源的见证,也是当地历史文化的一部分,同时也真实地反映了当地自然与人文生态状况。

西南地区虽然雨水相对充足,但由于普遍地势较高,崇山峻岭,必然造成"易涨易退山溪水"情况。在海拔相对较高的山区,保存水资源比其他地区更加困难,也更需要智慧。在这样的环境下开挖水井无疑是一种很有效的保持水资源的方法。在西南地区各少数民族村寨,水井随处可见。有些地方至今还保留着几百年前的"名井",例如云南建水古井成于明代洪武年间,贵州大方县城有几十口建于明末时期的水井等。水井的开挖与保护展示了西南地区各少数民族对水资源的利用和保护过程中的生态伦理智慧。

侗族村寨普遍有古朴的水井,有的村寨有数口甚至十来口水井,但亦有几个村寨共用一口水井的现象。水井一般分布于有泉水的低洼处。很多水井只是一个小坑,水源就是从上而下的山水。侗族人在巧妙利用自然地理条件修建水井方面展示了他们的善于顺应自然的智慧。根据地理条件的不同,他们或者修建管道把山泉水引进一个事先挖好的槽穴中,然后加盖石板,一个蓄水池式样的水井就诞生了;或者在村寨旁边地面深挖,利用地下水资源,形成深浅不一的竖井。不管哪种水井,都要加盖石板,周围加以围栏。

水井直接关切到人们生产生活,因此,水井开挖、修建、管理必定是村寨的大事情。水井的开挖、选址最为关键。侗族村寨常坐落于云深树老处,多依山傍水,山泉水随处可见,但并不是凡有泉水的地方都可掘井。侗族古井一般所选择的泉水多是从岩石或砂石中流出,这是因为这种泉水不会因为一般性的干旱而枯竭,同时泉水在经过岩石和砂石后,也得到了过滤,水质比较好。

侗族人对寨子的水井尤其是那些古朴的水井充满敬畏,一些古井甚至被当地村民赋予了神性。有些地方的侗族认为,水井神可以护佑寨子的儿童健康成长,因此,很多侗族家长往往让孩子拜认水井为保爷,他们希望在井神的护佑之下,孩子易养成人。出于这种敬畏心,侗族人忌讳弄脏水井,在他们看来,弄脏水井会招致井神的惩罚,同时也立牌加以警示。例如,贵州锦屏县河口乡美蒙村,至今保留一块

第七章 水文化中的生态伦理思想

立于清嘉庆年间的井碑，上面记有当时水井保护的一些规定："水为古今之命脉，不可不禁亦不可不修也……自修以后，担水之也，勿得洗衣菜者污坏。如有不禁忌者，见之，务必明察罚银……"[1]

傣族也是一个善于开挖水井的少数民族。傣族人认为，挖水井是做善事，傣族民间谚语说道："挖水井，盖凉亭，做人之善心。"水井的开挖，首先得选择合适的地址。村寨水井的选址是一件相当严肃的事情，需要遵守一定议事程序和宗教仪式。首先需要经过村民们集体商议，然后还得请一些年纪较大的和尚对他们的选址把关。水井建成之后，还要在水井上方盖建一个小凉亭，不仅是为了保护水井，更是出于对水神的尊敬。凉亭的外观或像民居，或像佛塔，凉亭的内壁往往刻有关爱水、敬水方面的谚语，所有这些完工之后，还要请和尚主持祭祀仪式。

傣族历史上景陇金殿国王宫和勐泐故宫遗址在今天的云南西双版纳傣族自治州景洪市，当地有一口被称为"圣泉"的水井。无论什么样的旱季，水井从未干枯过，甚至泉中水位都没有多大变化。相传，这口圣泉水原来是皇室家族和上朝议政官员专用水，据说用此泉水洗浴，不仅洁身止痒，而且还给洗浴者带来好运。每年都有大量来自东南各国的佛教信徒前来朝拜圣泉，并用圣泉水洗脸、净身，以祈求平安。

哈尼族也是一个善于修建水井的少数民族，例如，云南红河州元阳镇新街镇全福庄，全村共 2000 余人，水井多达 25 个。全村人的生活用水，全靠这些水井，如此一来，水井的管理与保护就显得十分重要。在哈尼族人看来，永不枯竭的井水是生命旺盛的体现，是村寨人口繁衍的体现。清洁的井水也是村民爱美、爱洁净的生活习惯反映，当地村民除了每年定期进行水井清理和维修之外，还制定乡规民约来保护水井，此外，哈尼族人还要通过举行祭祀水神这种神圣的方式来强化人们爱水、惜水的观念。

---

[1] 杨文斌：《锦屏侗寨发现年前清代环保石碑》；转引自管颜波《饮水井：村落社会与生态伦理——以西南民族村落水井为例》，《青海民族研究》2013 年第 2 期。

白族人在村寨的建设中，必定要在村寨修建多个水井，以满足村寨居民生活用水。根据地理位置的特点，当地白族人修建多级水井，即在泉水流经的路线上修建上中下三个水井，上层水井满溢之后，流到中层水井，再流到下层水井，这样便有效地利用水资源，减少了浪费。

二 水井的管理与保护

人口较多的村寨，用水秩序显然需要规范，所以，一些村寨就逐渐有了保护水井的村规民约。比如，在贵州清水江下游的三门塘寨一块立于宣统三年（1911年）水井石刻碑，上面刻有《重修井碑记》，其碑文写道："想我村大兴团，自始祖由黔徙处于斯，前后左右，山水环抱；房屋上下，稻田围绕。田坎行经湾中，涌出清泉，仿之廉泉让水，不足过之。吾先公昔年多伟人，屡钟贤士，井坎行经，约族人砌石修补，以便往来。自昔及今，历年久远，井石毁坏，泥土浸入，每逢春夏暴雨绵落，井泉清洁翻成混泥。族中妇女睹斯，同心动念，踊跃捐资，乐为造化，较先公之修凿，更加完善。井中踏石板，不使泥从中出，井外石板竖四方，俾免污流外浸，由此以后，泉流清洁，人生秀灵……"[①] 此碑文记述了侗族先民历经艰辛，迁徙定居，也记述了村民们踊跃捐款，挖井而饮以及如何管理水井等，充分表明了水井在村寨中的作用和人们对它的重视。碑文不仅是一种人文历史，而且也是恒久的警示牌，它提醒人们时刻不要忘记水对于生命的重要性，警示村民珍惜水，保护水资源。

西南少数民族还善于通过神圣方式如祭祀来保护水井和水资源。例如，不少侗寨都有祭祀水井的习俗。祭祀的时间一般选择在大年初一早晨，其方式一般是在水井边烧香焚纸，或向水井投掷硬币，以供井神使用。这些仪式完毕之后，祭祀者都会从井中取水，回家之后用来煮油菜或甜酒并用之祭祖。有些地方的侗族的水井祭祀则显得更为

---

① 蔡家成：《西部旅游开发理论与实务——黔东南旅游开发与发展实证研究》，中国旅游出版社2004年版，第190页。

第七章　水文化中的生态伦理思想

隆重，例如贵州的榕江、车江一带，这些地方的侗寨，几乎每家每户都要参与祭祀。春节期间，各家的家庭主妇携带香纸和酒肉饭菜云集井边，举行祭井活动。

生活在云南德宏地区的傣族对水井、水资源的保护，堪称榜样。他们对不同类型的用水需求做了区分：饮用水一般从村寨的水井中汲取，这种水井往往位于村寨所依傍的山脚下，水井都加有井盖。洗菜等生活用水则从其他水井汲取，至于洗澡、洗衣物则到村寨边的小河或小溪里洗，这样既方便又保护了水源。傣族人把水视为纯洁的生命之源。在祭祀、赕佛中，水被视为具有带走邪恶、保护村民的作用，因此，在傣族地区，水井上加盖房子以保护井水就不足为奇了。

水井是一个容易遭到污染的地方，因此，如何管理和保护水井以保障村民用水安全，就显得尤为重要。白族的先民制定了代代相传的乡规民约用以保护水源和水井。例如，禁止浪费水，用多少取多少，禁止直接将手伸进水井中舀水，更不允许将牲口牵到水井里饮水，等等。每年农历十二月二十六日是白族的净水节，是日一大早，各家各户劳动力一起出动，将村寨附近的水井、山泉、水塘彻底清理、疏通一遍，同时加固、修补堤岸，待劳动结束之后，人们在歌手引领下，一边巡视工作完成的情况，一边欣赏歌舞。与白族类似，佤族在每年十一月也对水井进行彻底清理，以迎接佤族的"新水节"的到来。在此期间，村民要将村寨的水沟、水井的脏物清除干净，以迎接"水神"的到来。同时给"水神"祭献鸡、猪、烟、酒等祭品，以求"水神"保佑他们的水井永不枯竭。

纳西族对水的保护更加自觉和具体：例如禁止在河水中洗涤屎尿布，也不得向河中丢弃垃圾，不得在水源地宰杀牲畜，不得在水源边大小便，甚至禁止村民向河中吐痰。在纳西族生活的地方，常有许多保存非常好的古井。云南丽江古城至今还保留着五个有名的三眼井。所谓三眼井，其实是一个泉水源头，但是分级使用。第一眼井是源头，水质干净，作为饮用水；第一眼井溢出的水形成第二眼井，主要供洗菜、洗炊具等使用；第二眼井溢出的水形成第三眼井，主要供洗衣等使用，从第三眼井出来的水才排入水沟。丽江是一个水资源丰富

· 221 ·

的地方，但是丽江古城三眼井的存在却表明了纳西族人并没有因为水资源丰富而肆意浪费，而是科学合理地使用水，可以说，三眼井反映了纳西族人善于利用和珍惜水资源，也体现了他们爱水、护水的生态意识。

贵州铜仁梵净山区一带的苗族人对村寨水源的保护措施堪称典范。在一些苗族村寨，水井造法与纳西族的"三眼井"的造法类似。水井一般分为三部分：水池中心的部分为饮用水，这是最干净的水。其他生活用水如洗菜、洗衣等则用第二个水池中的水，即从第一个水池的边上凿出一条水道，将水引至相邻之地。第二个水池流下来的水则主要为牲畜用水和灌溉用水等。

云南大理一带，水资源丰富。生活在这样的环境下白族养成了爱水和护水的习惯。在大理白族村寨，家庭水井或公共水井随处可见，白族人对水井的管理很有一套。许多白族村寨往往将公共水井修成几个井池，池底和四周都用石块铺就，便于蓄水和清洁。几个井池设计和布局类似于纳西族的"三眼井"原理：几个井池之间都有平面出水口，并保持一定的水面，水始终处于流动状态，上一个井池多余的水自然流向下一个井池，既清洁又便利。对于这样的公共水井，村寨还有相应的约定俗成的用水公约："第一个井池饮水；第二个井池洗菜、淘米；第三个井池洗涤衣物；第四个井池用于其他用途。各个井池之间都有平面出水口，并保持一定的水面，水呈流动状态。"[①]

在传统的乡土社会，水井不仅保障了村民的用水，同时还是村民进行彼此交流、休闲纳凉的地方，而且还在一定程度上充当了村民的精神家园，尤其是村寨的妇女，彼此之间交流的最佳之处往往就是水井边。在水井边，她们一边聊天，一边洗衣、洗菜，不耽误工夫。此外，有些地方的水井边还是男性村民们议事、举办活动的公共空间，水井俨然成了村寨重要的公共空间。

作为传统乡土社会的水利基础设施的水井，既是乡村自然生态条

---

① 熊晶、郑晓云：《水文化与水环境保护研究文集》，中国书籍出版社2008年版，第98—99页。

第七章 水文化中的生态伦理思想

件的反映，也是乡村社会生态的反映，承载着丰富的社会历史图景。从水井的选址到各种有关水井的祭祀仪式，再到相关保护水井的习俗惯例、乡规民约，无不体现了西南少数民族爱水、惜水的意识。水井的挖掘和保存是劳动人民适应和改造大自然的杰作，也是少数民族合理利用水源、善于保护水源、维护生态的典范。围绕水井的各种祭祀仪式，展示了西南各少数民族对大自然的尊重与敬畏之心。水井的管理与保护则体现西南少数民族节约用水，善于利用自然资源的观念与行动。西南少数民族古朴的保护水资源的思想，合理利用水资源的宝贵的实践经验，对于水资源愈来愈短缺，水环境日益恶化的今天，无疑具有重要的启示作用。

小　结

　　人类与自然揖别之初，其朦胧的意识还难以确证自身，因而容易将自己看作自然的一部分，此时，对自然的崇拜成了人与自然对话必然的形式，也是人类发展史上普遍经历过的共同信仰形式。水崇拜是西南少数民族普遍存在的自然崇拜文化。尽管西南各民族关于水的神话、祭祀等仪式与活动有所不同，尽管他们的保护水源、水井措施和各种乡规民约有所差异，但其中所反映的思想与价值理念在本质上几乎是一致的：大自然的资源是有限的，人类应该善待自然，珍惜水资源，合理地利用水资源。虽然这些少数民族的水文化中许多内容如有关水神的神话不一定可信，相关的祭祀水神等活动也不一定适合于现代社会，但是，其中所蕴含的少数民族对大自然的尊重与敬畏之心，珍惜和保护自然资源的生态伦理观念，却在任何民族、任何时候、任何地方都有一定的启示意义。

　　水资源短缺、水环境污染是我国所面临的紧迫的生态问题。我国人均淡水量只有世界平均水平的26%，而且几乎所有的湖泊、河流等水源都遭到不同程度的污染。为了缓解这一问题，我国政府在水利建设、保护水资源、减少浪费、防止水污染、防止水土流失等方面投入大量的人力、物力、财力，但是环境的治理仅仅靠加大财政投入，改善技术还远远不够,因为许多水资源浪费、污染等问题,不仅仅是经济、社会、技术层面的问题,更重要的是人们的观念问题,是人们道德水准的问题。在经济、技术相对落后,水资源并不充裕的西南山区,少数民族却能够很好地利用水资源进行生产与生活、繁衍生息,这种现象值得深思,其中的生态伦理智慧毫无疑问是值得借鉴的。

第八章　饮食文化中的生态伦理思想

"饮食男女，人之大欲。"民以食为天，人们要生活就必须先解决吃穿住行问题。饮食活动是人类最重要的活动。饮食是人类的喜好、习惯、审美等方面的综合体现。本章所讨论的"饮食"是广义的饮食，既包括食品原材料的选择和食品的制作、加工过程，也包括现成的饮品、食品，还包括饮食过程即吃或喝等方式，因此，本章所讨论的"饮食文化"是指有关饮食生活的意义、行为、习俗等文化现象，包括食品和享用两个方面，涉及农作物的原产地与传播、食品的构成、加工、存储、食用、获取方式、信仰与禁忌、价值观念，还涉及餐具、家具、场所、交换等。饮食文化是人们生活当中最重要、最基本的民俗文化，它真实地反映了人们的生存状况、文化素养和创造才能，也反映了人们利用自然，与自然打交道的状况。由于人们的喜好、习惯、审美和所处的环境不同，各自食物的材料、食物的制作方法、食物的保存方法、饮用的方式等方面都有所差异。即便是同一个民族，由于生活在不同环境，其饮食偏好、习惯等方面都有所差别。几乎每一个民族都有自己独特的饮食文化，尤其西南各少数民族，为了适应特殊的自然环境，他们创造了具有地方特色的饮食文化。其中许多思想与经验，对于当今倡导文明饮食、保护生态仍然具有重要意义。

本章分两节展开，第一，以傣族、侗族、苗族饮食习惯为例，阐释这些少数民族如何合理利用自然环境资源，适应自然的生态智慧；第二，以藏族、白族、侗族等少数民族的茶饮习俗为例，阐释这些少数民族不仅保持了隋唐之际的"吃茶"遗风，也展示他们健康、节俭的饮食习惯和适应环境的实践智慧。

第一节　自然环境对饮食文化的影响

一　适应自然环境的饮食习惯

人类在学会耕种和蓄养牲畜之前，都是直接从自然界获取生活资料，以生吃方式满足自己的需要和适应环境。傣族古歌记录了他们的祖先直接以野果、野菜等为食物的场景："进林去摘果，进林去采菜。"① 即使进入文明社会之后，也可能因为粮食不够吃，而到山上直接以野菜、野果为食物。傣族的一首《充饥歌》中记载了傣族先民在饥饿时跑到山上到处寻找食物的情景，"有的挖树根，有的摘树叶，有的啃芦根，有的吃芭蕉花，有的捞青苔嚼，有的咬活螃蟹。"②

傣族是我国最早种植水稻的民族之一。各地的傣族都以稻米为主要食物。在长期的水稻耕作历史过程中，傣族形成了独特的稻米文化，即在稻米加工、保存、烹饪等方面都形成了一系列的仪式、习俗、传说、禁忌等文化现象。正如人类学家马林诺夫斯基所说："简单而主要的食品都是经过相当烹饪的程序，吃时有一定的规则，在一个团体之中，及遵守着各种礼貌、权利及禁忌。"③

傣族有古老的稻谷神话传说和稻谷崇拜现象。傣族的先民把水稻视为"仙草"，水稻被视为有灵魂的神圣之物。据说，稻谷的颗粒原本大如鸡蛋，成熟之后能够自动飞进傣族人的粮仓里，但是由于一个懒惰的妇女对稻谷进行打骂，稻谷就因此变得很小，也无法飞进粮仓了。傣族地区还流传一个"谷魂奶奶"与佛祖斗法的故事。在傣族的神话体系中，谷魂奶奶是一位特别尊重生态的谷神，是专管水稻种植的女神。据说从前天上、地上所有的神都得向拥有至尊地位的佛祖俯首称臣，但只有谷魂奶奶不向佛祖低头。于是佛祖发怒，把谷魂奶

---

① 岩温扁、岩林编译：《傣族古歌谣》，中国民间文艺出版社1981年版，第26页。
② 刀承华、蔡荣男：《傣族文化史》，云南民族出版社2005年版，第89页。
③ [英]马林诺夫斯基：《文化论》，费孝通译，华夏出版社2002年版，第107页。

第八章　饮食文化中的生态伦理思想

奶赶走。她一走,导致人间的河流断流,万物干枯、凋谢,农作物颗粒无收,所有的生灵都面临饥饿和死亡的威胁,包括佛祖。由于饥饿,佛祖也只好跋山涉水去向谷魂奶奶道歉:"谷魂的功劳确实比我大,谷魂的福气确实比我多,大伙都要向她顶礼膜拜。"① 对于这位谷魂奶奶,另有一首傣族古歌歌颂道:你是主,你是王,生命靠着你,人类靠着你。在傣族地区,每年都要举行有关祭祀谷魂奶奶的仪式。在春天播种之时,傣族人就选好一块据说是谷魂奶奶居住的田地,然后各家各户都用鸡蛋、糯米饭等到田间地头举行祭祀仪式,祈祷谷神保佑他们的庄稼丰收,口念"穗多粒饱,快长快大,不要有病虫害,不要被动物糟蹋,颗颗谷子都像鸡蛋那么大"等祷词。在水稻成熟之后,傣族人又进行祭祀仪式,其用意在于把谷魂奶奶请回粮仓,以保障水稻丰收,谷物满仓。

傣族人喜欢种植"糯米稻"。傣族人一日三餐的饮食中,糯米饭是他们的主食。傣族人的早餐常常是一团糯米饭加上一些腌菜之类的下饭菜。由于糯米含油脂高,容易结团,方便携带,而且吃了之后不易饿,所以,傣族人外出干活时,也常常带上糯米饭。对于傣族人而言,不管粮食再多,只要糯米缺了,就等于缺粮。家里来了客人,招待的物品中必定有糯米食品。此外,在重要的节日中,糯米食品也是必不可少。在各种祭祀场合,糯米制品是必不可少的祭品。

在傣族的饮食文化中,糯米不仅是主食,而且还制成了各种副食品。傣族地区糯米副食品品种繁多,最常见的有毫糯索②、毫吉等。傣族人常说"吃点毫糯索,人就长一岁"。每到逢年过节,傣族家家户户都要制作这种食品用来招待客人。在傣族地区,"赕佛节"时必须用到一种叫作"毫火剁店"的糯米食品。在男孩剃度的仪式时,这种糯米食品同样必不可少。可见,在傣族地区,糯米已经不是一种普通食物,而是一种被赋予了神圣含义的文化符号。

糯米食品是傣族人一大爱好,但如果少了"蘸酱"(傣语为"喃

---

① 岩峰、王松、刀保尧:《傣族文学史》,云南民族出版社1995年版,第139页。
② "毫",在傣语中,为饭、糍粑之义,"毫糯索"就是当地的一种糯米糍粑。

咪"），糯米饭就少了一个口味。傣族人的饭桌上可以没有肉，但不能缺少"喃咪"。在傣族地区，"蘸酱"的做法各式各样，一般采用当地特色材料加工而成，如"竹笋酱"（喃咪倍）、"辣子酱"（喃咪麻批）。

傣族人的饮食中，不少菜肴的原料都是来自大自然中的野生植物。所谓"自古傣家不缺菜，森林处处有野菜""凡绿就是菜，凡花即可食"[1] 等谚语比较准确地描绘了傣族地区的环境特点和傣族人饮食特色。傣族地区处于热带或亚热带，那里高温多雨，阳光充足，适合动植物的繁衍，许多植物直接充当了傣族人食物。例如芭蕉花、荠菜、马齿苋、皱果苋、积雪草、酢浆草、苦苣菜、蕨菜等。虽然傣族地区野菜丰富，但傣族人采摘野菜并不采用毁灭性和一网打尽的掠夺方式，而是遵守"独花不采，正发芽的野菜不摘"[2] 的原则，正是这样，当地野菜并没有因为傣族人的采摘而断绝，而是长年不断。

特别值得一提的是芭蕉花和芭蕉叶。芭蕉是傣族地区常见的水果。在西双版纳等地，用来作为食物的芭蕉花都是从野芭蕉树上直接采摘。野芭蕉一般长在阴湿的低洼地和山沟里，与人工栽培的芭蕉几乎没有差别，只是结的芭蕉果较小，且果肉少，一般没有人食用，但这种野芭蕉的花却成了当地傣族人喜爱的食物。诸如芭蕉花蘸酱、清蒸芭蕉花、素炒芭蕉花、芭蕉三鲜汤等食物广受傣族人喜爱。芭蕉花是食品，芭蕉叶则成了傣族人天然餐具和炊具。由于芭蕉叶宽大，所以傣族人经常用来代替碗的作用，尤其是出外劳作时，芭蕉叶更是充当了一种必不可少的"饭盒"。芭蕉叶还广泛用于蒸煮食物过程中，用来蒸煮用的芭蕉叶一般事先要经过暴晒或火烤处理。在蒸煮时，用芭蕉叶将食物包住，再进行蒸煮，例如芭蕉叶蒸鸡、粽子等。傣族地区流行一种用芭蕉叶进行一种所谓"包烧"的烧烤方式：将各种新鲜的佐料与要烧烤的肉食用芭蕉叶紧紧包在一起，然后进行烤制，这

---

[1] 谢青松：《傣族传统道德研究》，中国社会科学出版社2012年版，第200页。
[2] 同上。

第八章 饮食文化中的生态伦理思想

样烧烤出来的食物尤其鲜美可口。

另外,在傣族地区,人们喜欢食用一种长在水中的"青苔"①。每到三、四月份,傣族妇女就常常下水去捞青苔,漂洗干净、去掉杂质之后,将青苔晒干。其食用方法多以油炸或与葱花等作料一起爆炒。此外,傣族人在适应大自然环境过程中,还养成了食用昆虫的习俗,像"棕色蛆、沙蛆、酸蚂蚁、竹蛆、蜂蛹、蚂蚁蛋、花蜘蛛、蝉背肉等"② 均是傣族人食物来源,其食用方法多以油炸为主。由此可见,傣族人民在生活实践中,充分利用大自然的恩赐,合理利用自然界物质,以适应自然,保存生命。

苗族与西南地区其他许多少数民族一样,一般生活在崇山峻岭之间。他们所面临的自然环境与侗族、布依族等少数民族类似。实际上,在贵州,苗族往往是与侗族、布依族等少数民族杂居在一起。苗族人同样面临日照时间少、海拔较高、水土寒凉等自然环境。在这种自然条件下种植水稻,唯有种植耐寒的糯稻才能获得较好的收成。在饮食习惯上,苗族与侗族等少数民族一样,喜爱吃糯米饭。显然,并非这些少数民族天性喜爱糯米,而是为了适应环境。据有关史料记载,因为喜爱糯米饭,清代时期贵州苗族、布依族、侗族地区种植糯稻面积达到总耕种面积的70%左右。同样是为了适应自然环境,贵州西部地区的苗族主食多为苞谷、荞麦、马铃薯等,这是因为贵州西部地区海拔高,气候寒冷,雨水偏少,不太适合种植水稻。为了在这样的环境下生存下来,苗族人民学会了种植耐旱的作物如苞谷、荞麦等。

苗族等少数民族所需的大部分食物都是来自于山间地头。除了稻米之外,其他如苞谷、麦子、高粱、番薯等,绝大多数蔬菜也都是靠自己种植。另外,苗族人还经常到野外采摘野菜,最常见的有折耳根、苦蒜、椿菜、蕨菜、菌子、木耳、笋、野黄花、水芹菜等。再

---

① 长在溪河的流水之中的青苔,傣族称为"盖",长在不太流动的静水之中的青苔,傣族称为"岛"。

② 谢青松:《傣族传统道德研究》,中国社会科学出版社2012年版,第200页。

者，苗族人民还善于就地取材，充分利用自然物质做成原始古朴的餐饮具。例如，利用苞谷叶、棕叶蒸煮糯米饭和粽子等，用木甑、石槽、瓦罐等来焖饭等。总之，苗族人在长期的生产与生活实践中，在适应自然环境过程中，既学会了如何维持自己的生存，又保护了生态环境。

  与傣族、苗族一样，侗族也对糯米食品情有独钟。侗族人自古就喜欢糯米食品，这种饮食偏好同样也是适应自然环境的结果。侗族地区日照时间少、气温相对较低，这些特点对于水稻种植是不利的，而糯稻要比其他水稻品种更能适应这种环境。与其他水稻品种相比，糯稻植株较高，谷粒饱满。在侗族地区，由于平坦的地势较少，稻田都开发成梯田，但梯田蓄水难度大，要解决此问题，每当下雨时，尽量将雨水留在稻田里，但如果稻田水太满，又容易淹死水稻，因此，为了既保持稻田的高水位蓄水，又要避免淹死水稻，那么，最好的办法就是选择植株较高的糯稻，这样做还有利于稻田养鱼。除了植株高的优势外，糯米本身含油脂、糖分比较多，气味芬芳等也是侗族人喜欢种植糯稻的原因，而且，糯米饭黏性很强，有利于携带，而这正符合了侗族人喜欢把饭带到生产场所的习惯。

  地理环境决定了种植方式，也决定了饮食习惯。侗族在长期适应大自然环境的过程中，形成了自己民族独特的饮食文化。

  稻米饭毫无疑问是侗族人最重要的食物。与其他以稻作为生的民族一样，侗族不仅善于种植，也善于烹煮。他们在长期的生活实践中，积累丰富的食品加工制作经验。侗族可以用大米制作数十种香甜可口的食物，制作方法或蒸或煮，既可以做成各种团子，也可以制作成糍粑。

  侗族人常常把糯米做成糍粑和糯米羹。糍粑又有年粑、粽子粑、蒿菜粑、甜藤粑、粟米粑等。糯米羹主要有豆类和糯米做成的豆羹类如嫩豇豆羹、饭豆羹、白露豆羹等；还有用瓜和糯米一起做成的各种羹食如白瓜羹、南瓜羹等。此外，还有鸭羹、鹅羹、笋筒羹等。这些美食往往是招待亲朋好友的必备品，在侗族地区有所谓"无糯米不成敬意"之说。亲友之间经常以糯米食品相赠。糯米也是节日庆贺时的必备品。侗族人逢年过节、娶亲嫁女时，糯米是必不可少的食品。甚至还是青年男女恋爱必不可少的礼品。此外，云南的哈尼族、贵州的布依族等少数民族都有喜爱吃糯米的习惯，而且与傣族、侗族、苗族一样，其食物来源多是就地取材，这一饮食偏好既是自然条件使然，也是他们主动善于适应自然环境的结果。

今天，传统的糯稻已经不是许多少数民族的主导水稻。现代杂交水稻以其高产优势占领了西南地区的水稻种植的半壁江山。但是，这种"变革"不仅是水稻品种上的变化，而且是传统的生活方式和传统的耕作方式的变化，也是传统的饮食文化的变化，也促使了社会生活习俗的变迁。

二 自然环境与饮食偏好的调适

侗族的饮食中，酸味是其一大特色。侗族人好酸，自古就有"侗不离酸"的说法。侗族人自己调侃说"三天不吃酸，走路打倒蹿""住不离山，走不离盘，穿不离带，食不离酸"，这都是侗族人喜爱酸食的真实写照。有资料显示，侗族人从宋代开始就有了制作酸菜的习俗。侗族人几乎可以将除南瓜、苦瓜、韭菜之外所有蔬菜都做成酸菜，此外，鸡鸭鱼肉都可以用酸汤做成酸鸡、酸鸭、酸鱼、酸肉，甚至牛排、猪排都做成酸味。

酸味在侗族地区流行最重要的原因应该是侗族人对自然环境的主动适应。例如，贵州黔东南等地的侗族一般居住在大山深处，那里属于亚热带湿润气候，降水量比较大。潮湿、温润的气候很容易使食物霉变、腐烂，在这种环境下如何保存食物就考验人类的智慧。侗族人将蔬菜和鸡鸭鱼肉放在酸坛里做成酸菜，显然有利于保存食物。酸坛里的食物，其保质期可以延长许多倍。此外，侗族地区潮湿多雨，这种天气容易导致胃肠道疾病如痢疾、腹泻等，而酸性食物可以一定程度上预防和减轻病症，而且有助于消化食物，增强食欲。

在侗族地区，招待亲朋好友时，鱼是必不可少的食物，此外，逢年过节以及婚丧嫁娶等场合都少不了各种鱼食品。侗族青年男女结婚时，男方要将整条酸鱼作为礼品送给女方，可见鱼在侗族人日常生活中的地位。侗族地区，大小不等的溪河纵横境内，这为侗族人获取鱼这种食物资源提供了绝好的自然条件。

侗族人常常把他们喜爱的酸味与鱼肉的鲜味结合起来，做出味道鲜美的酸汤鱼，这是侗族人最喜欢的美味佳肴之一。在侗族地区，腌鱼一般也是用酸汤浸泡，或者用盐水浸泡。

鱼不仅是侗族人的美食，而且还是重要的祭祀供品。每到除夕、端午节、尝新节等重要的节日，侗族人都要把鱼当成祭品祭献给他们的祖先。在丧葬活动中，侗族人常常用腌鱼来祭灵位。如果在侗乡听到"去某家吃腌鱼"，就表明某家有人去世。

酸和辣是傣族饮食的两个特色，这一饮食上的偏好是傣族人在长期的生活过程中对自然环境的一种适应结果。在傣族地区，炎热、潮湿较为常见，酸和辣味不仅能开胃，帮助消化，消暑解热，而且有利于在炎热环境下保存食物。在傣族人的饮食中，有"无辣不成菜"的说法。傣族人吃烧烤、煮鱼都少不了辣椒。

与侗族人一样，苗族人也喜欢吃酸。这种嗜酸食的习惯使得苗族人很好地适应了环境。这些少数民族喜爱酸性食物不仅仅是由于酸性能够使得食物容易保存，而且也与他们所生存的环境缺少食盐有关。苗族和侗族等少数民族地区，由于离海洋较远，土地里缺少含盐的地层。历史上，贵州许多地区的食盐多来自四川、云南、安徽等地，其中川盐占的份额最大。"贵州历来主销川盐。据民国《贵州通志》中记载：'（康熙）二十五年（1686年）准贵阳、都匀、思南、石阡、大定、威宁等府州，安顺府盘江以下州县卫所均川食，普安等处仍食云南盐。'由此可见，康熙年间，川盐行销贵州的贵阳、都匀、思南、石阡、大定五府、威宁州及安顺府部分地区。"[①] 在缺盐的情况下，用酸代盐，以酸补盐的办法无疑是侗族、傣族、苗族等少数民族克服环境困难，适应环境的生存智慧。

---

① 马琦：《清代贵州盐政述论——以川盐、淮盐、滇盐、粤盐贵州市场争夺战为中心》，《盐业史研究》2006年第1期。

第八章 饮食文化中的生态伦理思想

第二节 亲近自然的茶文化

一 适应自然气候的饮茶习惯

中国是茶的故乡。根据近些年来植物学和茶学的相关研究，茶树的原产地在中国西南地区。唐代陆羽《茶经》中提到："茶之为饮，发乎神农氏，闻于鲁周公。"据说神农氏尝百草而多次中毒，后来饮茶而毒解。而以煮茶为饮，开创茶消费者则是鲁周公旦。自古以来，中国人就喜欢种茶、饮茶，从帝王将相、文人墨客到贩夫走卒，平头百姓，无不喜爱饮茶。"柴米油盐酱醋茶"，茶如同柴米油盐那样成为中国人生活的必需品。但是，茶又不同于柴米油盐那样只是满足物质需求的物品，中国人还将茶与道德理想、审美情趣、人文精神、艺术创作、情操陶冶、宗教修炼等紧密相连。茶水不仅能解渴，养生，而且在品茶过程中还能够放松身心、参禅悟道、体悟人生。

西南少数民族很早就学会了茶树种植、茶叶加工等技术。自古以来，西南地区一直是我国重要的产茶区。据考证，云、贵、川是世界上最早发现野生茶树和现存野生茶树最多、最集中的地区。阳光、雨水、气温、土壤等自然条件的特殊性使得西南地区的茶叶品质独具一格。世居于此的一些少数民族在适应当地自然环境的生活实践中，也逐渐养成了独特的饮茶习惯。

藏族人喝酥油茶习俗使得藏族人更能适应高寒的自然环境。西藏、四川的甘孜、云南的迪庆等地方是藏族人集聚地。这些地方海拔高，气候寒冷，氧气不足，粮食作物相对缺乏，为了在这样的自然环境下生产与生活，藏族形成了自己民族独特风味的茶饮文化（生活在滇西北的纳西族、普米族也与藏族一样喜爱喝酥油茶，其方法与习惯并无差别）。酥油茶是藏族人日常食品，它具有高热量、高脂肪的特点，是寒冷地区上佳的御寒保暖的热饮。酥油茶含有高热量、高营养，能满足高寒地区对热量的需求，同时，茶中又含有大量的茶碱、维生素和微量元素，可以弥补高寒地区缺乏蔬菜所导致的问题。藏族以畜牧业为主业，常以牛羊肉、青稞面为主食，而茶水有助于消化高脂肪的食物，去滞化食、健胃生津。藏族谚语"茶是血、茶是肉、茶是生命"形象地反映了茶在藏族人生活中所扮演的角色和地位。藏族人招待宾客、婚丧嫁娶、祭祀神灵等时都不能没有茶。在传统社会，赛马、摔跤等比赛活动的奖品也往往是茶叶。在藏区，人们一天至少喝三次茶，早上出去劳作之前喝一次，中饭、晚饭后各喝一次。藏族有一句谚语真实地反映了藏族人对茶的喜爱："宁可三日无粮，不可一日无茶。"

藏族人喜爱酥油茶据说还与文成公主有关。相传，唐代的文成公主嫁到西藏之后创制了酥油茶。酥油茶的成分是酥油、茶、食盐。酥油是从牛羊奶中提炼出来的奶油，多为金黄色和乳白色。提取的方法十分简单：先把新鲜牛奶煮熟，待冷却之后倒入一个圆形木桶中，木桶带有一根木杆以及一个防止牛奶溢出的圆形盖子。制作者用木杆不停地上下抽拉，使木桶中的牛奶成分发生分离，奶油浮在上层，再用冷水浸泡过的手将上层的奶油捞出，反复进行，此过程被称为"打酥油"。

藏区基本不产茶，所需茶叶绝大多数是产于四川、云南，经茶马古道贩卖到藏区。藏区用的茶大致有砖茶、金尖、金玉、金昌、粗茶五种，品质各不相同。南方其他地区喝茶是采用"泡"的方法，而藏族人则采用"煮"的办法。先把茶熬煮一段时间，然后过滤掉茶叶，再往茶汁中加入水、盐、酥油，搅拌后即可食用。打酥油的木桶、煮茶的陶罐、喝茶用的木碗，皆取之于自然，并与当地自然气候相适应。例如，木碗是用当地出产的桦木或其他树木雕琢而成，木碗的优势在于不烫嘴，携带方便。

酥油茶是藏族人喝得最多、最普遍的茶，除此，还有清茶、奶茶、面茶、油茶等。清茶的熬煮方法很简单。先将茶叶与冷水放入锅里熬煮，煮沸后又加入冷水，再煮至变色，过滤掉茶叶（此叶一般可以反复使用三次），最后往茶汁里加入少许盐即可饮用。如果往熬煮好的清茶里加入鲜奶和盐，便成了奶茶（也有将茶叶捣碎熬煮，加入鲜奶和盐）。如果往煮好的清茶中加入炒熟后的面粉和盐，就成了面茶。要制作油茶，得先将肥牛肉或肥猪肉切片，在锅中煎炸出油，然后放入少许面粉、糌粑、盐巴,最后倒入熬煮好的清茶,搅拌即可。无论哪种茶,藏族人都是用"煮"的办法,这是因为藏区海拔高,水的沸点低,所煮开的水温度不高。如果直接用这种开水泡茶,不太容易将茶香泡出,可见,将茶熬煮的办法是藏族人认识自然、适应自然的选择。

云南西双版纳处于东南亚热带边缘,为热带生物区系向亚热带生物区系的过渡地带。那里山高林密、气候炎热、雨水充沛,杂居着汉族和傣族、哈尼族、布朗族、拉祜族、基诺族、瑶族等十几个少数民族。炎热、湿润的气候适合于茶叶的生长,举世闻名的"普洱茶"便产自这片肥沃土地。居住在此的少数民族都爱喝茶,普洱茶是他们的首选,不过,各个民族喝茶的偏好和习俗有所不同。例如,布朗族喜爱喝酸茶。酸茶是经过发酵之后制作而成,既有茶叶的清香,又酸甜可口。酸茶是布朗族一种古老的食茶习惯,至今仍然是他们平日自饮、招待宾客、礼尚往来最常用的一种茶。

传统的布朗族酸茶的制作方法并不复杂,通常的做法是:每年的5、6月份,将采摘后的新鲜茶叶蒸或煮熟之后,放在通风、干燥处晾干,直至发酵,然后放入到事先准备好的新鲜的竹筒里,压实密封,或者用芭蕉叶等不漏气的东西包裹好,再放置一段时间。用芭蕉叶做成的酸茶口味不如用竹筒制的,后者在布朗族那里比较流行。酸茶装进竹筒之后,再埋入地下贮存一段时间,大致从1个月到几个月,甚至几年时间不等。食用时将酸茶从土罐中取出,然后拌上辣椒、加点盐巴就可以了。布朗族人根据自身的需要,还经常往酸茶里加入诸如生姜、菊花、米醋、白糖、奶油等食品,这等于将酸茶当成菜肴了。

不仅布朗族把茶当成菜,云南德宏、临沧等地的景颇族、德昂族等少数民族都保留着把茶当菜看吃的习俗。景颇、德昂这两个民族除了喜欢吃酸茶,而且还喜欢制作一种"腌茶",其制作方法与制作腌菜类似:把鲜茶叶清洗干净之后,与食盐、辣椒拌匀,然后装进坛罐或竹筒之中,密封保存数月之后,便成为"腌茶",这种"腌茶"既可当菜下饭,亦可当零食解馋。

布朗族、哈尼族、彝族、傣族等少数民族都有喝"竹筒茶"的习惯。这些少数民族居住之地盛产竹子。在生活条件艰苦的古代，因为买不起煮茶用的器具，当地百姓就利用竹子的特性，发明一种简便实用的饮茶方式。很多少数民族都用到竹子制作"竹筒茶"，但各个民族制作方法和饮用方式有所区别，例如布朗族制作竹筒茶时，一般先取碗口粗的毛竹一节，一端削尖，插入地下立起，再往竹筒中加水，然后点燃柴火，将竹筒中的水煮沸，加入茶叶，再继续煮2至3分钟即可。从煮茶用的清泉水，到竹筒和柴火，无不都是原生态的，因此这种茶水将茶香、竹香、泉水的甘甜融合在一起，风味绝佳。这种饮茶方式是这些少数民族历史文化的见证，也是这些少数民族善于适应自然、顺应自然的反映。

傣族、拉祜族的竹筒茶的制作方法与布朗族有所不同。傣族人喜欢把新鲜的茶叶晒青之后与糯米放入甑内蒸软（糯米在下，茶叶在上），然后装进竹筒内，再用柴火慢慢烘烤。如此烤成的茶，既有茶香，又带有甜竹和糯米的清香，风味独特。拉祜族的竹筒茶的制作也有自己的特色：将新鲜的嫩茶装入竹筒中，同时用文火烤竹筒，边烤边装，直至装满竹筒，然后用木塞塞紧竹筒口，再将整个竹筒烘烤，直到竹筒表面出现焦黄才可。饮用时，将茶叶放在碗里，冲沸水即可。傈僳族、独龙族甚至有些地方的傣族也采用此方法制作竹筒茶。

制作竹筒茶，必须先有竹筒。竹筒的质量影响茶的口感。制作竹筒的竹子必须是当年长成的嫩竹，取其一节，将筒口削成斜口状，然后把水倒进竹筒中，用柴火将竹筒水慢慢烧开。将采摘清洗后的茶叶在火上烧烤，同时不停地反转，以防烤焦。烤熟之后，用手将茶叶轻轻揉搓，再放入竹筒，加热烧煮一段时间后，便可饮用。

云南文山等地的壮族、布依族的竹筒茶又被当地人称为"姑娘茶"。从茶叶采摘、到茶叶制作都是姑娘一手操办，因此得名。"姑娘茶"的制作方法没有特殊之处，只是在熏烤前，将糯米掺入茶叶中一并熏烤。当地人常以此茶作为珍贵礼品赠予贵客，年轻姑娘也可将此作为定情礼物，这种习俗在侗族、傣族等少数民族中也同样存在。

在西南少数民族的茶文化中，白族的"三道茶"是最具民族特色的一种茶俗。这种茶俗在白族那里已流传上千年，至今依然是白族人逢年过节、结婚喜庆必备的礼俗，是白族人招待宾客的最好礼仪。所谓"三道"指的是"一苦二甜三回味"。每道茶所掺入的食物不一样，当然其含义也不一样。第一道茶是苦茶，将当地盛产的尖山云雾茶或沱茶，放入砂罐里，将砂罐放在火上烤烧，不停抖动砂罐，待有了茶香之后，再将开水倒入砂罐即可。这道茶没有添加任何食品，保持了茶叶的原汁原味，饮后令人齿颊生香，其寓意是人生在世，需要吃苦才能换来甜蜜的生活。第二道是甜茶，其成分有生姜、红糖、白糖、核桃仁、芝麻、乳扇等。此茶香甜可口，寓意在尝尽生活的苦累之后，终于换来甜蜜的生活。第三道回味茶最有特色，其成分有生姜、桂皮、花椒、核桃、松子仁、蜂蜜等。此茶香甜苦辣俱全，余味无穷，寓意生活富裕幸福。

无论是藏族和普米族的酥油茶，还是布朗族的酸茶，白族的三道茶等，西南少数民族饮茶时都喜欢往茶汁中加入各种作料和食品，许多常见的食品如花生、豆子、芝麻甚至腊肉等都可以放进茶水中，形成各种风味的茶食品。据说这种食用方法乃是唐代的"吃茶"遗风。大致从宋代开始，唐代的"吃茶"习俗慢慢被"喝茶"习俗取代，此时，茶水中只有茶叶，而没有了其他成分，茶也不再熬煮，而是采用开水"泡"。

在贵州、广西等地的侗族喜爱喝的"油茶"也是一种加入了许多食品的独特茶饮。侗族人把喝油茶叫"打油茶"。这种"油茶"制作方法并不复杂，先把新鲜的茶叶摘回来后，洗净放入锅中煮至叶黄，捞出，滤干水后再加入米汤进行揉搓，然后烘干。制作油茶时，把油（传统的做法是放茶子油）放在锅里烧热，然后将烘干后的茶叶放进锅里翻炒，茶香出来后，再往锅里加入食盐、生姜，最后加水煮沸即可。喝茶时，还要往茶水里加入炒熟或油炸花生、黄豆、玉米、芝麻、糯米、葱花，甚至肉丁、鸡丁等。生活在桂北地区瑶族的油茶的成分就更丰富，不仅有茶叶、生姜、花生粉，还有糍粑、黄豆、生猪肝、煮粉肠、鱼、肉、青菜等，真可谓是名副其实"吃茶"。与侗族、瑶族处于同一地域的苗族等少数民族也都有打油茶的习俗。

▶ 西南少数民族传统生态伦理思想研究

西南少数民族喜爱种茶、喝茶、吃茶，茶成为世俗生活不可或缺的物品。此外，茶还是祭祀神灵、祖灵的一种神圣之物。在西南地区，多姿多彩的少数民族"茶祭"的文化是少数民族文化一个重要部分，其主要内容是对茶神、茶祖的祭祀，并且掺入许多祖先崇拜的内容。布朗族人茶祭的对象是他们的茶祖叭岩冷。据说叭岩冷是布朗族的祖先，茶的种植也是从他开始的。"曼景、芒洪及周围的5个布朗族村寨，寨民都是叭岩冷属民的后裔，他们共同祭献叭岩冷。1950年以前，每年祭1次，到曼景上寨后山，原叭岩冷居住的遗址处作祭献，时间在六月初七。祭祀期间，人们不能下地生产劳动，外寨的人也不得进寨。"[①] 在西双版纳等地的基诺族人每年春季都会举行茶祭活动。在祭祀茶神的日子，每家每户都要到自家茶地里祭祀，此外，村寨还要举行集体祭祀活动。祭师带领村民，在古茶树下杀鸡并将鸡血洒在茶树上，然后口念祭词，祈求村寨茶叶丰收、风调雨顺、吉祥如意等。

二 茶崇拜文化中敬畏自然的思想

在万物有灵的观念影响下，云南临沧地区的彝族和其他少数民族一样，也认为茶有灵魂，而且当地彝族人还认为，茶是他们的救命之物，尊之为"茶祖"。相传，当地彝族先民是从普洱、西双版纳等地逃亡到临沧。刚到此地时，由于缺衣少食，人们只好上山采摘野菜充饥。有一天，男人们在山上寻找了很久也没有找到充饥的东西，只带着一种大树叶和一种小树叶回家，不幸的是吃小树叶的人都被毒死了，而吃大树叶的人却不仅活了下来，而且还精神倍增，从此当地彝族人将此大树视为"茶祖"。每年农历二月十五都会举行隆重的茶祭活动。祭祀当日，村民们身着盛装，带着祭品在祭师的带领下，浩浩荡荡地去祭祀"茶祖"。在祭祀活动中，每个人都要向"茶祖"磕头膜拜，祈祷五谷丰登、吉祥如意。

---

① 孙雪梅、刘本英等：《云南少数民族茶文化多样性探究》，《西南农业学报》2010年第6期。

第八章 饮食文化中的生态伦理思想

德昂族人在亲人去世之后，除了用点心、米粥等物品祭拜之外，还用茶水祭拜。纳西族人在亲人病逝之前，要将一个装有茶叶、大米等物的小红布袋放入病者口中，病人去世之后就将小红布袋挂于死者胸前。不管是隆重的祭祀茶祖、茶神的仪式，还是给死者挂茶包，都表明了茶在这些少数民族社会中扮演着重要角色。各少数民族人民对茶的推崇、对茶神的祭拜，其形式是原始自然崇拜的遗风，其内涵是各少数民族对自然的尊重和敬畏以及巧妙地适应自然环境的实践智慧。

西南少数民族的茶文化丰富多样，从藏族、普米族的酥油茶，到布朗族的酸茶，傣族、拉祜族的竹筒茶，白族的三道茶，壮族和布依族的姑娘茶，再到侗族、瑶族的油茶，还有傣族的煨茶和烧茶，佤族的铁板烧茶，基诺族的凉拌茶，等等。由于各民族的地理环境、宗教信仰、生活习俗有所不同，因此，在饮茶习惯、以茶寄情寓意等方面也迥然有别，这些形形色色的茶文化是各少数民族生产生活、历史文化、宗教信仰的反映。这些丰富多样的饮茶方式，也正表明了这些少数民族按照各自民族的历史文化传统以及所处的环境，不断调适饮茶方式，是他们主动适应自然环境，合理改造自然，与自然共生的真实写照。

但遗憾的是，这些传统文化和思想在现代文明的巨大冲击下，其形式正悄然地发生改变。例如，西南少数民族古朴的传统"吃茶"方式一般是围着家中的火塘，一边烤火取暖，一边煮茶，一边聊家常，遗憾的是这种方式正在逐渐消失。火塘被电取暖设备代替，煮茶的方式也逐渐被用开水冲茶的快速方式替代。傣族、布朗族等少数民族所喜爱的传统"竹筒茶"也在逐渐退出社会生活舞台，其主要材料"竹子"逐渐在被现代的制茶器具所代替；今天的纳西族人、普米族人、藏族人几乎都不用传统用木棒搅拌制作酥油，而是用上了现代电动搅拌器；大理白族的三道茶已经失去了学徒拜师、订婚下聘礼等传统内容，已然变成了各旅游景点招揽顾客的噱头。也正是因为这种传统的生活方式和传统的生态伦理观念的衰微，今天才有必要加以重视和研究。

· 239 ·

小　结

　　舌尖上的文化意义不仅仅是吃什么和怎么吃,而且真实地反映了人与自然物质交换的方式,人与自然打交道的方式。所有的生命都需要食物,饮食是人的基本生存活动,但饮食不仅仅是为了生存,饮食还有礼仪教化、文化传承、感情交流等方面的功能。例如,我国古人就认为日常生活饮食是礼仪的培养、道德的养成的重要内容,"夫礼之初,始诸饮食"。孔子是第一个明确把礼仪道德融入到日常生活饮食之中的思想家:"食不语,寝不言""席不正,不坐","不时,不食,割不正,不食""乡人饮酒,长者出,斯出矣"。

　　"吃什么"很大程度上是由自然环境决定的,"怎么吃"则是由人类自己决定的。饮食文化反映了一个群体或民族的生产与生活方式,也反映了他们所处的自然地理环境特点,是人们集体智慧结晶,是一个民族长期的文化积淀。俗话说"一方水土养一方人",饮食习惯具有很强的地域性。自然地理条件不同,人们获取食物的方式、难易程度都有所差别。饮食文化还具有民族性。民族之间除了自然环境、经济生活等因素差异,还有历史文化传统、宗教信仰等因素差异,这些因素都能造成各民族饮食习俗与偏好、饮食礼仪、饮食禁忌等方面的差异。

　　生活在西南山区的少数民族先民以半农耕,半畜牧生产方式,坚守在大山深处,通过自己的劳动种植稻谷、玉米、高粱、小麦、红薯等,或直接从自然界获取生产与生活资料,例如从山上采摘野生菌,采摘水香菜、水芹菜、珍珠菜、甜菜等各种野菜直接作为他们的食物。当然,虽然他们靠山吃山,靠水吃水,但是并没有将山吃空,竭泽而渔,而是早已认识到自然界的资源是有限的,即使上山狩猎,也禁忌猎杀幼崽、雌性动物等。他们不仅在艰苦的自然环境中创造出属于他们自己的生活,也很好地顺应自然环境,保护了自然环境。

　　为了适应环境,他们种植糯稻,从而养成了喜欢吃糯米饭的习俗;为了将食物长期保存,也为了节约资源和适应自然环境,他们将

第八章 饮食文化中的生态伦理思想

酸加入到食物中，或者将食物腌制，并养成了喜欢吃酸、吃腌制食品的习俗；为了适应高寒地区自然环境，他们养成了吃酥油茶的习俗。可以说，那些带有浓厚的自然性、乡土性、地域性的传统饮食文化是西南少数民族生态智慧的结晶，是西南少数民族文化富有特色的部分，也是中国传统文化重要部分，展示中国文化的多元性特征。尽管在迈向现代文明进程中，西南少数民族的食物制作方式、炊具等方面发生了深刻变化，但他们的简单、节约习惯对于今天越来越追求食物精美、奢华、铺张浪费不良的社会饮食习俗而言，愈加显得珍贵。更重要的是，西南少数民族传统饮食文化所蕴含的适应自然、合理开发和利用自然资源等生态伦理思想更是一份具有重要价值的文化财富。

第九章 服饰文化中的生态伦理思想

服饰是人类社会发展到一定历史阶段的产物，标志着生产力发展水平，是人猿揖别的重要标志，是人类文明生活的重要内容，也是人类文明进步的重要表现，是人类特有的文化符号，是物质文化和精神文化的重要载体。服饰反映了人们的审美情趣、宗教信仰、等级观念以及社会风尚等，蕴含了浓厚的文化内涵。"服饰作为一种文化符号，它和神话、仪礼、节日、文字等一样，是我们剖析民族文化，译解历史之谜的一个取样。"[①] 每个民族都有自己的服饰，都凝结了民族的历史和文化。由于所处的自然环境差异以及历史传统、文化习俗的差异，各个民族的服饰千差万别，但都是各个民族在长期适应自然环境过程中，在生产、生活实践中积累起来的经验智慧。服饰不仅具有遮羞蔽体、御寒保暖的功能，而且还满足了一个民族审美上的需求，同时，服饰也表达了一个民族的宗教信仰，记载一个民族的集体记忆，也叙述了一个民族与天地、自然万物相互交流的深度与广度。

由于西南地区各少数民族生存环境、生产与生活方式，历史文化传统等诸多方面的差异，他们的服饰表现出丰富多样性。"在服饰上，这些民族或因地制服、随季更衣，或观天换装，变服从俗；或根据物产选择衣料衣饰，草、木、皮、毛、葛、麻、棉、丝、虫、贝……无所不用；或观察自然加工服色服纹，日月星辰、虫鱼鸟兽、蓝靛红茜、黄石紫藤，亦可绣可染，可裁其样。生活在高寒山区的民族，服

[①] 邓启耀：《民族服饰：一种文化符号——中国西南少数民族服饰文化研究》，云南人民出版社1999年版，第2页。

第九章 服饰文化中的生态伦理思想

制多为皮革毛毡,长衣大袍;河谷坝区的民族,则喜棉布丝绸,短衣薄裙;山地野老多扎绑腿,水乡村姑好打赤脚;干冷之地爱戴厚帽,湿热之邦不离斗笠。"① 可以说,西南少数民族各式各样的色彩斑斓的传统服饰,是各民族善于适应自然、热爱自然、热爱生活的最好体现。

本章主旨是通过介绍西南少数民族传统服饰文化,阐发这些少数民族热爱自然、适应自然,与自然和谐等生态伦理思想。本章将以三节篇幅分别从服装的制作工艺、用材、色彩、图案等方面展开。第一节主要从西南少数民族服饰的原材料的选用以及原生态的染色技术方面来阐释他们善于就地取材、顺应自然的思想;第二节主要从西南地区各少数民族服饰款式与色彩方面来阐释他们善于适应自然的生态伦理智慧;第三节主要从西南少数民族服饰的图案方面来阐释他们擅长模仿自然,与自然和谐相处的服饰生态文化。

第一节 适应自然的服饰选材与工艺

一 适应自然的原生态服饰材料

作为四大文明古国的中国,其服饰文化可谓源远流长,素有"衣冠之国"的美称。早在新石器时代,北京周口店山顶洞人就学会了用磨细了的"骨针"缝制兽皮或树皮制作服装。考古专家在仰韶文化遗址中发现距今5500多年的丝麻织物。《礼记》中记载:"东方曰夷,披发文身,有不火食者矣。南方曰蛮,雕题交趾,有不火食者矣。西方曰戎,被发衣皮,有不粒食者矣。北方曰狄,衣羽穴居,有不粒食者矣。"②"古者丈夫不耕,草木之实足食也;妇人不织,禽兽之皮足衣也"③,由此可见,我国古人很早就开始学会了"穿衣"。

每个民族在长期的生产与生活实践中都形成了具有本民族特色的

---

① 邓启耀:《民族服饰:一种文化符号——中国西南少数民族服饰文化研究》,云南人民出版社1991年版,第6页。
② 《礼记》,崔高维校点,辽宁教育出版社2000年版,第44页。
③ 《韩非子》,高华平等译注,中华书局2010年版,第699页。

服装文化。每个民族的衣冠服饰莫不承载了他们的风俗习惯、生存方式、审美偏好、民族特性、生存环境、艺术传统等。

由于所处自然环境以及生产方式的特殊性,苗族人在长期适应环境的生产与生活中,形成了自己民族独特的审美情趣、生活观念和精神需求,这些都在他们的服饰上或多或少地体现出来。每一件苗族服饰,从其选材、加工、款式的设计,再到布匹的编织、花纹的印染等,无不体现了人与自然和谐的生态伦理观念。就苗族服饰的选材而言,苗族人的服饰材料都是直接从自然物中选取。南方地区气候炎热多雨,非常适合"麻"这种植物的生长。麻不仅是他们的衣物来源,还是渔网、绳子的原材料。苗族人很早就掌握了使用麻的技术,兹有苗族古歌"姑娘绩麻线,后生织成网"唱词为证。麻有多个品种,其中苎麻为苗族人偏爱。正宗的苗族服装用料必须是苎麻,这种偏爱直到今天也未有变更。虽然因为时代变迁等原因,今天的苗族人平日很少穿戴正宗的苗族服饰,但是,在重大节日和祭祀活动中,苗族人必定穿戴这种传统的苗族服饰。

贵州的黎平、从江等地侗族人常常居住于大山深处,吃穿住行无不依赖于大自然,在长期的生产与生活实践中,他们学会了适应自然,顺应自然。在如何利用自然物做成遮羞避寒的服饰方面,侗族人表现出极高的智慧。传统的侗族服饰从原材料的选取到加工制作,再到纹饰的绘制,形成了一个手工制作的原生态循环系统,无不体现了侗族人合理地利用自然、顺应自然的生态伦理观念。

服饰所需的原材料都是侗族人自己种植的。侗族地区气候非常适合麻、棉以及用作染料的蓝靛植物生长。棉花种植技术传入到侗族地区之前,侗族人都是用麻作为原材料。明清之后,棉花种植与纺织技术才开始传入。在传统社会,侗族人民过着男耕女织、自给自足的生活。全家的衣服用料都是靠自家地里种植,几乎每家每户都有一块面积不大的棉田和蓝靛田。稍有特别之处的是,当地侗族人在种植时,多采用粗放式即除了下种前在地里撒上一些火塘灰用作追肥之外,就任其生长,几乎不去管理。棉花收集之后,立刻进行晾晒。侗族人喜欢将脱去了棉籽的棉花弄成蓬松状,然后搓成长条形,再用薯浆进行

第九章 服饰文化中的生态伦理思想

浆纱,使单线之间紧紧结合,不易断裂,在拉伸过程中不易起毛,易于织布。

原材料准备之后,然后将纱线纺织成布。侗族人使用的织布机有斜织机和腰织机两种,其动力靠脚踏。织布时,侗族妇女把机绳系于腰部,脚踏机板,双手穿梭,一张一合,来来回回,一梭一梭地将纱线织成布匹。整个织布过程并不简单,不仅手脚并用,而且要眼到、心到,身体各个部分相互协调才能完成,整个过程要求高度集中。对于技术熟练的侗族妇女而言,这并不是十分艰难之举。她们甚至一边织布一边愉快地歌唱、带娃,仿佛忘记了劳动的辛苦和生活中的烦恼困苦。

侗族服饰从布料制作到染色,无不体现了侗族人的生态伦理智慧。布料生产与制作是侗族人理性地利用自然,巧妙地改造自然,与自然和谐统一的真实写照。

布依族的服饰与苗族、侗族的服饰一样,也都是采用天然的原材料。直到今天,传统布依族服装,无论是原材料选取,还是浸染以及加工过程中都是采用纯天然的材料,不使用任何化学试剂。从服装的色彩、图案到制作工艺都体现了一种生态文化气息。尽管这种服装的制作工艺在当今社会很难复制和推广,也已经没有多大的使用价值,可是,它所蕴含的善待大自然,亲近大自然,与大自然和谐相处的思想观念仍值得当代人学习和借鉴。

布依族服装的原材料皆为纯天然的材料——棉和麻,其中棉为主要。《后汉书》记叙:"织绩木皮,染以草实,好五色服。"[①] 史料记载,布依族地区造布技术起源很早,但棉花种植则相对较晚。直到明代之前,布依族地区还未有种棉技术出现,明代之后,随着当时中央政府对贵州的开发,种棉技术才开始进入贵州,布依族人也正是在这个时候开始种棉。对此布依族的古歌中有所叙述:"'远古那时候,世上没有棉,人人挂树叶,个个裹树皮。'后来人们才发现:'山上有种花,叶子真大张,叶片圆又滑,真像大巴掌……拿花慢慢捻,丝

[①] 范晔:《后汉书》,中华书局2007年版,第839页。

丝细又长，结实不易断，好比蜘蛛网。'于是'大家快去拣，拣来野花花，姑娘就捻线，线子挽成团，就把布来编。'"①

　　云南西双版纳等地的傣族人在适应自然环境的生存实践中，形成了自己民族独特的服装文化。从生态伦理的视角看，傣族传统服装的面料、色彩、制作工艺无不体现了傣族人善于适应自然、利用自然的智慧。不同地区的傣族由于所居住的自然环境有所差异，经济社会发展程度的不同，今世学者根据傣族的支系的不同，把傣族区分为"水傣""旱傣""花腰傣"三个支系，当然这只是学者们的研究，当地傣族人自己一般不喜欢如此区分和称呼，而喜欢被称呼为"傣族"。

　　不同的傣族支系，在服装上虽然各有特色，但基本形制还是大体一致的。以花腰傣为例，此傣族支系主要分布于云南哀牢山一带以及澜沧江、怒江、元江、勐养等地。传统的花腰傣女性服装多为裙装，一般为上短下长的形制，上装往往有内装和外套两层，内装一般镶有银泡和刺绣的花边，外套比内装要长。外套的领子边缘多绣有彩色的花纹。下装则是筒裙居多，裙装长度过膝。筒裙多为黑色或藏青色，肥大宽阔。筒裙长度长达1米左右，再加上0.3米左右的下摆，整条裙子显得修长。与其他喜欢穿裙子的少数民族不同的是，花腰傣常常穿3—6条裙子，这种习俗与傣族等级观念有关。在传统社会，花腰傣人的裙子穿的多少，与其等级身份密切相关，身份愈高贵，裙子穿的愈多。今天，等级制度早已被消灭，这种穿多条裙子却作为一种习俗保存了下来。

　　从原材料上来看，花腰傣服装的原材料大部分是棉花，但在棉花种植技术引入云南之前，花腰傣以及其他支系的傣族都是从自然界中采伐天然的树皮进行加工。云南傣族地区植被茂密，植物种类繁多，自然界有许多天然纤维可以用来织布。傣族传统的纺织原料是利用树皮埋在牛粪中发酵、腐烂之后，进行加工而来。这种原始的纺织技术至今仍保留在戛洒的傣洒中。据《云南通志》（樊绰

---

① 罗汛河：《造棉·造布歌》，贵州民族研究会编，1986年，转引自王金玲《布依族服饰民俗中的文化生态》，《贵州民族大学学报》（哲学社会科学版）2014年第2期。

第九章 服饰文化中的生态伦理思想

载:"自银生城、柘南城、寻传、祁鲜以西,蕃蛮种并不养蚕,唯收婆罗树子,破其壳,中白如柳絮,组织为方幅,裁之笼头,男子妇女通服之。"①

哈尼族也是一个善于适应环境的少数民族。他们的服装丰富多彩,具有典型的民族特征。当然,由于不同支系的哈尼族所生活的自然环境有所不同,因此,他们的服装款式也有所差别,这种差别恰好说明了哈尼族人服装对自然环境的适应性。在颜色上,所有支系的哈尼族人大致相同,多以黑色为主基调,此外,青蓝色也是主要的色调。在此基础上,再配上蓝、绿、红、黄、白等颜色进行装饰,显得色彩艳丽,美观大方。

传统哈尼族服饰的面料皆为天然植物纤维,主要是棉和麻。哈尼族人很早就学会了种植棉和麻的技术,哈尼族的古歌中对此有所记叙:"神山淌下一股大水,像围腰把寨子围在中间,清清的大水喂饮着牛马,亮亮的大水鹅鸭一片,大水给先祖带来欢喜,大水给先祖带来吃穿;寨脚开出块块大田,一年的红米够吃三年,山边栽起大片棉花,一年的白棉够穿三年。"② 纺织的工具多为木质的轧花机、纺车和织布机。在传统社会,几乎每一个哈尼族家庭都拥有这些工具。到了秋天,哈尼族人从田间把棉和麻采回家,然后需要进行晾晒、去除杂质,麻则需要进行剥皮、漂洗、晾晒等工作。这些工作完成之后,再将棉、麻搓成条形,捻成纱线,然后再织成布料,也就是哈尼族的"土布"。这种土布质地结实,简洁大方,色泽明快。

为了适应高海拔寒冷气候,彝族人普遍使用羊毛作为服装的原材料。彝族的传统服饰擦尔瓦和披毡是彝族地区最主要的服饰,几乎成为彝族的族群标志,这两样服饰都为羊毛制品。其质地结实,具有很强的抵御风寒、保暖和防潮的作用。彝族人几乎一年四季都离不开这两样服饰。天气寒冷时,彝族人就披上这种宽大厚实的服饰,不仅保

---

① 杨明珠等:《文化生态学下花腰傣服饰的文化剖析》,《学术探索》2012 年第 3 期。
② 云南省少数民族古籍整理出版规划办公室:《哈尼阿培聪坡坡》,云南民族出版社 1986 年版,第 121 页,转引自严火其《哈尼族农业历史考察——以哈尼族史诗为基础的研究》,《中国农史》2010 年第 3 期。

· 247 ·

暖御寒，而且爬山下坡都非常方便。高海拔地区，早晚寒冷。在寒冷的夜晚，彝族人就常常披上擦尔瓦和披毡，或围在火塘边取暖，或干家务等。在彝族地区，人们还经常把这两种服饰当被子使用，可见这两种服饰的质地是何等厚实。这种质地和材质的服饰是彝族人适应当地自然环境的最好的东西，是他们为了在这种高海拔地区生存而积累的一种实践智慧。

二 与自然和谐的原生态染织技艺

在对颜色的偏好方面，侗族人与苗族人有点类似，也多以黑色、金褐色、白色为主。染布的颜料都取自天然的靛染植物如蓝靛草、茶蓝、木蓝、大青叶等。每到8至9月份，侗族人将采摘回来的蓝靛叶倒入一个大木桶中，再加入水、石灰，待浸泡、发酵、氧化之后，再滤除杂质，就得到了所需要的染料水，然后再经过染、洗、上胶、槌、刷蛋清、晒、蒸、凉等十几道工序，历时两个月左右才能得到成品。染成的布料主要有黑色、紫色、青色、蓝色、绿色、粉红色，其中紫黑色最为普遍。侗族的布料尽管从其外表来看不如现代市场上销售的普通布料，但是，由于这种布料所用的原材料均为自然品，对人的皮肤具有一定的保护作用，兼有环保、有益于健康的价值。侗族布料质量最佳，也是该民族最有特色的则是"亮布"。亮布的色泽、质地、工艺都是上乘，常常用于制作礼服或盛装。

说到染色，不得不提到布依族等少数民族的蜡染技术。蜡染技术不是布依族独有，其他西南少数民族如苗族、侗族都掌握了蜡染技术。根据文献记载，西南少数民族很早就掌握了这门技术。南宋地理学家周去非曾在广西等地做官，著有《岭外代答》，其中对蜡染技术有所记叙："瑶人以染蓝布为斑，其纹极细，其法以木版二片镂成细花，用以夹布，而溶蜡灌于镂中，而后乃释版投诸蓝中。布既受蓝，则煮布以去其蜡，故能变成极细斑花，灿然可观，故夫染斑之法，莫瑶人若也。"①

---

① 黄钦康：《中国民间织绣印染》，中国纺织出版社1998年版，第65页。

历史上，古代中原地区的汉族人也曾很早就掌握了蜡染技术，但在宋真宗时期，中原地区的蜡染技术逐渐衰落，以致最终失传。其衰落的主要原因在于当时政府只许军队的官兵衣服可以蜡染，而民间百姓服装不得进行蜡染。由于西南地区山高路远，直至宋代，中原政府还未能形成强有力的统辖，那种只许官兵可穿戴不许民间穿戴的政策并没有影响到西南地区，结果蜡染这种技术很好地被西南地区的少数民族保存了下来。西南少数民族蜡染技术以苗族的蜡染为最有名，但布依族的蜡染在某些方面也不输给苗族。而布依族的蜡染技术又以贵州的镇宁、安顺、关岭、晴隆、普定等地最负盛名。

传统蜡染布料的原料都是由麻而来，但随着布依族地区与外界的交流增多之后，也逐渐用棉布料进行蜡染。其工艺与苗族的蜡染工艺一样，也是先把采集到的蓝靛草、茶蓝、木蓝、大青叶等天然的染料，倒入一个大木桶中，再加入水、石灰，待浸泡、发酵、氧化之后，再滤除杂质，然后将布料放入桶中，再经过洗、上胶、槌、刷蛋清、晒、蒸、凉等十几道工序才算完成。

布依族人生活在大山深处，这些地方常常是山美水美，蓝天白云。生活在这种美好的生态环境之中，没有理由不热爱它，布依族人把这种情感融入到他们的服装制作当中。从外部颜色来看，布依族服装给人以淡雅、洁净的美感，主要以蓝、黑、青、白四种颜色为主，这种色彩既反映了布依族人审美意趣，也寄托和反映了布依族人对自然的情感和态度。

与其他少数民族大致相似，哈尼族人服饰染色都是以蓝靛这种植物作为主要染料。哈尼族地区的气候尤其适合于诸如槐蓝、茶蓝、蓼蓝、马蓝等植物的生长，这些植物为哈尼族人服装提供丰富的天然染料。染布的工艺过程不算复杂，一般需经过发酵、过滤等步骤。这些天然染料染出来的衣服不仅色泽艳丽、自然，而且不易褪色，对布料也没有腐蚀作用，最重要的是无毒副作用，对人体皮肤不会产生刺激性，甚至还能防止蚊虫的叮咬。

第二节 与自然和谐的款式与色彩

一 实用与审美完美结合的款式

传统花腰傣男子服饰相对简单，头上戴黑纱布包头，上衣多为黑色圆领对襟衫，下装多为打褶裤，这种服装很好地适应当地的气候环境。花腰傣一般居住在地势较高的山腰，气温要低于平坝，而当地傣族的农田多在平坝。为了适应平坝较高的气温，花腰傣的妇女上衣只是一件无袖短褂，再加上筒裙，这样的装束散热性好，很好地缓解了炎热气候带来的不适。由于室内外气温相差大，进进出出之间就需要及时添加或减少衣物，为了适应这种状况，傣族妇女着短上衣，用黑色或白色布料围在腰间，遮住腿部。值得一提的是花腰傣和其他支系的傣族都喜欢使用腰带，但花腰傣的腰带最为艳丽漂亮，一般绣有丰富多彩的精致图案，"花腰傣"之名因此而起。花腰带常常用红、黄、绿等彩色线编织而成，长达10—15米不等，也有银质的腰带，上面装饰了各种点缀品如银质麻铃，或丝线流苏等。花腰带不仅可以突出傣族妇女的身材，有美化装饰的作用，还可以使腰部保温，不受寒凉影响。花腰傣还有绑腿的习惯，虽然不同地区的傣族绑腿有所区别，但裹腿材料一般为黑色布或绣有花纹的黑布，用绳子或布条绑紧，这样不仅免使腿部受凉或划伤，也可以防止蚊虫叮咬。

此外，花腰傣妇女还喜欢在腰间挎上一个精致的小箩筐。这个四方形小底、椭圆形吊腰的小箩筐的高度约为30厘米，口径约为12厘米，是用当地盛产的凤尾竹编织而成。傣族人喜欢随身携带小秧箩的习俗，据说是与一对恩爱的夫妻有关。相传很久之前，傣族地区有一对生活美满的夫妻，他们过着男耕女织的生活。男人每天到地里干活，妻子则在中午时分给丈夫送饭。有一天，妻子像往常一样，用小秧箩装好了饭菜，一路向丈夫劳动的地方赶去，没想到路上一个妖怪拦住她的去路，不仅要吃掉小秧箩中的食物，还要抢她做老婆。妻子死活不同意，一边与妖怪搏斗，一边护着小秧箩，并大声呼喊救命。当乡亲们赶到时，妻子终因敌不过妖怪而倒在地上，临死前还恳求乡

第九章　服饰文化中的生态伦理思想

亲们帮她把小秧箩送给自己的丈夫。这对夫妻真挚动人的爱情事迹感动了乡亲，于是人们把秧箩视为爱情的信物，从此，秧箩慢慢成为傣族人日常生活中的一部分。

　　实际上，秧箩的起源应该与花腰傣的生产活动和适应自然环境有关。傣族人主要以种植水稻为生，在水稻秧苗移栽之时，秧箩是非常好的盛秧工具，"秧箩"之名的由来与之有关。傣族地区水域众多，盛产各种鱼类，而这种秧箩非常适合用来装鱼，尤其适合装黄鳝、泥鳅等。另外，傣族地区出产槟榔等野果子，傣族人爬上果树采摘，腰间系上一个小秧箩，便于他们采摘果子。这种秧箩的发明毫无疑问是傣族人适应自然生态环境的智慧体现。今天，秧箩依然在傣族人生产活动中发挥着作用，随着时代的变迁，秧箩还逐渐成为一种服装的装饰品。傣族人一般在秧箩上编织各种色彩的花纹图案，或者用银饰或花线织成流苏，然后用彩色丝线编织而成的彩带系在腰间，与整套服装融为一体，十分漂亮。今天，傣族姑娘赶集逛街，走亲访友都喜欢系上一个小秧箩。小秧箩不仅是一个重要的服装饰品，而且还是一个象征着坚贞爱情的信物，成为花腰傣的一个"族标"。

　　除了腰间系上一个精致的小秧箩，花腰傣人还有一件必不可少的装饰品，那就是戴在头上的帽子。这种帽子的特殊性在于其材料不是布料或草料而是当地盛产的凤尾竹。花腰傣人就地取材，用灵巧的双手编成漂亮的帽子。它与一般的斗笠或草帽不同，其边沿往上翘，成蝶形。这种帽子的起源应该也与花腰傣的生产与生活相关。花腰傣人以种植水稻为生，需要经常到田间地头去劳作。由于当地气候炎热，常常下雨，因此，戴上一个竹制的帽子既可以遮阳又可以避雨，而且，制作成本较低，又不破坏环境。这种帽子成了花腰傣生产与生活过程中重要的日用品，当然对傣族服装也有很好的装饰作用。这些都反映了花腰傣人善于在生活中利用自然资源，善于与自然和谐的生态观念和独特的审美心理。

　　哈尼族男子的上装一般为无领无袖的右衽短衣，之所以没有领子和袖子，是因为许多哈尼族地区天气炎热，为了适应这种自然环境，他们做成这种易于散热的上衣，但当天气转凉之后，他们就穿上有袖

· 251 ·

的上衣。值得一提的是，生活在云南红河县西北地区的大洋街、浪堤、车古等地的"昂倮人"为哈尼族的一个支系。昂倮人为了生产和生活的需要，也为了适应当地的自然环境，而喜欢穿"扭裆裤"，这种裤子以其扭裆结构和"V"形腰线而颇具特色。裤腰两侧开衩，腰线与开衩出绲边，腰两侧各有两个细麻绳，作为腰带使用。裤腿可长可短。这种裤子有利于山居农耕的生产生活，穿上这种短裤，在田间地头尤其是在水田里劳作，裤子不易被浸湿。此外，哈尼族人男性外出劳作尤其梯田上劳作，上山下坡、下蹲干活，这些活动和姿势很容易造成裤裆开裂，而这种扭裆裤则能够有效地避免这些尴尬情况。同时，这种裤子也有利于散热，因此，这种扭裆裤服装方便了梯田劳作和山区生活，是哈尼族人适应自然环境的智慧体现。

  为了保护头部不受寒气影响同时也为了美观，哈尼族的妇女也喜欢戴帽。帽子有简有繁。简单的就是一块头巾，而且其颜色单调，也没有纹饰。复杂点的常常由多层构成，纹饰也多。哈尼族妇女的传统服饰可简单地分为长衣长裤、长衣长裙、短衣长裤、短衣短裤和短衣短裙几种类型，这些类型都是昂倮人适应不同自然环境的结果。长衣长裤和长衣长裙首先是遮身盖体，保护身体。哈尼族地区昼夜温差大，晚上和早晨都需要增添衣物，御寒保暖，此时穿上这些样式的服饰无疑是最好的选择。另外，哈尼族的上衣很长，长及大腿中部，一般无领、斜襟且很宽大，而长裤的裤裆大，裤腿也肥大，这种大裤裆，宽裤腿非常适合哈尼族妇女爬山下坡，梯田种植的生产与生活。云南的夏季里，蚂蟥、蚊虫特别多，对此，长衣长裤便能发挥优势。只要把裤腿用绳子绑紧，在稻田劳作时就可以有效地避免蚂蟥攻击，旱地干活时能有效地避免受到蚊虫的叮咬，同时也使得人们在灌木丛中行走或干活时，腿部不受荆棘和枝杈划伤，而且宽松的上衣和裤腿或裙子也有利于散热透气、防晒等。

  短衣短裤或短衣短裙更能体现哈尼族人对自然环境的主动适应性。在红河、西双版纳等地，气候炎热，短衣短裤或短衣短裙非常适合这种环境，同时也便于哈尼族妇女山地劳作与生活。这些服装是哈尼族适应当地独特的梯田农耕生活的表现，同时也是哈尼族高超的生

第九章　服饰文化中的生态伦理思想

存智慧和不凡的审美情趣的最好见证。

　　从款式上来看，彝族服饰种类很多，据说多达300多种。不同的彝族支系，服饰也不尽一致。例如，在四川凉山地区、贵州毕节地区的彝族，男子上装有内衣和外衣之分，外衣多为右衽窄袖款，内衣则多为对襟白布衫；下身多为多褶长裤，裤腿比较宽大，但小裤腿的长裤也较为常见。女性的上装多为对襟大袖或右衽小袖等。下装多为3节彩裙，这种彩裙束腰形，但下摆较大，中间为筒形。裙子的下部有多层褶皱，固有"百褶裙"之称。男性服饰多用蓝黑两种颜色，外衣上的纹饰较少，只是扣襻比较精致，整体呈现粗犷和朴实之感。女性服装多为蓝白黑几种色彩，对襟大袖上衣的袖子可大至2尺，方便劳作和活动，其装饰重点在袖口。对襟领褂的布料也较为艳丽，其装饰的重点也在袖口，衣扣缝制多采用颜色较深的布条制成漂亮的公母扣，这样整个服装显得古朴、端庄。设计这些款式的灵感源自大自然中，也是彝族人在千百年的生产与生活实践中，在适应自然环境过程中逐渐积累的智慧结晶和审美情趣的体现。

　　藏族服饰也是藏族人民长期生产和生活实践中适应自然而创造出来的物质文化。传统的藏族服饰中最引人注目的是藏袍。藏族地区多为海拔较高的寒冷地区，为了保暖，藏族人在衣服原材料上尤为讲究。藏族人用当地盛产的羊毛作为藏袍的原材料，当然也有用动物皮毛或丝绸织物的。尽管各地的藏袍样式有所差异，但总体上藏袍都是长袍，上下相连、宽大、右衽、厚重、结构简单，而且线条柔和，轮廓清楚。各地藏袍的差异多集中在袖口、肩部和襟部上。藏族人穿长袍时一般要用腰带束腰，这样使得胸前有一个较大的空隙。外出时，里面可以放置一些生活用品。在劳作或天气热时，可以把腰部以上的部分打开，即双手及肩部从袍子中露出来，然后把袖子系在腰间，起到散热作用，而且没有必要全脱掉袍子。需要再次穿上袍子时，也只需将袖子解下，把双手伸进袖子中，用肩部架起袍子。由于袍子宽大，质地厚重，所以，很多藏族人在晚上睡觉时，还可以把袍子当成被子使用。

　　仡佬族的服饰亦是他们在特定的地理条件和历史条件下所做出的

· 253 ·

文化选择。历史上，不同时期的仡佬族传统服饰有所不同。据文献记载，唐宋时期，仡佬族的男女皆喜欢穿"通裙"：裙腰无褶皱，上下贯通。随着明代中央政府实行改土归流等政策，其他地方的文化不断涌入贵州，此时，仡佬族的服饰也不断地吸收其他地方服饰文化。在仡佬族传统社会，妇女一般穿右衽无领装，袖口纹饰较为丰富，下身一般穿筒裙；男子一般穿对襟短衣，扎腰带，多用白布或青布裹头，但最有特色的还是仡佬族的"袍子"。仡佬族传统袍子保留了远古人穿衣的遗风：其形如树皮，袖子由一层层布料相互连接而成，袍身中间留一个洞口，一般是前胸短、后背长。穿时只需把头往洞口一钻，即可将袍子直接套在身上。这种审美爱好和制式在有些地方的仡佬族妇女的裙子上表现无遗，其形亦如树叶般。仡佬族服饰上一般有鸡、凤凰、鹰等动物以及各种花草的图案，寄托了仡佬族人对大自然的感情。

从贵州的镇远、石阡、江口、荔波、剑河等地的侗族服饰样式来看，传统侗族男性的服饰差异不大，多为对襟短衣，裤子较长，裤腿肥大[1]。女性服饰多为裙装和裤装，但以前者为主，其中又分为开胸对襟和右衽对襟两类。与苗族等少数民族一样，侗族服装的纹饰也是丰富多彩，无论是领子、袖口，还是襟边、裤腿，都绣有各种漂亮的图案。

布依族也有自己民族独特的服装文化。与侗族相似，布依族的男子上衣一般为对襟短衣，多为青、蓝两种颜色。男子还佩戴头帕，多为青色或花格子布料制作而成。布依族女性服装种类相对较多，而且不同地区，差异相对较大。传统布依族妇女的上衣多为右衽开襟，而裤子则较为肥大。如果是裙子，则一般为百褶裙。布依族妇女也佩戴头帕，多为花格子布料制成。

二 适应自然的色彩搭配

在颜色上，傣族服饰也体现一种原生态的文化。傣族服饰以黑色

---

[1] 贵州从江县的一些侗族男性服饰却是例外，不是对襟，而是右衽开襟。

第九章　服饰文化中的生态伦理思想

为主基调，尤其是花腰傣和文山一带的黑傣更是如此。由于善于使用黑色，花腰傣的服饰显得厚重，同时又不失华丽。花腰傣之所以喜欢黑色很大程度上与他们所处的自然环境有关。花腰傣生活在大山深处，穿着黑色的服饰非常有利于隐藏自己。花腰傣人用自己种植的棉花纺成纱线之后，用当地特有的厚皮香属和树枝，进行熬制，再取其汁用作纱线染色的颜料。此外，花腰傣还喜欢青色等色彩。他们常常把黑色、青色与红蓝绿紫等颜色搭配使用，形成了对比十分明显的色彩效果。这些颜色都是傣族地区常见的自然物颜色：黑色的土地、绿色的稻田和草木，以及鲜艳多彩的花卉。花腰傣人把这种对自然的感情化作艺术的灵感，变成多彩的民族服饰，这是花腰傣人向大自然学习的结果，更是傣族人与自然和谐相处的典型表现。

　　花腰傣的服饰展现了一种崇尚自然、适应自然的文化，真实地反映了他们的审美情趣和民族心理。同样，云南的德宏、保山、腾冲、临沧等地的傣族服饰亦复如此。这些地区都是天气炎热，雨水充沛，因此，他们的衣服用料就常常采用那些比较薄且颜色较浅的，以便有利于散热和透风。也正是这个原因，这些地方的傣族喜欢穿筒裙和裤腿肥大的裤子，上衣一般无领子或者短领。同时，由于傣族地区水域发达，而且傣族人主要以种植水稻为生，因此要经常涉水活动，女性的筒裙和男性的肥裤就十分有利于在涉水时提起或卷起，避免水的浸湿。生活在青山绿水、遍地鲜花、四季如春的自然环境中，傣族人从自然界中获得制作服饰的灵感。绿色、白色、红色、黄色等自然本色就是他们的服饰主色调。这些自然本色使得他们的服饰与自然环境显得非常协调、和谐，尽显一幅天人合一的景象，折射了傣族人与自然和谐统一的朴素的生态伦理观念。

　　从服饰的色彩来看，苗族传统服饰体现了苗族人对自然环境相当高明的适应性。苗族先民在适应自然环境的过程中，善于把服饰制成自然本色。苗族人一般生活在高山峻岭之间，每天开门便能见到青葱翠绿的草木和村舍前后绿油油的庄稼，以及蓝天白云，这样便自然而然地产生了偏好青色的习惯。古代苗族人以农、牧、狩猎为生。在农业生产、狩猎、放牧的过程中，他们发现黑色、蓝色的服饰不仅耐

· 255 ·

脏，适合劳作，而且减少了因洗衣服而产生对水源的依赖，在狩猎过程中，还能比较好地把自己隐蔽在绵延幽暗的大森林之中。同时，苗族人长期面对其他强势的民族，为了生存下来，他们在外出劳作时不得不把自己打扮成与周围自然环境相近的颜色，以便隐蔽，久而久之，审美偏好于黑色、蓝色。贵州黔东南地区是苗族人相对较多的地区，当地苗族有"黑苗"之说，此称谓皆因当地苗族人喜爱黑色服饰。此外，衣服颜色也是人们接近自然、模仿自然的一种重要方式，在万物有灵的观念下，苗族先民将自然进行人格化，他们认为自然与人可以相通，于是他们把自己服饰装扮成自然本色，意在加强与自然的沟通。他们认为模仿自然的打扮就是亲近自然，自然也更容易接纳他们。

与西南地区其他少数民族一样，哈尼族也喜欢采用黑色作为自己民族服装的基调。哈尼族人喜爱穿黑色为主色调的服饰的习惯由来已久，历史文献对此有所描述，如明景泰《云南图经志书》载："倭泥、类蒲蛮，男子绾髻于顶，白布缠头，妇人盘头露顶，以花布为夸头，衣黑布桶裙。清乾隆《景东直隶厅志》载：窝泥，男服皂衣，女束发，青布缠头，别用宽布帕覆之，衣用长桶，有领袖不襟，穿衣自首套下，内著裤，领缀海贝，用作短小筒串饰项。清道光《普洱府志》载：黑窝泥，普洱、思茅、他郎暂有之，性情和缓，服色尚黑。"[1]

哈尼族人之所以选择黑色为服饰主色调，首先是与哈尼族的生产、生活和所处的自然环境相关。哈尼族人是一个古老的以种植水稻为生的少数民族。他们在与土地打交道的过程中，喜欢上这种代表土地的黑色。而且，黑色服装耐脏，这对于一个与土地打交道的人而言，无疑是最好的颜色。此外，作为一个经常出入森林的民族，黑色也有益于在森林中隐蔽自身。据说，哈尼族先民最初并不是崇尚黑色，而是白色。相传，哈尼族先民的服装颜色与白鹇鸟的羽毛一样。

---

[1] 黄绍文、廖国强等：《云南哈尼族传统生态文化研究》，中国社会科学出版社2013年版，第61页。

第九章　服饰文化中的生态伦理思想

白鹇鸟是哈尼族人所崇拜的图腾,他们视白鹇鸟为民族吉祥物,并以此鸟的白色羽毛为美。于是他们把自己民族的服装做成白色,头巾也是白色,犹如一只白鹇鸟。然而,浑身发白的服装却不实用,一则不耐脏,二则洁白服装太显眼,不利于隐藏自己,这给他们带来不少麻烦。于是哈尼族的先民就对此加以改进:里面穿白色,外面再套一件黑色褂子,下身穿黑色裤子,头上的头巾也为黑色,但是,外套稍短,使得上身变成黑白相间,或当外套扣子解开时,黑白对比更加明显,这种黑白相间和黑白对比,同样不利于他们隐蔽自身,尤其在与外族冲突时,对自身的安全很不利。经过长期的经验积累,哈尼族的先民最终发现穿着黑色的服装能够与周围的自然环境融为一体,能非常好地隐蔽起来,于是最终选择了纯黑色。

亦有观点认为,哈尼族人喜欢黑色与他们民族的历史有关。"在氐羌族群彝语支民族中的彝、纳西、拉祜等民族中,黑色具有尊贵、高雅、正统的含义。哈尼族作为彝语支民族的一员,同样也崇尚黑色,他们以黑色为美、为庄重、为圣洁,将黑色视为吉祥色、生命色和保护色。"[①] 此外,在当地的哈尼族人那里,还流传一个有关哈尼族先民为何选择黑色作为服装主基调的传说。相传,在哈尼族人选择黑色作为自己服装颜色基调之前,他们的衣服颜色比较浅,但在上面绣了各种花草树木等漂亮的图案。这种服装特别漂亮,尤其是年轻姑娘,谁穿上这种服装都要增色三分。但是,姑娘穿得太漂亮,也常常招致强盗的垂涎。相传,有一天,两个穿得漂漂亮亮的姑娘在山里干活,突然蹿出一伙强盗,他们不仅要抢走两位姑娘的钱物,而且还要霸占这两位漂亮的姑娘。两位姑娘奋力往深山之中逃跑,强盗们在后面紧追不舍,追着追着,两位姑娘突然发现强盗没有追上来。原来,她们在森林中跑动时,树叶将她们的白色衣裤染成了黑色,结果强盗们没有得逞。哈尼族人从此就喜欢将衣服染成黑色。实际上,哈尼族人偏好黑色最重要的原因是此色最能满足他们生产和生活的需要。从

---

① 袁爱莉:《源于自然审美的哈尼族服饰生态文化》,《云南民族大学学报》(哲学社会科学版) 2011 年第 3 期。

选择浅色、白色到选择深色的过程恰好反映了哈尼族人认识自然、适应自然的生态伦理观念与实践智慧。

彝族人亦偏爱黑色，其原因大致与哈尼族等民族类似，既有利于劳动生产和生活，也有利于隐藏和保护自身。此外，红色与黄色也是彝族人喜爱的颜色，尤其在四川凉山地区的彝族那里，这三种颜色几乎主宰一切服饰，所以凉山彝族的服饰文化被称为"三色文化"。彝族人喜欢红色，显然与这个民族的火崇拜有关。彝族一般生活在海拔较高的山区尤其四川凉山地区，海拔均在 2000 米以上。在这些天气寒冷的高海拔地方，火就更显得重要了，因此，彝族的火崇拜起源应有其地理环境上的因素。彝族人还认为，火是火神的象征，是能够驱鬼辟邪的神圣灵物。正是火在彝族人生产生活与精神世界中扮演了重要角色，因此，彝族人在自己的民族服装上大胆地使用红色，表达对火的崇拜之情。

彝族人对黄色的偏好也应该与这个民族的宗教有关。在彝族文化中，黄色代表了太阳。相传在远古时期，天上有六个太阳和六个月亮，大地被太阳炙烤着，动植物面临灭绝的境地，此时，英雄支格阿龙用神弓射下五个太阳和五个月亮，留下一个太阳和一个月亮在天空，从而拯救了苍生。当然，黄色能够成为"三色文化"中的一员，最根本还是为了适应自然环境。彝族先民认识到太阳是万物生长之源，他们用黄色代表太阳，认为黄色是产生万物之色。此外，彝族地区盛开了各种黄色的花卉，也是他们喜爱黄色的一个重要原因。

为了适应气候与地理环境，传统的藏族服饰不仅要讲究美观，更要讲究实用。由于藏区多以游牧为主，因此宽大的藏袍不仅能够保暖，而且便于游牧活动。藏族服饰多采用蓝、白、红、黄、绿几种颜色。这五种颜色都是藏族人最熟悉的自然环境的本色：蓝天、雪山、草原、大地、江河湖泊等，这些颜色搭配在一起，使得整体显得非常华丽，给人强烈的视觉冲击。广阔的草原和皑皑的雪域，色彩变化不大，远远没有其他地区尤其南方色彩丰富，因此，长期处于这种环境下，很容易导致情绪低落，而华丽的服饰则有利于缓解这种情绪。总而言之，藏族的传统服饰是藏族人生产与生活方式、宗教信仰、自然生态适应、审美情趣、历史发展的结果，是藏族人民创造力的证明，也是中华文化瑰宝中宝贵的部分。

第三节　天人合一的服饰图案

一　热爱自然与模仿自然的服饰图案

苗族服饰上通常都绣有各种花纹图案。五彩斑斓的鸟羽、花团锦簇的百花园、山川虫鸟、日月星辰、鸟兽人物等。这些服饰纹样是苗族人的价值观念、伦理观念、自然观念和社会习俗等方面的反映。

交鱼纹是苗族服饰中比较常见的一种。所谓交鱼纹，就是两条鱼身体紧紧挨在一起，两条鱼呈合抱状，一条鱼的头部嵌入到另一条鱼体的蜷曲部分。两条鱼形体上有所差异，显示了它们是雌雄各异。这种雌雄双鱼合抱在一起的图案显然与苗族人民对大自然生态环境长期观察和认识有关。每当春天来临，鱼类便开始繁殖，此时，溪河、水塘之中，常常见到雄鱼追逐雌鱼，前者用头和鳃摩擦雌鱼的腹部，不久雌鱼便向水中排出大量的鱼卵，与此同时，雄鱼也排出大量的精子，这些精子与鱼卵快速结合，完成受精。苗族人双鱼合抱的服饰图案便极有可能是从这些自然现象中获得的灵感。苗族人采用这种写实的艺术手法，也与苗族人的"鱼崇拜"的古老习俗有关。鱼是苗族人重要的食物来源，而且鱼类有很强的繁殖能力，这都是苗族崇拜鱼的重要原因。此外，交鱼纹图案既是女阴的象征，同时也是男阳的象征。苗族人广泛使用交鱼纹，其用意也有子孙繁衍、多子多福、家族兴旺等意义。

最有趣的是贵州台江、铜仁等地的苗族人还喜欢在衣服上织上许多"似狗非狗"的动物图案，这图案被称为"盘瓠"。此图案与苗族人尊重动物、崇拜动物生态伦理观念有关。当地苗族地区流传一个有关"盘瓠"的神话故事。相传，古代苗族地区有一个小苗族王国，突然遭到了敌人的猛攻，朝中一时派不出一个能够抵挡敌军的人，苗族国王就找来大臣们一起商量对策，可是大臣们也不知所措，最后国王宣布：谁能够取敌军头领的首级，我就把女儿嫁给谁。然而，还是没有人应声。此时，国王脸上突然长出一块肉瘤，其很快长大并掉在地上，迅速变成了一只大狗。这只大狗冲出皇宫，直奔敌营，不一会儿，就将敌军首领的头颅叼到皇帝面前，皇帝也不食言，把他的女儿嫁给了那只大狗，二者后来在洞中生下了六男六女。有学者考证，此神话故事要早于蚩尤和三苗的传说。学者普遍认为此神话故事反映了苗族古老的生殖崇拜观念和生命意识。在母系社会时代，"盘瓠"一词原指男女双方或夫妻双方交媾关系。到了父系社会之后，"盘瓠"一词才慢慢变成了代表男性的符号。直到今天，这些苗族地区的男孩头上常常戴上"狗头帽"，其形如狗，且挂有不少银质菩萨。此种打扮，寄托了父母希望犬神能够护佑自己孩子健康成长的美好心愿。

自然界是苗族人创作服装的灵感来源，绝大多数图案都是采用写实的手法将大自然中的动植物变成美丽的图案。动物纹尤为丰富，诸如牛、龙、鱼、蝴蝶、蜜蜂、虎、象、鹿、兔、鼠、凤、蝙蝠等，这种动物图案造型优美，具有很高的观赏价值，为服装增添了许多色彩和美感，还体现了人与自然浑然一体的关系。例如，自古以来，水牛就是贵州不少苗族地区的最重要的生产工具，正因如此，苗族自古就有以牛为图腾的习俗。在贵州西北部的六枝、织金、纳雍三地交界处的梭嘎乡，生活着一个被称为"箐苗"的苗族，共有 12 个村寨，约 5000 人。当地妇女在节日期间，常常在一根木制的牛角上用黑色毛线以及去世祖先的头发，束成一个巨大的发髻，长达 1.5—2 尺，重达 3—6 公斤，因此，当地苗族又被称为"长角苗"。有研究者认为，这种服饰与苗族的牛图腾习俗有关，亦有研究者认为，这可能与模仿鹿角有关：苗族先民常年在山里狩猎，猎手为了便于狩猎而在自己头上架起伪装的鹿角，以迷惑野兽。还有解释者认为，长角苗上的长角象征着锦鸡的头冠，这与苗族的锦鸡崇拜有关。另外，在贵州的黔东南、雷山等地，牛角头饰也非常普遍。这种头饰的意义表现在三个方面："一是苗族先民有壮而大的审美倾向，对人而言，牛是力量的象征，故而借牛来强壮自己；二是农耕时代认为牛是天外神物，为造福人类才降临人间，值得尊重；三是牛角有生殖崇拜的意义。当然，这三方面都表达了苗族族人的自然崇拜。"[1]

鸟纹也是苗族服饰比较常见的纹饰。在贵州黔东南的黄平、三都、榕江等地，当地苗族传统服饰上的鸟纹尤其丰富。这些地方散居着一个被叫作"仡弄"的苗族。这个苗族小支系的传统衣服上常常绣有大量的鸟纹，尤其是袖口，图案中心多是一只展翅的飞鸟，周围配绣各种花草、蝴蝶之类。鸟形硕大，头顶上有冠，鸟身上绣有穗状的羽毛。仔细端详，其形像鸟又像鸡。

大自然是苗族人生存的依赖，这种生存上的依赖关系直接或间接地反映在他们的服饰上。自然中的山水、动植物都被人格化、神圣化，它们以艺术的形式展现在服饰上。因此，这些服饰忠实地反映了苗族人与自然的关系以及他们对此关系的自觉意识。

最后，苗族服饰的自然性特征，也非常鲜明地体现了苗族人的生态意识。作为一种文化符号，苗族服饰上的山水草木、飞禽走兽，尽管经过了制作者艺术上加工与想象，寄托他们的人生理想和审美情趣，但总体说来，这些文化符号依旧保持了浓厚的生态特性。这是因为苗族先民在认识自然时往往"产生情感混同，分不清自我与自然，以致产生人与动植物或无生物认亲的现象"[2]，苗族人无论崇拜何种动植物，很大程度上是出于实用和功利的考量，而不像古代汉族文化对山水鸟兽、花草树木不问实用而是以寄托主人翁的人生理想和审美情趣为主。正是苗族传统服饰这种自然性才呈现了苗族服饰的原生态特征，它反映了苗族人与自然的和谐关系。

二 服饰中感激自然、热爱生活之情

服饰是文化的载体，它在一定程度上反映了民族的历史、文化、审美、伦理观念等。贵州的黎平、天柱、锦屏、榕江、从江、剑河等地聚居了大量的侗族人口。他们在生产与生活实践中，在与大自然打交道的过程中创造了丰富多彩的服饰文化。服饰浓缩了他们民族的历

---

[1] 何圣伦：《苗族服饰的生态美学意义阐释》，《贵州社会科学》2010年第9期。
[2] 吴晓东：《苗族图腾与神话》，社会科学文献出版社2002年版，第2页。

史、文化、心理、观念,展现了侗族人的内心世界。侗族人对大自然的尊敬和对美好生活的向往和热爱之情在服饰中得到了很好体现。他们的服饰与大自然保持着某种天然的联系,例如,侗族服饰的纹饰多为花鸟虫兽,龙、凤、蝴蝶、山水草木,无不体现了侗族人亲近自然,顺应自然的生态伦理观念。这些设计独特、制作精巧的服饰,成为侗族服饰特有的文化符号,传达了侗族社会的文化、民族心理和思想观念。

布依族的服饰是布依族人审美情趣和艺术水准的直接表现,体现了布依族人善于适应自然环境,与自然亲近的生态伦理观念。从服饰的图案上看,布依族服饰的图案与其他少数民族的图案有不少类似之处,比如,题材上多为花鸟虫兽、山水草木。布依族所居住的地方,花草树木的品种繁多,这都是他们的艺术源泉。例如传统布依族图案最常见的花朵图案是蕨菜花,这是因为蕨菜不仅是当地布依族人喜爱的野菜,而且此花艳丽无比,同时蕨菜花在布依族人那里还有一个好听的名字"吉祥花"。布依族人便把自己对大自然的热爱进行艺术润色,变成了美丽图案。另外,布依族人还喜欢一种名叫刺藜花的植物。刺藜花生命力强,在布依族地区,这种植物遍地皆是。此花色彩艳丽,多为红色或白色,夏天开花,秋天结果。刺藜花的花柄与果实皆可入药,花柄与果实上长满了"刺","刺藜花"之名因此而得。也正因为满身是刺,它才被布依族人视为是美丽又坚强的代表,颇受布依族人的喜爱,以至于刺藜花图案在布依族服饰上极为常见。

以动植物为题材的纹样属于自然纹。除此之外,布依族服饰图案还有一种几何形的纹样,其题材虽然是自然物,但不是写实手法,而是用抽象的手法对自然物进行写意。

布依族服饰中抽象的写意图案,其题材虽然也是花草虫鱼、山水人物,但在他们宗教情感和理性的抽象下,这些题材都带有一种神秘的宗教意蕴。例如,布依族服饰比较常见的水波纹和鱼纹就与他们古老的鱼崇拜有关。相传,布依族祖先盘果与河里的一条鱼相爱,后来鱼变成了美丽姑娘,与盘果结婚,生有孩子安王。另有其他版本如在贵州黔南州平塘县一带流传男青年与美丽的鱼姑娘结婚的神话传说。

第九章 服饰文化中的生态伦理思想

相传,一个名叫"六六"的男青年,既勤劳又善良。一次,他在水边捉到一条白鱼,模样特别可爱,于是带回家中饲养,没想到白鱼本是月神的女儿。她看到六六勤劳善良,为人忠厚,于是心生爱意,变成漂亮的姑娘与之结婚,并生下儿子"天王",此人就是后来布依族的祖先。布依族人将这些美好的宗教题材进行艺术升华,变成各种美丽的图案如三角纹、菱形纹等。此外,作为一个以种植水稻为主要生活来源的民族,理所当然要珍惜与喜爱水资源并加以崇拜。于是,布依族人把本民族对水的感情绣成美丽的水波纹,既增添了服饰的美观,又表达了他们对水崇拜之情。

最有特色的还是哈尼族服饰上的图案纹饰。作为一个依靠大自然而生存的民族,对自然充满了热爱和崇拜之情,这种感情自然而然地表现在他们的服饰上。哈尼族服装上的图案纹饰常有几何形纹饰和自然物纹饰。前者有直条、方块、三角、菱形、枝条纹等。自然物纹饰皆为模仿自然界的动植物,常有日月、树木、花卉等,尤其以梅花、莲花、玫瑰花和八角花最受哈尼族人喜爱,动物类有鱼、白鹇、虎头、蛇、蚯蚓等动物。除此之外,回纹、祥云纹、雷纹等表现吉祥的纹饰也广泛地运用于哈尼族的服装上。这些图案纹饰是哈尼族人在认识自然物基础上所生发出来的一种原生态感情的流露。

梯田文化是哈尼族人赖以生存的基础,它不仅影响着哈尼族人生存体验,也影响了这个民族的审美心理和情趣。于是,梯田图案和造型常常出现在他们的服饰上。"如叶车人的多层衣为多件同样的衣服钉在一起,内褂正摆下有数道青蓝色相间的假边,层层相间,逐层递减,梯形图案十分醒目,体现了哈尼梯田特有的森林—村寨—梯田—水系'四素同构'的农业生态系统,表达了哈尼族人提倡人与自然和谐相处的审美观念。这些图案都反映了哈尼族'天人合一'的审美情趣、审美经验和审美理想。"[①] 在西双版纳地区的哈尼族妇女生产之后,往往在头上戴上一个被称为"莫合"的角盖,以此角盖为

---

① 马玫瑰、李建强:《云南哈尼族女性传统服饰的生态设计与审美》,《武汉纺织大学学报》2014年第5期。

中心，分布着12条向周围放射着的褶纹，这种图案便是对当地丰富的河流和梯田水沟的艺术升华。

哈尼族人服装任何部分几乎都有图案纹饰，例如领子、背部、袖口、衣服下摆等处。此外，裤腿也配有不少图案，但比上衣相对要少。帽子、腰带、挎包上也少不了图案纹饰。不同哈尼族支系，装饰的重点也不尽一致。例如碧约、俄奴、糯比、堕尼等分支的服装袖口和围脖是装饰的重点。他们喜欢用上等布料装饰袖口，做工也非常讲究。围脖一般使用大量银泡，且用金丝线镶边，形成美丽的梯形状。而罗美、果觉等支系则喜欢对襟边、胸部进行装饰。不管差异如何，这些纹饰都是哈尼族人生活环境中常见的且与他们生产和生活密切相关的东西，是哈尼族与大自然和谐相融的体现。

哈尼族与许多少数民族一样，有语言没文字，这对于民族的历史与文化的传承很不利，但是，哈尼族服饰却在一定程度上见证了这个民族的历史与文化，同时也记录和传承了哈尼族的历史和文化。哈尼族服装上的图案纹饰是哈尼族农耕生活的真实写照，也是他们认识自然、改造自然和适应自然的实践活动的见证，更是他们恬淡的生活态度和追求天人合一的生态伦理观念的反映。

彝族服饰上的图案纹饰也体现了彝族人适应环境，与自然和谐的朴素生态伦理观念。图案纹饰内容多为彝族人所熟悉的动植物和日月山川等，最常见的有日月、水波纹、彩虹、石阶、羊角、凤凰、蝴蝶、鸳鸯、马缨花、石榴花、山茶花等。他们将这些生产与生活中常见之物通过艺术的加工形成各种美丽的图案纹饰，表达了他们对大自然的热爱和尊重。例如，彝族人崇拜火，他们就把这种情感融入到服饰创作当中，用镶滚、锁绣等手法，形成了古朴的火镰纹饰。羊是彝族人赖以生存的一种动物，于是，他们便把对羊的崇拜之情化作艺术，变成漂亮的羊角纹，类似的还有鸡冠纹、蟹角纹等。最引人关注的是彝族把森林中常见的一种有毒的带刺藤条作为服饰中一种图案。这是因为，生活在山中的彝族常常要遭遇这种植物，它的毒刺给彝族人带来不小的麻烦，为了鼓励人们不怕苦难，战胜恶劣环境，而把它作为图案纹饰的内容，以时刻提醒和鼓励人们。总之，无论是动植物，还是山川日月，无不反映彝族地区的自然特点和彝族人独特的文化和审美观念，寄托了彝族人对自然万物的感恩之情，也体现彝族人与周围的自然环境和谐相处的朴素生态观念。

在西南少数民族地区，每一个少数民族都有自己独特的民族服饰，都是他们在长期的适应自然环境过程中以及生产与生活实践过程中所积累的智慧和所养成的审美心理的体现。服饰文化是这些少数民族文化重要组成部分，是他们的历史、文化、审美、道德、伦理等观念的感性显现，真实地展现了他们与自然的关系，是他们顺应自然，巧妙地改造，艺术地再现自然的反映。

小 结

服饰是活态文物，又是现实的历史，是穿在人身上的史书，是无声的言说。"服饰是文明的窗口，衣裳是思想的形象。服饰又是民族精神的外化，社会制度的表征。一部人类服饰史，从某种意义上看，也是一部感性化了的人类文化发展史。"[1] 服饰是人类的劳动结晶，是人类文明重要的物质载体，也蕴含了人类的精神追求，更是民族的标识。有研究者对服饰的作用做了归纳：满足生存需求作用，顺应自然环境作用，确定社会角色作用，维持礼仪伦常作用，感应天地神灵作用，记述史事古规作用，美化身体生活作用。就服饰顺应自然环境作用而言，这种顺应自然环境的适应性还"使人实现了诸如生产方式、生活方式等方面的'文化适应'。也就是说，在对自然环境的适应或改造过程中，人同时实现了文化的调适与再造"[2]。

林林总总的西南少数民族服饰"史书"，无声地言说了他们对自然的热爱与尊重，反映了他们顺应自然环境的生态伦理智慧。苗族、侗族、布依族、傣族等少数民族服饰多以麻、棉作为服饰材料，用天

---

[1] 戴平：《中国民族服饰文化研究》，上海人民出版社2000年版，第2页。
[2] 邓启耀：《民族服饰：一种文化符号——中国西南少数民族服饰文化研究》，云南人民出版社1991年版，第19页。

然的植物着色并采用原始的染色工艺，都是积极顺应自然，合理改造自然的典范；从布料的染色上，布依族、苗族、侗族等少数民族传承着古老原生态的染布技艺——蜡染，这是少数民族善于利用自然，与自然和谐的见证；从服饰的颜色上看，无论是淡雅的布依族服装，还是色彩艳丽的傣族筒裙，抑或色彩厚重的藏族袍衫，都散发出适应自然、天人合一的智慧；从服装的款式上看，无论是形形色色的头巾或包头，还是五花八门的上衣或多姿多彩的裤裙，其灵感都是来自日常生产生活，是他们审美体验的表达，更是他们善于融入自然，适应自然环境，与自然环境和谐相处的表现；各式各样绣着日月星辰，或者花鸟虫鱼等自然题材的服饰图案都是西南少数民族劳动人民对大自然的模仿，寄托了他们对建设美好家园和美好生活的向往，凝聚了他们对自己民族历史文化的记忆和理解，表达了他们对大自然的热爱，传递着与自然和谐相处的实践智慧，还有希望、祝福、信仰、崇拜等。

今天，科学技术的发展与全球化浪潮到来，西南地区各少数民族的传统服饰正遭遇前所未有的挑战。作为少数民族"族徽"的传统服饰，正逐渐从历史舞台上隐退，取而代之的是形形色色的从制衣厂批量制作出来的现代服饰。作为一种物质文明，这是进步的表现，但服饰不仅仅是物质文明，还担负着记史叙古、礼仪教化、伦理教育等精神文明的使命。如何保护这些民族的"活化石"不仅是一个严肃的学术问题，更是一个急迫的现实问题。

第十章　居住文化中的生态伦理思想

"居住文化，是指人类居住、聚落形态以及由之发展出来的各种社会文化现象。"① 是人类文化重要部分。从古至今，建筑都被视为文明的里程碑。法国作家雨果说"人类没有任何一种思想不被建筑艺术写在石头上"。我国建筑学家梁思成先生说："建筑是一本石头的史书。"建筑是人类文明的载体，建筑的发展变化标志人类文明进程。建筑不仅满足了人在空间活动的需要，也满足了社会宗教、伦理、情感、审美需求。建筑忠实地反映了一定社会之政治、经济、思想和文化。建筑还真实地反映了自然环境条件、经济状况与技术水平，也反映了社会形态和政治、宗教等意识形态，建筑也是一个地方的社会生活、风俗习惯的写照，所以，梁思成先生说："建筑之规模、形体、工程、艺术之嬗递演变，乃其民族特殊文化兴衰潮汐之映影；一国一族之建筑适反鉴其物质精神、继往开来之面貌。今日之治古史者，常赖其建筑之遗迹或记载以测其文化，其故因此。盖建筑活动与民族文化之动向实相牵连，互为因果者也。"②

《礼记》记载我国先民建造居所的传说："昔者先王未有宫室，冬则居营窟，夏则居橧巢。"③《韩非子》中记载："上古之世，人民少而禽兽众，人民不胜禽兽虫蛇。有圣人作，构木为巢以避群害，而民说之，使王天下，号曰有巢氏。"④ 考古证据表明，我国先民自原

---

① 周光大：《现代民族学》（上卷）第 2 册，云南人民出版社 2009 年版，第 448 页。
② 梁思成：《中国建筑史》，生活·读书·新知三联书店 2011 年版，第 1 页。
③ 《礼记译注》，杨天宇译注，上海古籍出版社 2016 年版，第 335 页。
④ 《韩非子》，高华平等译注，中华书局 2010 年版，第 698 页。

始社会新石器时代开始便开始建造房屋。原始人走出洞穴在平地上挖掘竖式居室和半地穴式建筑。约公元前4000至前3000年，浙江余姚河姆渡人为了适应当地潮湿环境发明了干栏式建筑。

千百年来，西南少数民族在大自然中劳作、繁衍、生存，创造了简单、实用、美观的建筑。建筑是他们适应自然环境的结晶。分布在各地的民居和村落，散发着浓郁乡土气息，彰显了人与自然和谐的美感，是这些民族集体审美、顺应自然、与自然和谐的典范，为此，本章分两个部分进行，第一，通过介绍西南少数民族的房屋和村落的选址、布局，展示其中的天人合一生态伦理思想，其中着重论述侗族的鼓楼、风雨桥中的生态理念；第二，介绍西南少数民族丰富多彩的建筑造型与建筑用材，展示它们的生态和谐之美，阐释西南少数民族善于适应自然，与自然和谐的生态智慧。

第一节 房屋与村落：诗意地栖居

一 房屋建筑选址中的生态考量

人类离开洞穴走到地面，用自己的双手搭建一个能够遮风挡雨安身立命的居所，这是人猿揖别的重要标志。居所是人类确证自己是一个有意识、有文化的高级智能生命的重要方式。尤其对于农耕民族而言，固定的生产场所、稳定的劳动对象和生产方式就要求他们必须有一个固定的居所。关于建筑的起源和作用，《周易》中描述："上古穴居而野处，后世圣人易之以宫室，上栋下宇，以待风雨，盖取诸《大壮》。"[1]

生活在西南地区的少数民族先民，往往以血缘为基础，以宗族为单位集居在一起。大家集居一起，既不远离亲情，彼此之间相互照应，亦可以增强抵抗自然风险的能力，抵抗外敌和盗贼骚扰。西南地区各少数民族与中华其他民族一样喜欢群居，所谓"独木不成屋，单家不成寨"，例如在贵州黔东南地区，到处可以看到大大小小的侗族、

---

[1] 《周易》，郭彧译注，中华书局2012年版，第384页。

第十章　居住文化中的生态伦理思想　◀

苗族村寨，村寨的规模往往从几十户到几百户不等。

在西南地区，少数民族先民在村寨的选址过程中，一般要经过"风水"上的考量，追求与自然和谐，透露了一种原生态的浑然天成、自然古朴的"天人合一"思想。这些少数民族的选址原则一般是背靠大山，面向水流。例如，侗族人在建房时一般都要请风水先生帮忙。避风、当阳，依山傍水是他们的首选，但是，对他们而言，并不是所有依山傍水之地都适合于居住，另外，所依靠的山还必须是山体绵延至坝子，或在溪水边戛然而止的地方。如果不符合这样的条件，要么另选他处，要么进行改造。在侗族村寨，"凡是被认为是'风水宝地'的地方，不准人随便挖掘，也不能乱淋人畜粪便和丢放垃圾，更不能用来埋葬死人，如果有所违背，则会有许多异样事件发生。如鸡不适时而乱鸣，狗平白无故而狂叫，猪牛于厩中狂蹦乱跳等等。"①

在黔东南的侗族地区，村寨多坐落在群山环抱之中，依山就势而建。背靠大山而居不仅是地理上的考量，而且还是侗族人的信仰所致。村寨背后若没有山，就等于村寨没有"龙脉"。村寨的坐落固然是要依山而居，但是，村寨的大门，村寨整体与山体走向是否一致，也有讲究。侗族人一般讲究"来龙去脉"，意思是村寨的整体坐向必须与"龙脉"即背后山脉的气势保持一致，也就是说，村寨的民居必须沿着山脉走向分布，在风水中，这叫"顺气"。

"龙脉"上有侗族人种植的"风水林"。"风水林"不仅是天然的庇荫纳凉、保护水源的地方，而且还是保佑侗族村寨凶邪不侵、平安吉祥的地方。村寨大多都是从山脚下逐渐往高处延伸，依山而上，形成高低错落有致、疏密相间的效果，这样既充分利用地势，节省了平地，又能够避免相互遮挡阳光。从"龙脉"脚下到水畔，中间一般有一块小平地，是侗族村寨种植庄稼之地，当地人一般把它叫作"坝子"。村寨的选址如果是这种坐落，那么就叫作"坐龙嘴"，具备这种地理特征的地址一般被侗族人视为理想的寨址。

以"风水"来考虑村寨的选址毫无疑问是一种原始的"迷信"

---

① 吴嵘：《贵州侗族民间信仰调查研究》，人民出版社2014年版，第18页。

· 269 ·

方式，但是建筑的选址、坐向等方面的"风水"考量又在一定程度上具有科学合理性。虽然具有神秘性，但这种"风水"观念也折射了当地侗族审美情趣和信仰心理（风水观念根本是源于侗族先民对自然的崇拜和万物有灵论的思想），其中也透露出少数民族善于适应自然、顺应自然的生存智慧。

生活在大山深处的布依族人，面临着人多地少的困境，那种"七山一水一分田，一分道路和庄园"情况较为突出，因此，布依族人在村寨的选址和房屋的建造过程中，尤其注意如何合理规范、节约土地。多数布依族村寨的房子都是顺着山势依次往山上布局，步步上升，层层叠叠，错落有致，这样不仅最大限度地照顾到房屋自然采光和自然通风，同时又节省了土地资源，满足村民建房需求，也很好地协调了建筑与自然环境之间的和谐。有些地方的布依族房屋为了更好地采光和通风，同时也为了收集和保存雨水，采用了建造天井的方式。有些地方的布依族村落在村寨的选址和房屋建造方面，堪称人文与自然和谐的典范。

在选址上，布依族村寨与侗族村寨一样，也受到风水观念与天人合一等朴素的生态伦理思想影响。布依族常常深居山区，因此村寨的分布一般是依山傍水。布依族村寨一般坐落于山脚下的相对平缓地带，整个村寨的房屋布局多利用地形高差，紧挨山脚而建，这样做不仅有所谓"负阴抱阳"的考虑，更是充分发挥山地竖向组合的优势。房屋的朝向也多根据地形变化而变化，其平面灵活多样，与周围的自然环境密切融合。

布依族的民居建造也要先经过风水的考量，一般原则是背靠大山、面朝流水。这种观念反映了布依族人与自然、人与周围世界和谐、循环与平衡观念。在选址和建造过程中，布依族人充分尊重自然，因地制宜。代表了山区建造风格和民族特色的"半边楼"就充分展示布依族人尊重自然、因地制宜的建造理念。在斜坡上建房是一个难题，如果把斜坡弄成平地，不仅费时费工，也破坏生态。面对如此自然条件，布依族人则巧妙地在斜坡建起了住宅。他们把房子建在斜坡上，房子的前半部分为平房，是生活区，也是进进出出

第十章　居住文化中的生态伦理思想

的地方；后半部分为楼，一般最少是两层，下层一般用于堆放农具、柴草或圈养牲畜。楼层的上层和前半部分住人，后半部分正前方还有一个木板铺成的"晒台"，有点类似于侗族的"望楼"，是布依族晾晒衣服或粮食的地方。这种"半边楼"房子亦属于"干栏式"房子。

苗族最重要的传统建筑为干栏式建筑——"吊脚楼"。苗族人民为了适应西南地区的山多地少、多雨潮湿等复杂的地理气候环境，首先在选址上就尽量考虑避免这些不利的因素。苗族人在寨子和房屋的选址与建造时十分谨慎，都要事先进行认真勘察并且要过风水关。苗族人相信，山川河流皆有灵魂，顺其则吉，逆其则凶。因此房屋的选址与建造都要与地形地貌的风水相协调。要使房子的空气流通、光照充分、室内干爽等，那么就得将房子建在地势较高的山坡台地上。在高处建房不仅地基稳固，而且还能充分利用山上的动植物资源，然而其缺点在于离溪河较远，而且进进出出都要爬坡。山腰建房较为困难，平地较少，与外界沟通往往只有一条道路，但这种地方易守难攻，村寨的安全性比较好，且风景优美，空气清新等。在河边或山脚下建寨，则生产与生活都比较方便。在西南地区，在山腰或河边的平地建寨的情形最为常见。

苗族人甚至根据某些"神秘现象"来进行村寨的选址，比如，贵州松桃磐石镇水尾苗寨的选址就有来头。相传这个苗寨所在地，历史上曾是万木葱茏、泉水丰富、虎狼出没之地。他们的祖先麻氏经常在此下套捕捉虎狼。有一次，一只母老虎被关进套子，不仅没死，而且还在笼子里产下了小老虎，麻氏就此认定这个地方是一个福地，于是在此建寨安家，繁衍至今。在云南的嵩明阿子营乡龙嘴石苗族人那里，也流传一个有关他们村寨选址的传说。据说，这个地方的苗族是从贵州威宁迁徙而来的，之所以选定今天这个地方，是因为他们的祖先在为地主放牛时，发现牛群总是喜欢来此地吃草，而且不愿意走开，于是他们祖先就在此地安家落户，繁衍下来。在贵州的黔东南榕江空申苗寨也流传一个选址的传说。据说，这个村寨的祖先得到神灵的启示，要把苗寨安在一个如牛形且松树倒栽能活的地方，于是他们

· 271 ·

的祖先遵照神谕，一路跋山涉水寻找，终于有一天在一块光秃秃的石壁下停下了，因为这个石壁上有一个大大的牛脚印，于是他们认定这就是神所指示的地方，他们把松树倒栽，结果松树也活了，后来这个地方成为他们安身立命之处。

　　类似的选址传说在其他地方还有许多，不管哪种选址方式和理由，苗族的寨子都要考虑如何藏风聚气，如何与自然环境协调。苗族寨子一般都是依山傍水，坐北朝南，或坐西向东，都尽量使得房屋光线充足、视野开阔。既要考虑如何避免冬天的寒流直接吹向寨子，又要考虑如何使夏日凉风进寨，朝阳普照寨子，还要考虑怎么避免洪涝灾害、山体滑坡等问题。

　　据史料记载，公元3世纪开始，哈尼族先民陆续南迁至四川、云南山区，才逐渐摆脱了"随畜迁徙，毋常处"的境地，过起了稳定的农耕生活。

　　如何在大山深处安家落户，是一件非常重大因而需要谨慎为之的事情，诸如水源、阳光、坡度、森林植被等因素都必须认真考量。《哈尼族古歌》对其先民选址状况有所记叙："哈尼族先祖来安寨，安寨要找合心的寨地，背着晌午饭去瞧呵，找寨地不要怕踢掉十个脚指头。哈尼的寨子在哪里？在骏马一样的高山上；哈尼的寨子像什么？像马尾套在大山下方。大山像阿妈的胸脯，把寨子围护在凹塘。"[①] "再瞧寨头的山坡上，有没有稠密的神林，龙树像不像筷子一样直，龙树像不像牛腰一样壮，没有密直的龙林，哈尼没有祭树的去处，寨神没有安家的地方；有了厚厚的龙林，十个男人合心了，十个女人爱着了。"[②]

　　哈尼族先祖在选择寨址时也要经过一番风水的考量。其方式非常奇特：村寨的长老们在一番观察之后，在一个相对理想的地方，挖一个碗口大小的坑，然后将三粒谷物种子头对头地放入坑内，然后用碗

[①] 西双版纳傣族自治州民族事务委员会：《哈尼族古歌》，云南民族出版社1992年版，第131页。

[②] 同上书，第132页。

第十章　居住文化中的生态伦理思想

盖起来。大约半个时辰之后，再将碗盖移开，如果三粒种子没有变化，保持原样，那么这个地方就被认为是风水宝地，适合于建寨安家。在具体的实践过程中，哈尼族先民认识到，大山脚下虽然靠近河流，地势平坦，但气温较高，湿气很重。因此，他们选择海拔一般在千余米之上且坡度相对较小、视野开阔、背风向阳的山腰作为寨子的地址。这种地方日照时间长，气候温和，降雨量大，非常适合于生产与生活。《哈尼族古歌》记叙了哈尼族的祖先安寨选址的标准："寨头的山梁像三个手指，一直伸到寨头上；中间的山梁是寨子的枕头，两边的山梁是寨子的扶手，有了这样的三个山梁，十个男人合心了，十个女人爱着了。背着晌午又去瞧，寨子的下面有三个山包，三个山包是寨子的歇脚，有了歇脚寨子才稳。有了寨脚的三个山包，十个男人合心了，十个女人爱着了。再瞧安寨的地方，有平平的凹塘，这是白鹇找食的去处，这是箐鸡出没的山场；有了这样的凹塘，人种会像泉水一样流，庄稼牲口会像河水一样淌。"①

寨子选好之后，哈尼族人还要在寨子周围种上树林，并对这片树林加以保护。走进哈尼族村寨，但见寨子四周常有竹、棕榈、果树等植物，村边有四季长流的清清的溪水，寨子下方是绵延的梯田。正是有了哈尼族先祖们那种顺势而为，适应自然环境的生态智慧，才有了美丽哈尼族的村寨。

村寨的选址和房屋的建造是最能体现人类如何适应自然、顺应自然和利用自然的生存智慧。西南地区的少数民族在认识自然规律的基础上，非常机智地协调人与自然的关系，顺势为之，在满足自己需求的同时，也保护了自然，这种生存智慧内含了一种尊重自然，与自然和谐的生态伦理观念。

二　鼓楼与风雨桥中的天人合一观念

依山傍水是侗族村寨布局特点，但不是唯一的布局。他们一般根

---

① 西双版纳傣族自治州民族事务委员会：《哈尼族古歌》，云南民族出版社1992年版，第131—132页。

据自然地理条件特点而灵活地采用其他类型，如村寨沿着河床两旁，紧挨水畔；亦有坐落在群山之中，村寨前并没有河流的；还有建于大江大河之侧的一个不高的山坡上。但是，在侗族地区，不管村寨建在何处，如何布局，也不论村寨大小，侗族村寨的整体布局还要遵守以"鼓楼"为中心的原则。鼓楼是侗族村寨最高的建筑，也是侗族村寨的绝对中心。依据挪威建筑学家诺尔伯格·舒尔茨的说法，每个人都有对中心最基本的存在要求，也就是说，人都具有向心感，由此产生一种心理上的归属感和安全感。如果缺少中心，那么社会内部就很容易导致混乱，居住环境的中心点能满足人们心理上的需求。心理上的秩序基点必须依靠中心才能建立，侗族的鼓楼就充当这样的角色。鼓楼作为村寨的中心，还是村民相互交流的场所，是家族成员之间相互了解的场所，在一定程度上充当了村民社会生活甚至政治生活的公共空间，它在促进侗族社会的良好民风和道德习俗方面起到了不可小觑的作用。鼓楼的高度和艺术形式对整个村寨民居和布局起到了一个画龙点睛的统率作用，当然更是凸显了侗族人尊重自然，与自然和谐的生态伦理观念与实践智慧。

鼓楼是侗族村寨与其他民族村寨最大的区别。在以血缘为基础的、以家族为单位组建起来的村寨，鼓楼无疑强化人们对村寨的认同感以及对宗族、血缘的认同和依附感。在侗族村寨，鼓楼被赋予了神圣意义，它被侗族人称为"圣塔"和"天梯"。鼓楼是侗族村民的信仰，是他们的精神支柱和文化记忆，也是侗族的文化特征。

侗族鼓楼是一个三角形木质结构的建筑物。从远处看，侗族鼓楼在外观上很像一棵"杉树"，非常清新和秀美，给人一种美妙的愉悦感。据说这与侗族先民的杉树崇拜有关。远古时期，对于没有固定居所的侗族先民，巨大的杉树无疑是较为理想的遮风挡雨之处，杉树也因此逐渐成为侗族人崇拜对象。侗族人准备建村寨或鼓楼之前，都要先栽好一棵杉树，然后才开始动工。

鼓楼的形象很具体地诠释了中国文化的"天人感应"思想。中国文化中的天干、地支和二十八星宿等天文观念在鼓楼中都有所体现。在侗族地区，所有村寨鼓楼的立面皆为奇数，最少的只有一层，最高

第十章　居住文化中的生态伦理思想

的则多达29层①，其中以9层、11层、13层居多。这是因为侗族人认为奇数为阳，属天，偶数为阴，属地，所以，鼓楼的平面则都是偶数，其中以4、6、8为常见。侗族鼓楼与民居建筑选址和朝向，都要与这些数字的寓意相吻合。例如，所有鼓楼的正梁都绘有太极阴阳图，而其他立柱也都有相关的含义。平面为正方形的鼓楼，其取义为"宇宙二十八星宿分处四个星区，由东方苍龙、西方白虎、北方玄武、南方朱雀四神把守，寓意'威震四方'"②；如果是六边形的鼓楼，其六边则分别对应上下左右前后，平面为八边形的鼓楼，其立柱分布是以太极八卦而排开：乾、坤、震、巽、坎、离、艮、兑八根柱子，分别对应天、地、雷、风、水、火、山、泽八种自然现象。鼓楼的地面中间都有一个较浅的坑，用作火塘，以供冬天烧火取暖。火塘四周，也就是鼓楼边线上都设置木凳，其寓意为"威震四方"。"底层明堂为正方形，明堂之上为八边形，义为'四海升平、八方祥和'。明堂上方一柱直达鼓楼楼顶，此为雷公柱，象征一年；内侧四柱垂地，象征四季；外侧檐柱十二根，象征十二个月，寓意鼓楼'与四时同步''与日月同辉'"③。

在侗族地区，鼓楼固然是侗族村寨的象征，但少了"风雨桥"，亦不是"标准的"侗寨。按照侗族传统，建了鼓楼之后，必然建风雨桥配套，因为风雨桥能够影响村寨的风水，唯有如此，全村寨才能四季平安。在侗族村寨，鼓楼与风雨桥相互呼应，形成一个交相辉映的艺术整体，这是侗族人民劳动智慧的结晶，反映了他们高超的建筑技艺与独特审美意识，也体现了侗族人与自然环境相和谐的理念，是人与自然和谐一致的标志。

风雨桥是廊桥的一种，又名花桥、福桥、凉桥，古代侗族语中并没有"风雨桥""花桥"之类的说法，新名词都是新中国成立之后才慢慢流行开来。1965年，郭沫若先生在一首赞美广西三江的呈阳桥

---

① 2005年11月建成的从江鼓楼，高29层，足有46.8米高。
② 王家骏：《鼓楼：侗寨人居的凝聚中心》，《资源与人居环境》2006年第2期。
③ 同上。

· 275 ·

的诗中有"艳说林溪风雨桥,桥长廿丈四寻高。重瓴联阁怡神巧,列砥横流入望遥……"诗句,风雨桥的叫法由此开始流行。

对依山傍水而居尤其是沿着河溪畔而居的侗族村寨而言,风雨桥首先是起到了沟通河溪两岸生活空间的作用,也是许多侗寨村民走出大山的唯一通道,是侗寨人与外界沟通的工具。但风雨桥不仅有单纯通行的功能,它还具有丰富的社会、文化功能。

风雨桥的建造,与鼓楼和民居一样也要经过"风水"的考量。在侗族地区,村寨的布局和鼓楼的建设都要"顺气",即顺着龙脉来选址和建造。同样,风雨桥也根据龙脉来选址和建造。只有根据龙脉的走势即"顺气"建造的风雨桥,才能起到保障村寨蒙福受佑、镇寨驱邪、人畜平安的作用。总之,侗族鼓楼、风雨桥和民居都是因地势、地形而建,最充分地融入到周围环境之中,形成一个和谐的景观,充分展示了侗族人的"天人合一"观念。

第二节 自然与人文和谐的造型

一 适应自然环境的干栏式建筑

"干栏"一词最早见于《魏书》,"依树积木,以居其上名曰干栏"。为适应地势低洼、多雨潮湿环境而采取打桩,然后再在上面架横梁,铺设木板,以抬高房屋底面,从而减少潮湿的影响,这种建筑曾普遍存在于我国长江流域,因此也有研究者认为干栏式建筑是"百越"民族首创。河姆渡聚落遗址中有大量干栏式建筑遗迹。由于特殊的地理与历史文化传统原因,西南地区侗族、苗族、傣族、水族、壮族、土家族、仡佬族、佤族等少数民族村寨至今仍然以干栏式建筑为主要建筑,只是叫法有所不同,如"吊脚楼""半边楼",在傣族那里,此类建筑因其材质为竹子,故被称为"竹楼"。

侗族民居是典型的干栏式结构。"干"在侗族语中即为"上面""上方"的意思,"栏"则是"房屋"的意思。从材质上看,传统侗族民居和他们的鼓楼、风雨桥一样,都是清一色的杉木材质,少量以松木为材料。从类型上,侗族传统民居一般有高脚楼、吊脚楼、矮脚

第十章 居住文化中的生态伦理思想

楼和平地楼四种类型。无论何种类型，其建筑特点一般是先在地面上打下木桩，这是整个房子的最基础的部分，然后在木桩上架上木板，屋顶铺上茅草、树皮或瓦片。房子的四面墙体和房内隔墙都为木板，或用竹编成板，上面再抹上山草或稻草和泥土、牛粪等混合而成的泥巴，就成了房屋的墙体。传统侗族干栏式民居大多是三层。下层架空，一般用于堆放柴草、放置农具或圈养牲畜等，这样安排不仅是考虑到南方潮湿多雨的天气因素，还有防止毒蛇猛兽侵入的考虑，同时，下层圈养牲畜也有利于防盗。中间一层用于住人，最上的一层多用于储藏粮食等。多数侗族民居都有望楼，望楼的设置方便了侗族人的生活，比如可用于晾晒衣服和粮食等。望楼视野宽阔，是侗族妇女纺线织布的理想场所，也是侗族人避暑纳凉之地，还是侗族青年男女对歌，交流感情的场所。堂屋正中一般设置了神壁神龛，其目的是供奉列祖列宗和祭献"天地君亲师"。

从侗族的鼓楼、风雨桥、民居的选址、建筑特色、建筑用材等方面来看，侗族建筑处处体现了对自然的尊重，体现了侗族人们善于与自然和谐相处的生态智慧，其主要表现在三个方面：第一，侗族建筑最大限度地依势而造，尽量与自然环境保持统一。充分利用地理特征，就势而建，而不是任意开挖。民居一般顺着山势，整个建筑充分融入到周围景物之中，形成一个和谐整体。第二，所有建造材料都是就地取材，因地制宜利用大自然的材料，同时房屋布局也是最大限度地节约土地。第三，村寨附近有意识地进行绿化。侗族村寨旁边几乎都是古树矗立，树木成荫。在侗族村寨，古树、风雨桥、鼓楼、河溪、山林、梯田、小道浑然一体，构成了一幅绝妙的山寨美景图，是山林文化、农耕文化、渔猎文化三位一体的多元文化，尽显一种天人合一，人与自然和谐的美丽画卷，是人文与自然的和谐典范。

从建筑材料上而言，布依族的石板房更能代表西南少数民族天人合一，与大自然和谐相处的生态伦理观念。贵州的镇宁、安顺、贵阳等地布依族人口相对集中，这些地方的布依族建筑最具代表性。房屋的建造都是就地取材，利用当地的特产——页岩石来作为建材。页岩石具有容易剥离、硬度适中、厚度均匀、易成片状等特点。石片的厚度从几厘米到几十厘米不等，无论厚薄，都能被布依族人用作为房屋的瓦片。不仅如此，整个房屋，除了立柱、横梁等，其余都是石料。其结构形式是"内木外石"。从地基到屋顶瓦片都是石材。墙体亦由石板组成，石板与石板之间没有黏土，完全是由一块块的石板采用干砌方法建筑而成，而且墙体外层不做任何加工和修饰，显得自然纯朴。当然也有采用加工好的石块作为墙体材料，这样的墙体比较平整、坚固。"墙体可以分为两种：一种为壁头墙，一种为砌墙。'壁头'是当地人对镶嵌石板的称呼，也就是木构架的柱枋之间镶嵌上3厘米左右厚的一块块长方形石板当作墙壁。镶嵌的方法十分简单，就是将尺寸恰好合适的石片放入柱枋间的空当，然后在石板内外两侧边缘处钉铁钉进入柱或枋，铁钉钉入一半，露出的一半可以固定石板。砌墙就是用乱石片像垒砖头那样，砌成的40厘米左右厚度的天然板材，将这些不同形状的乱石铺得像瓦片一样，而又不至于叠得太厚。"① 这种建筑风格也只有在具有这种特殊石材的地方才能实现。室内的地面也是石板块铺设而成，甚至楼板亦是如此，以这种方式建造的房子，除了坚固和冬暖夏凉之外，而且还有比较好的防潮防火功能。

除了房屋的建材就地取材外，村寨中的道路，牌坊莫不如此，而且布依族家里的一些生活用具都是以石材来做，比如石灶、石桌、石凳、石磨、石槽、石盆，等等，以天然的石料作为建材节约能源，造价很低，减少木材使用，从而减少了对环境的破坏。

傣族在村寨选址和房屋建造过程中，也是善于因地制宜，就地取材。傣族的房子结构亦为干栏式，其材质则是采用当地特别富产的建材——竹子，所以这种房子又被称为"竹楼"。在傣族地区，有关竹楼的来历，还有一个传说。据傣族的创世史诗《巴塔麻嘎捧尚罗》中描述，在远古时期，傣族祖先居住在穴洞，但随着人口的增长，穴洞难以容下全部的人口，有些人被挡在洞外，这些没有居所的人，在雪雨风霜中往往染病而终。傣族的氏族首领桑木底看到这种凄惨的场

---

① 惠飞：《山地民居系列·贵州石板房》，《中华民居》2010年第8期。

第十章　居住文化中的生态伦理思想

景，决心改变这种现状。他苦思冥想着怎么解决人们住所问题。有一天，他看见宽大的芋头叶子能够挡住雨水，突然灵光一现，何不用芋头叶挡雨原理来建造房屋？于是他带领村民用树杈搭起一个棚架，再用芋头叶和野草盖在棚顶上，房子就这样建成了。但是这种房子由于是平顶，只能遮日不能避雨，只要一下雨，棚子就塌了。桑木底又苦思冥想着如何解决这个问题，有一天他从狗坐的姿势得到了灵感，于是他带领乡亲，把平顶改造成了像狗坐的姿势，前高后低有一定坡度的茅草屋，当地人把这种建筑叫作"杜妈奄"（义为狗坐式棚屋）。这种房子既能遮日又能避雨，解决了傣族先民居所问题。然而这种房屋仍然有缺陷：下大雨时，外面雨水倒灌进屋，导致屋内积水。于是桑木底又开始琢磨如何解决此问题，这次他的爱心和决心感动了天神，天神变成一只漂亮的凤凰飞到桑木底的跟前，在一个树桩上立起，并且展开双翅，其形恰似一个棚屋，桑木底又从中获得了灵感。他带领乡亲把房子建成凤凰展翅的样子，而且把房子底部用竹子架起，与地面保持距离，很好地解决了房内积水的问题，从此傣族人就住上了舒适的房子。傣族人把有房之后的喜悦之情充分表达在歌曲中："人有房子了，人有家住了，不再愁雨淋，不再住洞穴"[1]"有房人心安，不怕风和雨，晚睡关房门，不怕虎来伤，不怕狼来袭。房高地不湿，人不受冷潮，身体少得病，小孩长得快，老人寿命长，人类更兴旺。"[2]

傣族竹楼，结构简单，形态不太复杂，功能非常明确。这种建筑使得傣族人能够在高温多雨、炎热潮湿的气候环境下舒适地生活。傣族竹楼与侗族吊脚楼一样，一般分为两层，不同之处在于，傣族竹楼因为竹子材质问题，所以最多只有两层。底座用竹子或树木做桩，屋顶盖以茅草或瓦片，楼板和墙板均为竹篾。竹楼下层一般用于堆放柴草、杂物或圈养牲畜。此种结构还有益于防止当地盛产的毒蛇、猛兽

---

[1] 西双版纳自治州民族事务委员会：《巴塔麻嘎捧尚罗》，岩温扁译，云南人民出版社1989年版，第398页。

[2] 同上书，第399页。

的侵袭，减少蚊虫叮咬。竹楼上层住人，由于与地面保持了一定的距离，所以很大程度上避免了潮湿。加上整个房子都是以竹子材质做墙体和地板，所以非常凉爽。竹楼外墙一般开窗，有的还是落地窗，使室内与外面通风良好，此外，墙体与屋顶还留有间隙，其目的也在于增加空气对流，这种设置有效地缓冲了当地炎热气候的影响，使得室内成了避暑纳凉的好地方。

苗族人在适应自然环境过程中善于充分利用当地条件，建造既漂亮又环保，具有民族特色的吊脚楼。走进苗族村寨，只见有一栋栋漂亮的吊脚楼凌空架起，寨前寨后，树木参天、果木成荫，溪河穿梭其间，呈现一幅幅美丽的大自然与人文交相辉映的画卷。

苗族的吊脚楼又叫"半边房"，其原因在于这种房子是靠斜坡而建，在斜坡上方挖掉土石，整成一块小平地。下方立长柱，上方立短柱。形成了一个上一个下的地基脚结构。下方底层上升，与上方齐平，整个房子顺应山势，如虎坐式。此种布局不仅减少了开挖土方量，而且减少了对生态的破坏，也避免了因对地层结构建设性的破坏而导致山体滑坡等问题。苗族吊脚楼常常为二层或三层，底层一般用于堆放柴草、杂物或关养牲畜。这样安排与相同环境下的侗族等少数民族一样，也是为了减少潮湿环境的影响和防止虫兽侵害等。吊脚楼第二层则是生活之用，第三层则一般用于堆放家庭用品等。除了吊脚楼之外，落地式平房也是苗族地区常见建筑形式之一，这种房子的地基直接落在平地上，整个房子一般为长方形，房屋顶为人字形。由于是木质结构，所以一般为两层。室内通常为三间，中间的正屋为堂屋。

不管是什么建筑形式，苗族人的堂屋中都设有火塘。火塘是房屋不可或缺的场所，它在苗族人日常生活中扮演了重要角色。火塘的存在也体现了苗族人善于适应自然环境的生存智慧。苗族人所居住的地方，一到冬天寒冷潮湿，瘴气严重，如果不生火，几乎很难待下去。有了火塘，不仅可以御寒，而且还顺带在火塘上烧水、做饭。苗族人的火塘常常放置一个铁制的三脚架，上面搁置一个水壶和鼎罐，用来烧水、温酒等。火塘使得室内与室外产生了温度差，从而增加了空气的对流。正是因为它集多种功能于一身，所以，苗族人家中的火塘一年四季几乎不灭。火塘还是一家人聚在一起相互交流的好地方，也是苗族人接待客人的地方。火塘不仅满足了苗族人物质上的需求，还是苗族人的精神寄托。苗族人如果搬进新家或年轻夫妻离开父母另立门户，则都必须由家族中德高望重的老人，从其家中火塘取出火种，移到新家（新屋）的火塘中。

传统的苗族房屋与侗族等少数民族的房屋一样，都是木质结构，以杉木居多。支撑部件木材一般是有一定年份的向阳面的老木材。每栋房子所用的柱子不多，柱子之间用瓜或枋的形式连接，其中梁柱上的连接都是采用中国传统建筑中常用的榫卯结构，整栋房子几乎不使用钢筋、水泥和铁钉。榫卯之间相互咬合，彼此牵引和支撑，使得整个房屋的各个木质部分有机结合，形成了坚实稳固的整体。房屋的四面墙体，多用木板，木板上面往往涂上一层当地出产的桐油，以增强墙体的防水和防虫蛀效果，使得墙板经久耐用。当然，也有用竹篾、山石、茅草等做墙体的。

千百年来，苗族人民在生态调适过程中，学会就地取材，因势利导。他们在艰苦的环境下建设自己的家园，把自己的家园与周围环境融合为一体：村寨、亭台、山林、小溪、河流、果树，形成了一个美丽的有机整体，构成了一个自然与人文和谐的环境。苗族村寨与建筑体现了苗族人朴素的生态伦理观念，闪耀着宝贵的天人合一哲学思想。它展现了苗族人民的聪明才智，是他们尊重自然、顺应自然、合理利用自然以及与自然共生的生态伦理智慧结晶。

二 土掌房中的生态意识

在彝族、哈尼族地区，还有一种古老的建筑类型："土掌房"（或称"土库房"）。据史料，这种"土掌房"源自古氐羌族的平碉式建筑。凡建有"土掌房"的地区，一般海拔比较高，气候炎热，且干旱少雨。以土、石、木为建筑材料的低层平顶房屋，其结构相对简单，其建造方法也不复杂，一般用石块作为地基，用木材做整个房子的框架，墙体则用土坯垒砌或用土夯实做墙。墙上架梁子，梁子上再铺上竹条和细木条，然后在上面抹上泥土，并将其拍紧。哈尼族的"土掌房"一般为一层，但也有不少为二层，甚至三层的。由于墙体是厚厚的土层夯实而成，因此具有良好的隔热、防寒的效果。屋顶建为平顶，这对于缺少平地的地形来说，平顶屋是一个不可多得的晾晒谷物好地方。在哈尼族的村寨，各家的"土掌房"一般都根据地形和实用需要，合理地安排空间，所以整个村寨的房屋高低错落，富有变化。哈尼族人因地制宜、就地取材，建造出与周围环境极为协调的房子，既实用又美观，既经济又生态，是少数民族传统建筑的瑰宝，是哈尼族人适应当地自然环境的创举。在今天的云南红河流域和李仙江流域的墨江、元江、元阳、红河、绿春县等地方，依然可以看到这种堪称建造技术"活化石"的土掌房。当地的其他少数民族如傣族，甚至是汉族也会盖这种房子。

土掌房只适合于干旱少雨、气候炎热的地带，而不适合于那些雨量充沛的环境。为了适应高温多雨的自然环境，哈尼族人把"土掌房"改进为"蘑菇房"。简单说，这种改造就是在屋顶加上防雨层即在土掌房顶部加盖一个坡度约为45度的四坡顶，上面铺盖茅草或稻草，外形极像蘑菇。从哈尼族的歌曲可知，哈尼族祖先是从自然中得到灵感："先祖又去到惹罗山上，瞧见大雨洗过的山坡，生满红个绿个的蘑菇，蘑菇盖护住了柱头，是大雨淋不着的式样，蘑菇盖护住了柱脚，是大风吹不着的式样，惹罗先祖瞧着了，哈尼寨房的式样有了。"[①] 不管歌曲反映的是否真实，但可以肯定的是，蘑菇房是哈尼族人为了适应自然条件，满足生产和生活需要而创造出来的极富民族特色的建筑文化。

从外形上看，哈尼族的蘑菇房一般是正方体或长方体。其墙体很厚，窗户较小且比较高。这种结构对于隔热避暑和挡风避寒以及御敌防盗具有很好的效果。从内部看，蘑菇房多为砖石结构。一般为两层，下层不住人，用来圈养家禽家畜，或放置农具等杂物。上层则是

---

① 西双版纳傣族自治州民族事务委员会：《哈尼族古歌》，云南民族出版社1992年版，第137页。

第十章　居住文化中的生态伦理思想

生活和休憩的空间；从建造空间构造来看，蘑菇房一般分为正房、走廊、耳房、晒台、院落。正房一般是二层三间再加一个蘑菇形屋顶。底层一般为三间，上层堂屋最大，是一家人相聚或待人接物的地方，两边房间为卧室，相对较小。正房前一般建有一条较为宽阔的走廊，是一家人就餐等活动之地。耳房一般为两开间，高度比正房小，结构较为简单。晒台与正房的第二层直接相连，是一个通向室外的平台。哈尼族的蘑菇房院落一般较小，主要受当地地形所限，主要用来绿化、采光、通风等。

蘑菇房很好地适应了当地的自然环境。从材料的选择上来看，用的都是当地的资源。山区不缺土石，泥砖也是哈尼族人就地取材制作而成的，盖房用的茅草或稻草都是容易得到的物质。

随着社会的发展，许多哈尼族青壮年走出山寨，去外面世界谋生，生活水平提高了，观念也发生变化。他们喜欢上了那种宽敞明亮的钢筋混凝土楼房，因此，许多经济上有条件的哈尼族人，都纷纷把古老的蘑菇房推倒然后建起了钢筋混凝土楼房，这种变化对传统文化保护而言，是一个不小的挑战。

在西双版纳一带的哈尼族的房子则不是"土掌房"或"蘑菇房"，而是干栏式建筑。哈尼族人把这种房子叫作"拥戈"。这种房子一般是多根柱子，全用榫卯结构连接而成。一般为两层，下层用竹木栅栏围起来，圈养家禽家畜或堆放杂物等，上层为一家人的生活空间。屋顶盖以茅草或瓦片、竹片。哈尼族的"拥戈"虽然外表是干栏式的，与其他民族并无多大差别，不过，"拥戈"的内部结构却富有哈尼族的民族特色。

哈尼族人通过对自然环境的观察与认识，建造符合生态理念的各式各样的房屋。为了适应潮湿环境，他们把自己的饮食起居提高到离地面相对较高的楼层（即房屋的第二层）。此外，哈尼族人和其他许多山区民族一样，家里的"火塘"长年不断，即使外出劳动，火塘中的火种也保持不灭。火塘对于增添房屋的温度，驱散寒冷，预防潮湿起到了不小的作用，此外，火塘不仅是哈尼族人煮饭炒菜的地方，而且是防寒防潮、照明的重要物件，更是哈尼族人全家相聚，促膝交

· 283 ·

谈，实行家庭教育的中心，还是接待客人的地方。

彝族土掌房是彝族的传统民间建筑，遍布在各个彝族地区。如云南泸西县城子村彝族土掌房保存较为完好，又集中成片，被称为"梯子上的城堡"。传统的彝族土掌房一般是三排房子紧密相连，类似于四合院。彝族人盖土掌房，必须选择良辰吉日动工，请毕摩到场主持仪式：烧香、磕头、祭献酒肉、盐巴等，此谓"破土"。土掌房的材料都是就地取材，土、石、木、竹子等。墙的材料或用石头，或用土箕（泥土与干松毛等一起混合，在木框模子内压紧，然后晒干而成），或用泥土。最常见的办法是"夯墙"，即将泥土、竹片或木条放在一个两块木板夹起的墙隙内，再夯实而成。墙体砌好之后，便架上横木和大梁。横木与大梁的材质不能是雷劈过的树木，也不能是枯死的松树木。大梁与横木方向要保持一致，树木的头尾摆放也有讲究。

大梁与横木架好之后，便开始建设屋顶，建屋顶之前也要举行祭祀仪式，以送走恶神"咪斜"。彝族的土掌房多为平顶房，这种屋顶建造也不复杂，先在上面铺设一层当地常见的细树枝、干松毛、蕨草等，然后再填土，即先抹上稀泥，再填上干土。干土要保持足够的厚度，一般要达到70厘米左右，所谓"云南十八怪，泥土当瓦盖"就是指这种土掌房。彝族土掌房也多为两层，上层一般住人和存放物品，下层多为圈养牲畜和堆放杂物。也有一些地方，如云南省新平彝族傣族自治县的新化、平甸等地彝族土掌房的上层用于堆放杂物、粮草和接待客人，而下层则用于住人和圈养牲畜[①]。如此安排布局，显然也是当地彝族人根据自然气候特点，因地制宜的结果。

彝族土掌房内部结构，一般分为大门、"恒摩"（义为大儿子、大儿媳居住的地方）、"恒嘎"（堂屋）、"念占"（厢房）、火塘几个部分。"大门"一般由三间构成，右间为灶房，中间为天井和过道，左边为客房。在彝族人那里，大门象征着男人，灶房象征着女人，意味男主外女主内。大门所正对方向不能有如同刀口形的山峦或建筑。

---

① 楼下层圈养的多为牛，也只有牛才能与人同住，这与彝族的牛崇拜有关。

像其他西南少数民族的建筑一样,火塘在彝族土掌房中扮演了重要角色,它是彝族家庭成员生火取暖、彼此交流、商讨家务、接待客人的地方,也是他们煮茶或烧烤食物的地方。

哈尼族、彝族的土掌房与侗族、苗族、布依族等少数民族的吊脚楼一样都是少数民族建筑中的瑰宝,是哈尼族、彝族人民的劳动智慧结晶。它们的选材、结构、建造无不反映了彝族、哈尼族人民的精神追求、性格特点和审美意识,也深深打上了当地自然环境和民族历史文化烙印,闪耀着古朴的、原生态的天人合一,人与自然和谐的生态伦理智慧。真实地反映了哈尼族、彝族等少数民族合理利用自然,善于适应自然的生态智慧。

小　结

德国古典哲学家黑格尔说建筑是人类最早的艺术形式。苏格拉底说,凡是美的事物都是有用的。也就是说,不管是高楼大厦,还是百姓栖息的茅屋,只要是人类所建造的,都既具有遮风挡雨、休养生息、躲避敌害等实用性功能,又具有供人欣赏、认知和崇拜等精神性功能。就此两方面而言,西南少数民族传统建筑不仅美观,而且实用性强。

建筑是人类利用自然环境,为自己营造生存与安全需求的场所,是将自然环境"人化",是寓于空间中的技术。建筑与自然环境相互作用:任何建筑都必须依靠自然环境,顺应自然环境,以自然环境为载体,并改变环境,反过来,建筑物又以"人化"环境的形式美化自然环境,这种相互作用是否和谐,就取决于人类知识多寡、审美情趣高低、对自然、宇宙和生命之间关系的感悟能力以及宗教信仰虔诚状况等。正是凭借这些,西南少数民族在相当复杂自然环境中,在生产与生活实践经验中,逐渐积累了适应环境的实践经验,建造了实用与审美完美结合的各式建筑。

精致的鼓楼、典雅的风雨桥、质朴的吊脚楼、原始的土掌房、古朴的蘑菇房、起伏的田园、清澈的小溪……这似乎是画中常有的风景，但是在西南少数民族村寨，这样的画面处处真实可见。

　　生活在大山深处的西南少数民族，在长期的生产与生活实践中，培养了与大自然和谐相处的能力，他们依山傍水，因地制宜，因势利导，把有限的空间发挥到极致。为了在这种相对艰苦的自然环境下创造自己的家园，他们充分享用大自然的恩赐，就地取材，以石头、木材、茅草、泥土等容易获取的材料构建自己的房屋，把自己的家园建在高高的山腰或山坡上、溪河水畔。他们把建筑与周围的山林、溪河、田地等自然环境巧妙地融合在一起，把土、石、木组合成一栋栋美丽的建筑艺术品，尽显一种"原生态"的文化特征。以"干栏式"为代表的传统民居建筑，忠实地反映了西南少数民族的生存智慧和审美追求，忠实地诠释了人类回归自然，与自然亲近的意识。典雅的鼓楼、灵巧的风雨桥、精致的蘑菇房凝结了西南少数民族对自然和生命的理解，是人文和自然和谐的表征。西南少数民族在相对艰苦的环境建造美好家园，同时又最大限度地保护了自然环境。西南少数民族的建筑从选址和布局、到造型与材质的选取，都体现了他们尊重自然，适应自然的能力，彰显了人与自然亲密的关系，是以建筑艺术的方式表达了中国传统天人合一生态伦理思想。总之，西南少数民族的传统建筑是当地人民辛勤劳动的成果，是他们智慧的结晶。从当今生态伦理学视角看，西南少数民族传统建筑是自然与人文的完美结合，是人与自然和谐的生态伦理思想的外化，是物化了的生态伦理智慧。

　　但是，当今许多富裕起来的村民在城市文化、社会风气、科学技术等影响下，毫不惋惜地拆毁传统建筑，换成钢筋水泥的楼房。如此一来，无论是美轮美奂的吊脚楼，还是古朴的土掌房，这些带有浓厚乡土气息和民族记忆的建筑都面临消失的危险。

第十一章　乡规民约中的生态伦理思想

中国自古就有"皇权不下县"的权力统治特点。根据史料，我国周代以前就有了相对完善的农村管理制度，但秦汉之后，乡村社会基本处于一种松散状态，"那种'五家为比，五比为闾'的精密组织，事实上没有了，剩下来的只有十里一亭、十亭一乡的乡亭制度。"①魏晋南北朝之后，户口版籍丧失殆尽，乡村组织涣散。到隋唐时，政府虽然加强了对乡村的管理，但只是为了赋税的征收和法令实施，而不是为治理乡村。直到宋代王安石推行青苗法制度之后，此前的局面才有所改观。

几千年的中国乡土社会的治理更多的是依靠乡规民约、家法族规、风俗习惯和地方乡绅。在传统中国社会，乡规民约与国家法律共同运行，形成中国特色的"朝野二元治理结构"和"二元法律体系"。作为一种特殊的社会文化现象，乡规民约在漫长的历史过程中，发挥着凝聚人心、维系社会秩序，实现社会认同等多种社会功能，同时在道德教化、保护生态环境、协调村民之间以及村民与基层组织之间的关系等方面起到不可估量的作用。乡规民约曾被视为"陈规陋俗"并应该予以"改造"的封建遗产。改革开放之后，乡规民约"合法性"地位才得到了肯定。在国家法制日益完善的今天，乡规民约并没有退出历史舞台，仍然具有强大的生命力，尤其在西南少数民族地区，乡规民约的作用更加明显。在生态文明建设过程中，我们不仅仅需要行政、司法、经济手段，而且也需要乡规民约来规范人们的

---

① 杨开道：《中国乡约制度》，商务印书馆2015年版，第3页。

行为，劝导人们放弃破坏生态的行为。

西南少数民族乡规民约的文本内容涉及调解纠纷、化解社会矛盾、惩处违规行为，倡导敬老爱幼、敦化社会风气等诸多方面，但本章仅以保护生态环境的乡规民约文本为研究对象，主要任务是阐释西南少数民族在实践中如何保护生态，并对他们积极保护生态环境，自觉地爱护自己美好家园的生态伦理意识进行归纳、提升与阐发。本章首先选取侗族的"侗款"，苗族的"榔规"等乡规民约，简要概括西南少数民族乡规民约的性质和作用等；其次，列举一些少数民族具有保护生态性质的乡规民约，以展示西南少数民族在保护生态环境方面的集体智慧与实践经验。

第一节　西南少数民族乡规民约概况

一　乡规民约的概念及其特征

乡规民约是乡村居民共同商讨、共同制定的对所有成员都具有一定约束效力的各种行为规范，它包括"乡规"与"民约"两部分。严格说来，"乡规"对村民的约束力要高于"民约"，前者是一种理性化的"规定"，更接近于法律，而后者更多的是依靠道德约束。乡规民约体现了村民的集体意志和利益，尽管不是法律，但在乡村社会中却充当了"法"的作用，正是如此，乡规民约被归为"习惯法"或"民间法"。"从国家法的视角看，乡规民约作为一种非正式制度，是由民间自发产生，并具有自我实施的效力；从法理的视角讲，深深嵌入乡土社会秩序的乡规民约属于一种与国家制定法相对应的民间法的范畴，作为一种具有本土意义的民间规训机制，在其产生、流传的地域范围内具有法律效力，也是当地社会必须遵守的共同规范。"[1]乡规民约有两个基本特征：第一，乡规民约是由乡民自己参与制定的；第二，乡规民约是乡民在协商基础上制定的，体现了乡民的意

---

[1] 张明新：《乡规民约存在形态自论》，《南京大学学报》（人文社科版）2004 年第 5 期。

第十一章 乡规民约中的生态伦理思想

志,此两点也是乡规民约权威的来源或者合法性的根据。正是乡规民约是出于乡民自己的意愿和自主参与的,所以,乡规民约比正式的法律制度更能深入人心,更能得到认可,因而其作用和效果在许多方面超过正式的法律制度。

我国历朝历代从不缺少法律,但是由于国土广阔,许多成文法律难以适应所有民族的实际情况,留下了许多法律真空。此外,即使再全面的成文法律也难以涉及社会生活的每一个方面。再者,中国自古以来就是一个伦理性社会,在乡土中国,村落形成多以具有血缘关系的家族聚居而成,因此,依靠风俗习惯、乡规民约来调整乡民彼此之间的关系和利益,就比法律更有"人情味",更能使村民信服和遵守。

我国历史上第一部以成文形式保存下来的乡规民约是《吕氏乡约》,其主要目的在于"教化人才,变化风俗"。宋代以前,乡规民约都是乡民自发自愿制定和遵守,官方不加干预。明代政府为加强统治,对乡规民约的价值和地位表现出浓厚兴趣,从皇帝到各级官吏都积极推动乡规民约的制定。大儒王阳明在平定江西赣南山民起义之后,感慨当地民风不淳,于是效仿《吕氏乡约》制定《南赣乡约》,对明代的乡规民约发展起了重要推动作用。由于政府参与,此时的乡规民约已经具有浓厚的官方色彩,至少是一个半官方的制度。清代满族统治者为了加强对基层民众的控制,从制度上进一步加强了对乡规民约的管理,使其更加形式化和内容统一化。至此,乡规民约完全沦为官方化的制度,其"自治""自主"特性基本丧失,变成了政府控制乡村的一个工具。民国时期,乡村建设运动主将梁漱溟、杨开道希望恢复民间的乡约传统来达到乡村自治,改变乡风民俗,建设新型乡村。在地方实权人物阎锡山的支持下,乡村建设运动取得了一定的成效。

在古代,崇山峻岭是山区人民与外界交流的障碍,也是迟滞外敌入侵和国家政权进入的屏障。正因如此,在国家政权相对较弱的西南少数民族地区,乡规民约的作用更加非同一般,直至今天,许多乡规民约依旧在发挥着重要作用。在清代改土归流之前,西南少数民族地区受儒家文化的影响相对较弱，中央政府也难以有效地管辖那些生活在大山深处的少数民族。大山深处既没有中央的军队、法庭和监狱，也远离政府的常设机构，因此，这些地方近乎处于一种原始的自然状态，这就给乡规民约的产生和发展提供了很大的空间。虽然正式法律难以触及大山深处，但这些地方的社会稳定性尤其是生态保护的成绩并不亚于政府有效统辖的地区，其中的秘密便是乡规民约。少数民族乡规民约在调节少数民族地区的社会关系，解决邻里纠纷、保护环境、维护社会秩序等方面起了巨大作用。就生态保护方面而言，少数民族的乡规民约无疑是发挥了国家法律法规所无法起到的作用。

在西南地区，许多少数民族至今还在沿用乡规民约，如侗族、布依族、水族的"合款"，傣族的"村社"，苗族的"议榔"，瑶族的"石碑"，壮族的"寨老制"、羌族的"老民"、藏族的"部落等级制"、景颇族的"山官制"等。

二　款约、榔规的性质和地位

在侗族地区，自古以来就有依靠他们本民族的"侗款"来调整社会关系，维护社会秩序和稳定的传统。侗款是侗族特有的一种政治制度样式和"民主"样式，是侗族人们在长期的生产和生活实践中形成的具有一定强制力用来定分止争的组织和规范。传统的侗族社会是熟人社会，其流动性很小，社会变迁缓慢，因此，礼俗村规就成为维护社会秩序的重要的工具。侗款包括"款组织"和"款约"两个方面。"款"在侗语中念 kuant，其基本含义是一片、一起、联盟的、有血缘关系的。"款组织"最初的含义是"联成片的、联盟的、聚集的组织"[①]。

侗款大致产生于氏族社会晚期。随着生产力的发展和私有制的产生，人们在财产、土地等方面之间的纷争也逐渐增多。为了调解彼此的纠纷，协调各个成员的利益，以及保障氏族整体利益，具有原始行为规范性质的侗款便应运而生。有研究者认为侗款源于原始社会的婚

[①] 杨进铨：《侗族款的名称》，《民族论坛》1990 年第 2 期。

第十一章 乡规民约中的生态伦理思想

姻制度。原始社会的群婚制时期，一定范围内的氏族之间男女通婚，这种婚姻交往使得两个氏族之间结成了联盟关系。这种最早的联盟组织就逐渐演变为后来的款。关于侗款产生的原因，一些侗款中有所反映："古时人间无规矩，父不知怎样教育子女，兄不知如何引导弟妹，晚辈不知敬长者，村寨之间少礼仪。兄弟不和睦，脚趾踩手指，邻里不团结，肩臂撞肩臂。自家乱自家，社会无秩序。内部不和肇事多，外患侵来祸难息；祖先为此才立下款约，订出侗乡村寨的俗规。"①

款组织实质上就是侗族社会的民间组织，是一种以自治和自卫为目的的组织，具有军事防御和维护侗族村寨秩序的作用，类似于军队和政府的功能。

款组织有严密的层次之分。一般为四个层次，即联合大款、大款、中款、小款。联合大款是一些大的联合组织，一般是区域性的联盟组织，可以涵盖一定范围内的所有侗族。大款则主要是村寨与村寨之间的联盟组织。较为小点的则是中款，一般是临近的几个村寨联盟，而小款是最小的也是最基层的组织，其范围是一个村寨。

有组织就必定有组织的规矩，与款组织相伴而生的是款约。侗族的"款约"被当地侗族视为"金科玉律"。款约是侗族人民为了维护本民族利益，调整村寨与村寨之间，村寨内部之间的社会关系，通过盟款的方式制定的维护生产与生活秩序的行为规范总和，是侗族社会中最重要的类似法律的规约。在诸多少数民族之中，侗族款约较为特别，它扮演了类似宪法作用，并由此"创设了很多关于生活、生产、婚姻等方面的规约，并以此成为侗族社会的法律体系"②。

款约有石头、碑刻、款词三种文本，其中石头文本是以石头作为规约见证的文本形式，又叫"栽岩"即"树立石头"。此类文本一般是规约参与者共同将一块坚固的大石头立在地面，然后在石头前盟约讲款，其意在于参与者所立款约犹如石头一样牢固，不可反悔，此类

---

① 湖南省少数民族古籍办公室主编：《侗款》，杨锡光等整理译释，岳麓书社1988年版，第40页。

② 吴大华：《侗族习惯法研究》，北京大学出版社2012年版，第25页。

不刻任何文字的石头文本是一种最原始的侗款。

"栽岩"在一定程度上充当了侗族人的"土地法"。例如在贵州省黎平县的黄岗侗寨,"栽岩"应用非常普遍,充当划定各家、各村相互之间地界的"法律"。"栽岩"的神圣性保证了"栽岩"的权威性,而其神圣性又需要举行的"栽岩"仪式来强化。"栽岩"时,除了利益各方到场之外,还有受邀的寨老和祭司等。"款约"协商后当众宣布,然后将淋有公鸡血的青石埋入山林、土地等分界线上。在当地侗族人看来,被淋了鸡血的石头已经不是普通的石头,而是有灵性的石头,因此,双方必须遵守,不得反悔,更不允许移动石头。如果发生争执,则可以在寨老或祭司等人在场下,挖出所埋的石头,以此为证来裁决双方纠纷。在黄岗侗寨,埋入地下的石头并不全是无文字的,也有把规约刻在石碑上再埋入地下的情况。相比没有文字的石头,这种带有文字的石碑对纠纷的解决更有效。

当侗族人开始使用文字之后,石头文本就逐渐被碑刻文本所取代,也就是说,将款约以文字的形式刻在石碑上。款词实际上成了一种口头文学,主要是侗族人世代传唱的歌词,所以也被一些地方的侗族称为"款歌"。早期款词的内容多是一些规章规约,在历史演变过程中,其内容逐渐涉及社会生活的各个方面,既有宗教的、文化的又有艺术的内容。有关于侗族起源的"族源款",亦有反映侗族风俗的"习俗款",还有"英雄款""祝赞款"等。

侗族人有"侗款",而苗族人有"议榔"。所谓"议榔"(在苗语中称为"构榔")。苗语"Gheud Hlangb"即为"议约"或"议定公约"之义。苗族的"议榔"制有着悠久历史传统。早在父系氏族社会阶段,就有了类似的议榔制度。当苗族人遇到重大公共事务时,就由几个家族或一些小村寨联合组成一个"榔",其参与者都是"榔众"的一分子。每个小村寨的"榔众"推荐一位年高德劭、做事公道、口才较好者作为"榔头"或"理老"。如果"榔头"办事不公,就会逐渐丧失威信,其"榔头"头衔就被取消。多个"榔头"共同形成一个"榔头团"。"议榔"的日常活动、经费开销、集体会议以及"总榔头"推选等问题都由"榔头团"来决定。"榔规"是通过

第十一章　乡规民约中的生态伦理思想

"榔众"参与"议榔"大会决定，并遵循一套仪式或程序而制定，通常需要召开大会进行讨论，而且还要请巫师参与。"议榔"会议开始后，巫师要进行祷告并口念颂词，其意在于把此次"议榔"的理由、目的告诉天地、祖宗等神祇，然后，将一头早已选定好的水牯牛进行宰杀，宰杀水牛之前，又需有相应的仪式。牛杀死之后，牛肉分给各家各户，牛角被埋入到一个土坑里，在上面树立一块石头或石碑。此后，"总榔头"宣布"榔规"，最后举行斗牛、跳芦笙等活动以庆祝新的"榔规"的产生。贵州黔东南有些地方的苗族把这种活动叫作"勾夯"，所议定的"榔规"就叫夯规。"每次勾夯前，先由娄方们商议勾夯内容（夯规），然后召开群众大会，由威望最高的娄方，手持芭茅和梭镖（据说这是代表权力和权威）宣布议定内容，由大会通过。在宣布新的夯规以前，娄方还要背诵过去留传下来的重要夯规，如前述那首关于安排生产和劝耕织的夯词，每次都要背诵。在大会上要杀黄牛一头，以肉分给参加会议的各村寨的每一户人家，表示大家吃了就牢记夯规不要违犯。同时每次勾夯都要在会址竖石一块，表示夯规坚固如石，不能轻易更改，否则必遭神谴，不得好报。"[1]

在水族历史上，乡规民约在社会治理，地方社会稳定等方面发挥过重要作用。水族与它比邻的苗族、侗族等少数民族一样，村寨都是由血缘关系的同姓家族聚居而成，此种居住特点决定了它的社会秩序维持方式。水族处理氏族内部事务往往靠全体氏族人员集体聚会讨论即采取"议榔"或"议椿"制度。"议榔"制度产生过程和实施过程大致与苗族类似。"榔约""榔规"是由大家一起商讨议定，再将这些"榔约""榔规"刻在石碑上或写在纸上，然后再举行神圣仪式：敬神、宣誓等，以表示这些"榔约""榔规"的神圣性、权威性。"大家盖印，表示共同遵守，不得反悔。这时各自取出火枪，对空鸣放，以示庆贺。最后杀牛分食，至一醉方休。"[2] 一旦有人不遵守

---

[1] 《中国少数民族社会历史调查资料丛刊》修订编辑委员会：《苗族社会历史调查》第1册，民族出版社2009年版，第161页。

[2] 杨权等：《侗、水、毛南、仫佬、黎族文化志》，上海人民出版社1998年版，第232页。

"议榔",那就必须遭受处罚。

在西南少数民族那里,那些形形色色的乡规民约的内容涵盖了社会生活的方方面面:从婚姻家庭、生产劳动、社会治安、债权债务、丧葬礼仪、民事纠纷再到对外交往、宗教信仰、生态环境等方面。这些乡规民约或以口耳相传或以立碑刻文等方式代代相传,在维持各民族的生产与生活秩序、调整和解决社会矛盾、促进民族团结、保护民族文化、保护自然环境等方面起到了巨大作用。

第二节 乡规民约的生态保护价值

一 调解土地、林地权益纠纷的乡规民约

西南少数民族先民很早就认识到合理地利用自然,保护生态环境的重要性。他们制定了许多乡规民约来约束和教育村民,协调人与自然的关系。这些乡规民约既有禁止放火烧山、污染水源、破坏耕地、过度捕猎和砍伐等禁止性规定,也有对违反规定行为进行处罚的规定。

在西南各少数民族地区,每年春季水稻播种时,秧苗保护、水资源合理分配等方面就显得特别重要,例如侗族就有"三月约青"的习俗。每当春天来临,万物复苏之际,各个侗族村寨的成年男性就聚集在鼓楼聆听村寨的寨老"讲款"。寨老重申秧苗的保护、水源的使用、鸡鸭的放养等内容的侗款,要求大家遵照"约法款"行动。在贵州省黎平的黄岗侗寨,每到春节水稻插秧时,都要举行"开秧门"的简单仪式,这个仪式具有组织生产和警示村民不要乱放猪、鸭等牲畜的作用。"开秧门"仪式之后,仪式主持者会在自己水田里插上三株以三角形分布的秧苗,既表示插秧的时节到了,告诉大家要抢抓季节,尽早插播秧苗,同时也警示村民,秧苗插播时节,要注意家禽家畜的管理,以免糟蹋庄稼。

除了"三月约青"之外,侗族还有"九月约黄""讲款"的习俗。九月是收获的季节,是庄稼成熟时期。其间,村中寨老把村民召集到鼓楼前,重申相关"款约",要求村民注意保护庄稼,不要乱放

第十一章 乡规民约中的生态伦理思想

鸡鸭、猪牛等。有些侗族村寨除了"讲款"之外，还要在田间地头放置标志，以保护庄稼。在侗族村寨，水稻收割和捕鱼结束之后，田里可以放牧、放鸭，但是由于各家水稻收割进度不一致。有的收割之后还未将田里的鱼捕完，此时如果放牧、放鸭无疑会造成他人损失。为了告诉放牧、放鸭者，田地所有者一般会在田里放置标志。常见的标志是在收割水稻时，在田里留下三株呈三角排列的未收割的水稻。凡是稻田留下了此标志，就表明这块田地可以放牧、放鸭。如果收割完的田地里插有稻草人，则表示此田已经放入鱼苗，禁止放鸭、放牧等行为。

贵州省从江县高增乡至今保留一块康熙十一年（1672年）所立的《高增款碑》，其碑文明示："割蒿草、火烧山罚款一千二百文。""如若哪家孩子，鼓不听捶，耳不听劝，不依古理，不怕铜鼓（喻目无国法）；他毁山毁冲，毁河毁溪，毁了十二个山头的桐油树，毁了十二个山头的杉木林。寨脚有人责怪，寨头有人追查，寨中有人告发（喻民愤很大）。我们就当面跟他说理，我们就给他当面定罪。"[①]

在清水江流域的侗族地区，各个侗族家族还设有管山员，他的职责便是巡山，看管山林。管山员一般由"活路头"（主管农事的长辈）担任。管山员一旦发现有人违反款约到山上砍伐树木或其他款约所禁止的行为，那么他就会扣押他的工具，然后将具体情况汇报给族长或款首。轻犯者由他们立刻做出判罚，重者由他们召集村民召开会议或"开款"会议，以商讨如何处置。

管山员的作用毕竟有限，在侗族地区主要还是依靠村民自觉遵守侗款来保护森林等资源。侗族地区有各种形式的"禁山"或"封山育林"的款约，款约一般以石刻文本的形式立于山路上。石碑四周的树木上放置草标，或挂有带有鸡血的白纸条，以表示款约的神圣性和严肃性，这些石刻形式的款约内容多为禁止性。例如，贵州省镇远县蕉溪区大岭乡金坡村至今保留了一块立于道光十八年（1838年）的

[①] 邓敏文、吴浩：《没有国王的王国——侗款研究》，中国社会科学出版社1995年版，第79页。

石碑:"日后不具内外亲及贫老幼人等,概不许偷窃桐茶,盗砍木植。一经拿获,罚钱五百文。偷窃杉料材木,加倍处罚。"①

贵州省黎平县潘老乡长春村有一块立于同治八年(1869年)的禁碑,其文如下:

"吾村后有青龙山,林木葱茏,四季常青,乃天工造就之福地也。为子孙福禄,六畜兴旺,五谷丰登,全村聚集于大坪,饮生鸡血酒盟誓:凡我后龙山与笔架山上一草一木,不得妄砍,违者,与血同红,与酒同尽。"②

贵州省锦屏县大同乡章山村尚有一块立于光绪二十三年(1897年),被称为"万古碑记",其碑文云:"盖闻黎山蓄古木,以配风水。情因我等其居兹境,是在冲口左边,龙脉稍差,人民家业难以盛息,前人相心相议,买此禁山蓄禁古木,自古及今,由来旧矣。至道光年间,立定章程,受存契约捐钱人名,昭彰可考。蓄禁古木成林,被人唆害,概将此木砍净。咸丰、同治年间以来,人民欠安,诸般不顺。至光绪七八年间,合村又于同心商议,又将此木栽植成林。不料有不法之徒,反起歹心,早捕人未寝之时,暮捕人收工之后,私将此栽之秧木扯脱,成林高大之蔸砍伐成丫,剥皮暗用,弄叶杀树。合村众人见之目睹伤心,殊属痛憾。自今勒石刊碑之后,断不扯坏。若再有等私起嫉诟歹心之人故意犯者,合团一齐鸣锣公罚赔禁栽植章程,另外罚钱十三千文,违者禀官究治,预为警戒。"③

从碑文中可知,侗族祖先为了保护他们的家园,采取许多严厉措施预防和惩戒破坏森林树木的行为。这些款约很大程度上震慑和预防了破坏行为,更重要的是警示和教育当地村民,起到了唤起村民保护森林资源的生态意识,也在一定程度上规范了人们的行为,从而使得当地森林资源得到保护。

---

① 吴大旬、王红信:《从有关碑文资料看清代贵州的林业管理》,《贵州民族研究》2008年第5期。
② 同上。
③ 杨秀春:《侗族社会地方性制度对森林资源的保护》,《吉首大学学报》(社会科学版)2007年第6期。

第十一章 乡规民约中的生态伦理思想

在乡村社会，围绕森林、土地产权的纠纷时常发生，所以侗款中有不少款约对私有林地、土地等进行明确划界，以防止公私不分、界限不清而导致产权不清没有人负责的现象。用款约形式来明晰产权之举显然有利于森林、土地等资源的保护。例如有些款约中规定："讲到坡上树木，讲到山中竹子。白石为界，隔开山梁。不许越过界石，不许乱移界标。田有坎，地有边。金树顶，银树梢。你的归你管，我的归我营。如有哪家孩子，品行不正，心肠不好。他用大斧劈山，他用大刀砍树（喻毁坏山林）。他上坡偷柴，进山偷笋。偷干的，砍生的，偷直的，砍弯的。咱们抓到柴挑，捉住扁担，要他的父亲种树，要他的母亲赔罪。随从的人罚六钱，带头的人罚一两二钱。"[1] 此侗款不仅对地界有明确规定，而且对那些越界砍伐他人树木的行为规定了许多惩戒措施，但其惩戒比较轻，只是罚种树或道歉，这是针对那些不严重的违反侗款的行为。如果严重违反者，则用绳子将偷盗者五花大绑，带到村寨进行处罚。有的村寨处罚非常严厉："拉他到十三款坪，推他进十九土坪。并且还要抄他的家翻他的仓，倒他的晾（侗族晾晒和存放粮食的专用房子）。要让他家门破门槛断，抄家抄产，抄钱抄物。天上不许留片瓦，地上不许留块板。楼上让它破烂，楼下让它破碎。把他的屋基捣成坑，把他的房子砸成粉。让他的父亲不能住在本村，让他的儿子不能住在本寨，赶他的父亲到三天路程以远的地方，撵他的儿子到四天路程以远的地方。父亲不许回村，母亲不许回寨。"[2]

从这些带有株连性质的严厉惩罚规定来看，侗族人对不良行为无比痛恨，由此足见侗族人对森林保护的重视。

"款约"制度可以算得上是一种"准民主"的方式，一般是多方或双方当事人在寨老等其他人见证下协商制定。"款约"体现了多方意志，符合多方利益，因此，这种方式所制定的"款约"往往都能

---

[1] 邓敏文、吴浩：《没有国王的王国——侗款研究》，中国社会科学出版社1995年版，第75页。

[2] 杨秀春：《侗族社会地方性制度对森林资源的保护》，《吉首大学学报》（社会科学版）2007年第6期。

得到多方的共同遵守。此外，许多款约多以公开宣讲的方式进行"公示"，不仅起到了"普法"和"社会教化"的作用，而且也增强了村民的集体意识。今天，"款约"许多功能多被国家法律所取代，但是，作为一种悠久的文化，依然有很高的价值。可喜的是，当地侗族人开始意识到传承这种文化的重要意义，今天许多侗寨每年都要举行"讲款"活动，不仅宣传了侗族的传统文化，也使古老的侗款继续发挥更大的作用。

二 护林作用的乡规民约

在贵州境内生活着全国 80% 的苗族。多数苗族是生活在大山深处，他们根据自己的地理条件，过着靠山吃山，靠山养山，以林为生的生活方式。苗族人靠山养山的经验简单说来就是一边砍伐一边造林，其基本原则是多予少取。对于他们赖以生存的森林资源，他们有着一套行之有效的保护性措施。苗族人和侗族人一样不仅将自己的保护措施变成文字刻录在石碑上，还将许多保护方法和措施编成谚语和顺口溜，借以起到宣传、教育和警示作用，这些方式对保护当地的森林资源，维护当地的生态平衡无疑起到了重要作用。

类似侗族"侗款"和苗族"议榔"的乡规民约在维护社会治安，保护生态环境等方面起到重要作用。在贵州剑河县交东湾街，当地还保留一些环境保护方面的村规。例如："村内不准随意倒垃圾，垃圾一定要倒到本寨指定垃圾区内，违者罚款壹佰贰拾元。不准在招龙通道上倒垃圾、堆放牛粪、猪粪，违者罚款伍佰元。本村休闲场所'小光坡'上面的风景树、石块，不得破坏，违者罚款伍佰元。"[①]

贵州台江县大红村寨的《村规民约》第 5 条规定："保持村容寨貌的清洁卫生，各组要设点倒垃圾，违章者罚款 20—50 元，另指令其将该地打扫干净。"[②]

[①] 李向立：《由苗侗民族法文化变迁看林业保护习惯法》，《农业考古》2013 年第 3 期。

[②] 丁成成、李向玉：《黔东南少数民族村寨村规民约研究》，《凯里学院学报》2009 年第 5 期。

第十一章　乡规民约中的生态伦理思想

贵州锦屏县河口乡文斗村还保留一块立于乾隆三十八年（1773年）的《六禁碑》，其中有许多护林之规定："规定一禁不具（拘）远近杉木，吾等［依］靠，不许大人小孩砍削，违者罚银十两；一禁各甲之阶分落，日后颓坏者自己补修，不遵禁者罚银五两，兴众补修，留传后世子孙遵照；一禁四至油山，不许乱砍乱捡，如违罚银五两；一禁今后龙之陛，不许放六畜践踏。如违罚银三两修补；一禁不许赶瘟猪瘟牛进寨，恐有不法之徒宰杀，不遵禁者，众送官治罪；一禁逐年放鸭，不许众妇女挖前后左右虫鳝，如违罚银三两。"①

锦屏县敦寨镇九南村至今保留一块嘉庆二十五年（1820年）的石碑，名为"水口山植树护林碑"。其文叙述道："我境水口，放荡无阻，古木凋残，财艾有缺。于是合乎人心，捐买地界，复种树木，故栽者培之。郁乎苍苍，而千峰叠嶂罗列于前，不使斧斤伐于其后，永为护卫，保障回环。"②再如，在今贵定县仰望乡关口寨门前，立有一块嘉庆十年（1805年）名为"万古普芳碑"的石碑。其碑文云："照得西排仰王（望）青苗雷阿豆等赴府具控生员郑士品等，越界砍薪一案：蒙府宪亲查结文行县票开，仰县官惠查照来文事理，立即束装前诣勘明，该苗阿豆等四至界址，出示谕令，照界永远管业。……嗣后，设有砍伐柴薪，毋得越占苗寨地土，致启事端。一今查勘得梅子冲，南抵老密寨叉路之内，应付雷阿豆等管业，郑士品等毋得再行冒占干咎……"③普定县补郎乡火田寨保留一块道光二十七年（1847年）石碑："一禁水火，二禁砍伐，三禁开挖。连婚、丧、祭祀及修房造屋，也不准任意砍伐……此番禁革之后，倘有无知而冒犯者，杖责八十；明知而故犯者，罚银十二两，以警横豪。若有不遵者，立即鸣官究治，决不姑宽。"④

---

① 杨秀春：《侗族社会地方性制度对森林资源的保护》，《吉首大学学报》（社会科学版）2007年第6期。
② 吴大旬、王红信：《从有关碑文资料看清代贵州的林业管理》，《贵州民族研究》2008年第5期。
③ 同上。
④ 同上。

▶ 西南少数民族传统生态伦理思想研究

贵州清水江流域自古以来就是森林资源丰富，环境优美。早在宋代，清水江流域就有了林木贸易，不断地向北方输送木材。这一地区的木材丰富，常运到京城作为皇宫建设的木料，故被称为"苗木"或"皇木"。自清朝雍正时期，清政府加强了对这片土地的有效统治，从此，清水江流域的林木贸易逐渐兴起，成批的树木尤其珍贵树木源源不断地销往其他地方。与此同时，林木贸易的兴起也带来了诸如山林所有权转让、山林管理权、林木股份分红等问题。就当时的情况而言，这些问题解决不可能全都依靠清政府的法律，而主要依靠当地历史悠久的乡规民约。

保留至今的清水江文书中记载大量当地苗族人民如何管理林地，发展林木贸易。在当地苗族那里，林地管理非常规范。他们不仅根据林木生长的周期划分股权，也把这种周期和土地承袭制度综合起来考虑，明晰了林地经营权，从而林木生产与贸易保持长久稳定。缔结合同是最有效的保护林地的股权与林木的经营权的措施，例如，当地苗族保留一个1914年的合同书，摘抄如下：

> 立分合同字人姜世清，世龙，世法，世美，世臣，登熙，登津，登杭，登文三老家等，今有对门河山场一块，地名番故得南，另名皆垢沟坎下。界限，上平水沟盘路，下抵黎嘴，左、右凭冲，四至分清。此山因今年三月内卖与上寨姜松长，姜得相二人砍伐下河，卖价二十一两八钱整。土栽五股均分，得相先年得买高元和姜恩顺二人之栽手二股。土占三股，又分为二十股，恩临、如相公孙等占山三股半，我三老家占山十六股半。因世清父子尚未寻出契据，只执佃字簿子为凭，是世清父子私业，是以世清之长子登儒执此簿据。现出绍齐公写有道光年间佃贴，系是三老家所共之山。因此对簿，系三老家管业，世清父子退价与众等分派，心干意愿无异。今凭亲族朱冠梁、吴纯祖、姜正牙另分合同。日后三老家子孙照此合同永远管业，与恩临等共山。世清簿据、老佃字贴、新佃字贴一概取销，倘在寻出具是故纸。恐后无凭，立此合同字为据，三纸存照。

第十一章 乡规民约中的生态伦理思想

登津存一纸，世美存一纸，登熙存一纸
凭中：朱冠，吴纯祖
代笔：姜正牙

中华民国三年三月二十八日 立[①]

从合同规约的内容来看，当地姜氏家族在林地股权方面存在一些纠纷，但是因为立有合同，以致纠纷没有扩大，而是得到了有效解决，使得这个家族继续和谐相处，同时也使得这个家族的林木生意长期稳定。由此可见，合同规约对于社会关系的调节以及社会秩序之稳定等方面都起到重要作用。

除了以合同形式保障林木发展与林木贸易的稳定之外，清水江流域的苗族等少数民族还颁布许多其他形式的村规民约对森林资源予以保护，至今还保留了大量刻在石碑上的保护树木的村规民约。例如，黎平县潘老乡长春村立有一块同治八年（1869年）石碑，其碑文曰："吾村后有青龙山，林木葱茏，四季常青，乃天工造就之福地也为子孙福禄，六畜兴旺，五谷丰登，全村聚集于大坪饮生鸡血盟誓，凡我后龙山与笔架山上一草一木，不得妄砍，违者，与血同红，与酒同尽。"[②]

20世纪末，贵州三惠县在组织整理和收集该县的"锦屏文书"资料时，发现一份保存完好的《邛水县瓦寨联合林业公会规约》，此规约是该县瓦寨镇的周治昭、周治南两兄弟为植树造林，联合周边地区成立林业公会，于1920年6月相互订立的规约，该规约如下："吾邛四面山林，荒废有年，樵采焚窃。行将殆尽。今值实业竞争之际，非振兴林业，不足以谋社会之生存，开利源之基础。近来垦地造林，接踵而至，若不结合团体，研求保护，不无火焚盗伐之损失，及勤始怠终之弊病。兹经公订各种规约，遵守如下：

[①] 张应强、王宗勋：《清水江文书》第1辑第12卷，广西师范大学出版社2007年版，第151页。

[②] 黔东南苗族侗族自治州地方志编纂委员会：《黔东南苗族侗族自治州志·林业志》，中国林业出版社1990年版，第161页。

· 301 ·

一、本区域内及本会会员所有山林，均应培蓄，如有滥伐荒废，本会得限制或警告之，不得已，须即声明。

二、防火焚烧森林山野，一经调查确实，得照地面被焚物产之多寡，估价赔偿后，罚洋三元至五十元，或照森林法第二十四条，呈请官厅依法惩治。

三、盗人杉树一株，赔洋二元，其他如桐茶松漆橡椿桑槐各种应蓄树林，及其他果树等，均按株数估价赔偿外，罚洋三元至十元。

四、盗人园林各副产（即竹笋树枝果实柴草蔬菜秧苗标识等），除照物价赔偿外，罚洋一元至三元。

六、砍柴之人，在本区域内或本会员山区，侵盗一切应蓄之林木者，柴每挑罚洋五角。

七、浪放牛马猪羊，践踏树苗农产等物者，除相应赔偿外，罚洋一元至三元。

八、牧童雇工，每入山场，动以人工栽培之桐茶杉漆各树，作试刀之戏，此种恶习，自应痛怨，如再发现查实，罚其家长洋三元。

以上应赔之数，无力缴纳者，轻则酌照银元计算，罚充本临场苦工，重则照森林法第二十一至三十条，呈请官厅执行，本会事在创始，财力薄弱，设置巡查暂从缓计，由本会调查部及会员，均负责监察责任。自本会以决始，事在必行，务各父诫其子，兄告其弟，在工儿童，尤宜加意，严戒谨守，是所望祈。

此布

中华民国九年六月①

以上这些规约不仅紧密结合了当地林业生产和贸易特点，又充分考虑到了当地的社会风俗习惯，具有详细具体、通俗易懂、执行简便

---

① 黔东南苗族侗族自治州地方志编纂委员会：《黔东南苗族侗族自治州志·林业志》，中国林业出版社1990年版，第374—375页。

第十一章 乡规民约中的生态伦理思想

的特点。它满足了当地林木生产和发展的需要，同时此类规约也反映了当地苗族人民积极主动地保护生态资源的意识，同时也说明了当时苗族人民善于在实践中保护自然资源。正是这些林林总总的村规民约，也正是苗族人民生态保护意识和悠久的生态保护传统以及他们的务实作风，才使得这片流域森林茂密、生态和美，自古至今一直都是重要的木材输出地。

在今天贵州的榕江归利、华有等水族村寨，尚能找到清代道光二十七年（1847年）所立下的椰规、椰约，其中涉及不少土地买卖、惩处盗窃、保护树木、土地等规定："一议：盗禾谷、田鱼、茶子、棉花、鸡、犬等项，罚钱二百文，见者不说，罚款一千二百文。一议：本寨大小事件，俱听头人理落。如有不遵革出。一议：不许偷砍柴山、放火烧山，如有不遵，罚钱一千二百文。乱割叶子，罚钱六百文。一议：众山不许新来人乱挖新土，凡有早挖，不拘茶子、树木、杂粉平分，如有不遵从等，革出。一议：革昆、歇气坳二处小坟，本放牛之地，凡近田边，不许强把寸土。"[①]

以上的椰规、椰约是水族人民为了解决现实生活中的一些具体社会问题而议定的规约，是水族人民智慧的结晶，是水族人民长期实践经验的升华。此类椰规、椰约在很大程度预防了不道德行为和犯罪行为，避免了内部纠纷，规范了当地人民的行为，保障地方治安稳定，确保了当地生产与生活秩序，维持了水族村寨的家族团结。这些椰规、椰约也有大量的涉及"不许偷砍柴山，放火烧山"以及不许乱挖新土、不许乱放牧等禁止性规定，这些带有神圣性、权威性之规定，在很大程度上保护了当地山林、草地、庄稼等，促进了当地自然生态稳定。

哈尼族是一个没有自己民族语言文字的民族，因此，在漫长的历史长河中，约定俗成的乡规民约就成为维持哈尼族社会稳定的重要形式。随着明清两代中央政府对少数民族地区的影响增强，哈尼族人也开始用汉字来保存他们的乡规民约，其主要形式便是在石碑上刻字，

---

① 何积全：《水族民俗探幽》，四川民族出版社1992年版，第167页。

以至于许多哈尼族的乡规民约能够代代相传至今。

在今天的云南元阳县不少地方,我们可以看到哈尼族人用文字记录下来的乡规民约。其中有许多反映了当地哈尼族人生态伦理观念的规定。例如《箐口民俗村村规民约》:

> 第八条　自觉维护水利设施,严禁砍伐国家、集体或个人的林木,不准在村附近挖沙取石,防止洪水泛滥,出现洪灾泥石流等现象。
>
> ……
>
> 第十三条　严格管理家畜,村内不得养狗,防止伤害游客,猪实行厩内饲养,严禁放出,防止鸡鸭损坏庄稼和育苗,不让牛去损坏庄稼和育苗。
>
> ……
>
> 第二十一条　农户不得私自乱开垦集体土地,已经开发开荒的,应无偿退还。
>
> ……
>
> 第二十三条　护林防火,保护国家森林资源。村内家庭用火要严加防范,不得有误,自觉维护消防设施,不私自动用消防栓,消防水,时刻保持警惕。[1]

再如,《全福庄村委会关于加强保护村有森林资源管理实施办法的通知》:

> 第三条,森林管理员班子和一般护林员要实行聘用制,由村委会负责认可,护林员的主要职责是巡护林区,禁止破坏森林资源的行为,对造成森林资源破坏的护林员有权当场制止和报经林管会视情节轻重处罚,全面实行封山育林机制。

---

[1] 黄绍文、廖国强等:《云南哈尼族传统生态文化研究》,中国社会科学出版社2013年版,第261页。

第十一章　乡规民约中的生态伦理思想

第四条，禁止在林区放牧，经护林员查实后，牛不分大小，每条每次罚款5元，经教育顽抗不改者应加倍处理

……

第六条，采伐树木必须经过村委会和老年协会办理有关审批手续，不准任何单位和个人乱砍滥伐，若遇老人去世，同意审批2棵抬杠，免收管理费。

第七条，若发现乱砍滥伐，根据所盗树木以出土20公分高度为量测，已盗树木的圆周长每公分罚款0.5元，被盗树木不分大小，按尺寸推算处理。

第八条，盗伐柴火者，砍伐手指一样大小的树苗时每背罚款20—30元，并责令要按照所砍株数的10倍补种赔偿损失，其余修枝、干柴、解放草等，视情节轻重每背罚款5—10元。

第九条，除上述集体林区外，本村委会还有很大的一部分自留地、联产承包山、责任山和退耕还林面积，不许任意砍伐，要认真管理好，若发现滥伐要按上述所规定的制度推算处理，若出现屡教不改者实行严厉惩罚。

……

第十条，全福庄所属的集体林区内，除了所划定给农户管理的自留山、责任山和退耕还林外，严禁非法占用林地，若发现没有审批手续私自占用者应该及时收归集体使用，还要严禁破坏树林随意埋坟现象发生。

第十二条，为了生态平衡，认真保护竹林，农户为了生活用品的需要时，必须经过林管会同意适当可以解决。若发现没有办理审批手续乱砍滥伐的每棵竹子罚金1元，若发现盗食竹笋的每棵同样罚1元。[1]

这个乡规民约对管理员之职责，相关处罚措施规定得非常清楚，

---

[1] 黄绍文、廖国强等：《云南哈尼族传统生态文化研究》，中国社会科学出版社2013年版，第262—263页。

几乎就是一部法律。表面上看，上述两个制度化、文本化的乡规民约虽然与哈尼族传统口口相传、零散化的形式有所不同，而且执行方式上也有所不同，但是，其蕴含的生态保护意识是一致的。尽管今天的哈尼族乡规民约对违约者实行罚金等处罚形式，但是这些乡规民约并没有详细地规定具体执行方式，也就是说，这种乡规民约与传统的乡规民约一样，其效力依然是依靠哈尼族人传统的伦理道德观念和社会舆论的压力。哈尼族的乡规民约不仅对于哈尼族村寨的社会稳定、经济社会发展起到了巨大作用，同时，对于协调人与自然之间的关系，培养人们的生态意识，规范人们的行为等方面无疑具有重要意义。此类乡规民约是对环境保护的法律体系的补充，充分体现了哈尼族人生态智慧，对当地自然环境资源的保护起到了很大作用。

居住在西南地区的羌族，世代生活在大山深处，靠山吃山，山林是他们重要的生产与生活资源。为了保护资源，羌族人制定了许多乡规民约。例如，四川省阿坝藏族羌族自治州的茂县新南镇至今保留一块刻有当地村规民约清光绪年间的石碑。碑文主要内容是保护林业资源："立写禁惜家林，以培林木，永不准（偷）伐，我村众姓人等公立。想我村地处边陲，九石一土，遵先人之德，体前人之道，禁惜家林，只准捞叶积肥，不准妄伐林株，其家林盘，上至长流水为界，下至河脚为界，左至四里白为界，右至大槽水井为界，四至分明，以遗后世子孙永远禁惜。不料今岁有本村杨洪顺父子起心不良，偷砍家林烧炭，被众拿获，罚钱壹仟贰佰文以作香资。众姓公议自禁之后，所惜林盘无论谁滋偷砍者，罚钱肆仟捌佰文，羊一只，酒十斤以作山神宫香资。看见者赏钱捌佰文，以作辛苦费……大清光绪十二年十月初一日绵簇众姓公立。"[①]

在西南地区，还有大量有关保护水资源、禁止毒鱼、狩猎等方面的乡规民约。总之，在西南地区少数民族传统社会，林林总总的乡规民约对于帮助村民养成生态意识，培养他们保护生态环境的自觉性和

---

① 彭军、蔡文君：《羌族民俗与羌族传统生态文化》，《贵州民族研究》2010 年第 2 期。

积极性，规范他们的日常行为等方面起到了重要作用。尽管当今社会主要靠法律法规来调节社会关系，维持社会稳定，但是在西南地区，乡规民约在保护生态环境等方面依然还有存在的价值。西南少数民族乡规民约是他们朴实的生态意识的制度化和现实化，在实践中有效地规范了人与自然的相处方式，为当地自然生态稳定，为自然环境保护等方面起到了不可替代的作用。

小　结

乡规民约真实地反映了人们的价值取向和认识水平，甚至宗教信仰、文化习俗，是观察和研究中国乡村社会的重要文化样本。客观地说，就生态保护的乡规民约而言，许多少数民族的乡规民约其原初目的或直接目的未必完全等同于当代语境中的生态保护，但是这些乡规民约客观上起到了保护生态环境的作用。从这些乡规民约中我们不难看出少数民族先民在保护环境，维持生态平衡方面的主动性和积极性。从中还可看出西南少数民族先民宝贵的生态意识、他们对环境和生态保护的认识水平以及他们对生态保护的重视程度。这些保护生态的乡规民约反映了西南少数民族面对人与自然环境的矛盾时，积极地调整自身的行为，主动约束人们的行为，从而保护生态环境，建设美好家园。

尽管乡规民约在生态保护方面发挥着积极作用，但应该指出的是，许多少数民族的乡规民约可能与现代法律精神不一致，甚至在有些时候出现"乡规胜王法"的现象，但是，作为源自经验层面，经过村民共同参与商讨和制定的乡规民约，却在很多方面填补了正式的成文法律难以发挥作用的空白。

当然，在社会转型时期，曾在西南少数民族历史上一直发挥过巨大作用的传统乡规民约的形式和地位正悄然发生改变。尤其在现代法治社会的背景下，乡规民约不得不受到法治精神的规范与指导，这当然不是坏事，但作为一种传统的文化形态面临转型问题。西南地区各地政府也大多重视少数民族文化建设，重视少数民族的乡规民约在环境保护等方面的作用,但是"有些地方的村规民约基本上是按照上面定下的范本稍事修改而成的,根本无法反映出文化背景和群众基础"[①]。此外,随着城镇化的进程加快,社会流动的加速,乡规民约的存在与传承所寄生的土壤——传统乡土社会正逐渐衰落。在社会生活发生巨大变化的转型时代,乡规民约的地位和作用也必将经受挑战。作为一种传统文化形式,其生死存亡取决于它是否能满足乡土社会的需求,取决于它是否能够调适到乡土社会的日常生活方式、社会生活习俗之中,也就是说,它的生存与发展取决于其自身的价值和适应性。

---

① 吴大华、潘志成等:《中国少数民族习惯法通论》,知识产权出版社2014年版,第12页。

第十二章 西南少数民族传统生态伦理思想的当代价值

现代性如同幽灵一样在世界各地游荡，它迫使一些国家和民族情愿或不情愿地接受市场经济、民主政治、个人主义、工具理性等文化形态和价值观念。受其影响的国家和民族或主动或被动地进行"社会转型"。转型过程或剧烈或轻缓，但都免不了阵痛和失落。各民族的"传统"，无论久远与否，在面对强势的"现代性"时，明显力不从心。现代性带来了丰裕的物质，却陷入到"对物的依赖性"；它带来了以"等价交换"为规则的市场经济，却使得社会每个角落都充满了市场味，甚至神圣领域也难以幸免；它拯救了"个人"，以至于个人主义、工具理性的价值观几乎横扫了一切神圣的、权威的价值观，结果导致虚无主义横行；它赋予了公民平等权利和更大的自由度，虽避免了一个人的"暴政"，但又陷入"多数人暴政"；它号召人们认识自然、改造自然，却不加约束，结果时不时地遭受大自然猛烈报复……这就是五彩斑斓，欲说还休的"现代性"。

当代中国的生态问题不是一个孤立的问题，若要全面审视它，不仅要结合中国历史、文化、传统和现实，而且还应该置于世界历史范围，放在"现代性"的大背景中方能看清它的轮廓。传统与现代是一对永恒的矛盾，"现代性"不断挤压和超越传统，也在不断制造传统。作为一种传统，西南少数民族的生态伦理唯有对那些被"现代性"浸染过的道德观念、道德行为、道德规则发起挑战，才能真正展示它的价值。如此，西南少数民族传统生态伦理思想的现代价值几许，就取决于它能在何种程度上矫正"现代性"的道德危机，也取决于它能在何种程度上矫正那些破坏生态的行为。所谓"矫正"并非是强制性的,而是说服性、教育性、启发性的。正是基于这种理解,本章的两节内容分别从理论(价值观)与实践两方面阐发西南少数民族生态伦理思想的当代价值。第一节主要从两个方面进行讨论,其一,站在批判角度进行伦理反思,分析"现代性"道德危机状况,从而昭示出传统生态伦理思想对于反思"现代性"道德的启示价值;其二,在辩证分析主流生态伦理价值观的基础上,讨论价值重建问题。所谓价值重建并非推倒重建,而是辩证地阐释西南少数民族传统生态伦理对于克服西方生态伦理学两大主流价值观缺陷的积极作用;第二节主要从实践方面来分析西南少数民族生态伦理的价值,这些价值并非具体地告诉人们如何去做,而是启示、教育和示范作用。概括起来,主要有尊重自然、敬畏生命的榜样作用、信仰的约束作用、善于协调人与自然矛盾示范性作用。因此,本节主要从三个方面展开:其一,阐释西南少数民族如何在实践上尊重和敬畏自然;其二,讨论西南少数民族的自然信仰和勤俭习惯对于克服现代消费主义,物质主义的启示作用;其三,介绍西南少数民族如何用乡规民约等方式协调人与自然的矛盾。

第一节 生态问题的伦理反思与价值重建

一 伦理反思:非理性自然观对现代性道德理性的扬弃

从价值观上看,生态危机真正根源在于人的价值观危机。"这些环境和生态问题提出了一些更基本的问题,而这些更基本的问题关系到我们人类的价值,关系到我们的生存方式、生活方式、在自然界的位置以及我们应当孕育的世界文明的形式等方面。"[①] 这场深刻的价值观危机与"现代性"问题紧紧联系在一起。

"现代性"是一个众说纷纭的概念。"现代"大致是指17、18世

---

① [美]戴斯·贾丁斯:《环境伦理学——环境哲学导论》,林官明、杨爱民译,北京大学出版社2002年版,第3页。

第十二章　西南少数民族传统生态伦理思想的当代价值

纪启蒙运动到20世纪前叶。所谓"现代性"是指现代社会各种建设目标和道德价值观体现。也可以理解为特定历史时期的政治、经济、文化等方面的转型。它的基本要素至少包括市场经济、民主与法治、科学理性、世俗化、大众化等。"现代性"所倡导的价值主要有独立、民主、自由、平等、正义、个人本位、主体意识、崇尚理性、追求真理、中心主义等。"现代性"的根本性问题在于传统与神圣失落之后,信仰与存在的意义何在?合法性或传统的权威打倒之后,社会公平正义何以建立?工具理性的滥用和人类中心主义泛滥之后,如何应对愈演愈烈的人与自然的矛盾?

西方社会所遭遇的许多"现代性"问题几乎都在中国上演过或可能在未来上演。从1840年鸦片战争以来,中国几千年来形成的社会结构、价值观念开始松动。中国被迫走上了漫长的"转型"之旅[①],至今仍未完成。尽管是被迫迈上"现代性"之路,但是,"现代性"在中国推进的速度一点也不低于西方。当代中国人受"现代性"道德浸染之深,在全球恐怕是名列前茅。在这场前所未有的社会转型过程中,中国社会经历着经济体制深刻变革、社会结构深刻流动、利益格局深刻调整、思想观念深刻变化的翻天覆地的过程。社会转型涉及人与自然、人与人的关系深刻变革,涉及人存在方式和生活方式的巨大变化。

以人与自然之间问题为例。"现代性"释放了人的自由,个体本位凸显,理性的觉醒又给了人膨胀自己物欲的智慧和勇气。物欲的泛滥、消费主义的盛行所需要的物质只有大刀阔斧地向自然界索取。在"进步"学说的鼓舞下和科学理性帮助下,自然被过度开发,以至于能源、环境、粮食、生态等无不告急。"进步的学说,相信科学技术造福人类的可能性,对时间的关切(可测度的时间,一种可以买卖从而像任何其他商品一样具有可计算价格的时间),对理性的崇拜,在抽象的人文主义框架中得到界定的自由理想,还有实用主义和崇拜行动与成功的定向——所有这些都以各种不同程度联系着迈向现代的斗

[①] 亦有观点认为中国的"转型"之旅应该从改革开放开始。

▶ 西南少数民族传统生态伦理思想研究

争,并在中产阶级建立的胜利文明中作为核心价值观念保有活力,得到弘扬。"① 人类面临失去家园的危险。对此,吉登斯一针见血:"粗略一看,我们今天所面对的生态危险似乎与前现代时期所遭遇的自然灾害相类似。然而,一比较差异就非常明显了。生态威胁是社会地组织起来的结果,是通过工业主义对物质世界的影响得以构筑起来的。它们就是我所说的由于现代性的到来而引入的一种新的风险景象(risk profile)。"② 泰勒也提出警告说"我们可以,而且应该抛弃现代性,事实上我们必须这样做,否则,我们地球上的大多数生命就难以逃脱毁灭的命运"③。

从道德价值观上看,生态问题与"现代性"道德两个重要维度即个人主义、工具理性紧密相关。个人主义主要表现为能够自由地选择自己生活方式,有权利决定自己信仰,有权利拒绝传统的生活形态。所谓工具理性"指的是一种我们在计算最经济地将手段应用于目的时所凭靠的合理性。最大的效益、最佳的支出收获比率,是工具主义理性成功的度量尺度"④。

工具理性过度膨胀是现代性道德危机的症结所在,而现代性道德危机是现代性的必然结果。"现代人类的道德价值观念仍然存在着严重的局限,它忽略了人与自然这一重要关系的伦理价值,因而建立一种新型的环境伦理或生态伦理也是现代人类道德文化建设本身的要求。"⑤

在人与社会关系上,"现代性"道德危机表现为个人主义盛行;在人与自然关系上,"现代性"道德危机表现为人类中心主义对自然

---

① [美] 马泰·卡林内斯库:《现代性的五副面孔》,顾爱彬、李瑞华译,商务印书馆 2002 年版,第 48 页。
② [美] 安东尼·吉登斯:《现代性的后果》,田禾译,译林出版社 2000 年版,第 96 页。
③ [美] 大卫·雷·格里芬:《后现代科学——科学魅力的再现》,马季方译,中央编译出版社 1998 年版,第 16 页。
④ [加] 查尔斯·泰勒:《现代性之隐忧》,程炼译,中央编译出版社 2001 年版,第 5 页。
⑤ 万俊人:《寻求普世伦理》,商务印书馆 2001 年版,第 268 页。

第十二章 西南少数民族传统生态伦理思想的当代价值

的蔑视。个人主义道德价值观是以自我为中心,从个人利益出发观照人与世界。"作为一种道德价值观,它主张一切价值都是以个人为中心的,自然、社会、他者都是实现个人目的的手段和工具,它们不具有自身独立的价值和目的。"①

个人主义基于个人存在既不能真正揭示人之本性和意义以及人与社会的关系,也不能正确对待自然以及人与自然的关系。这两方面紧密联系,不能正确对待人与自然的关系,必然也影响人与社会的关系。"人际伦理学与种际伦理学却是紧密地交织在一起的。那些在一个领域不讲道德、一味夺取的人,在另一个领域肯定也会予夺予取。那些与秃鹫和谐相处的人,无需敦促也会自动与他人和平相处。"②从另一个角度看,人与自然之和谐是人与社会和谐的基础性条件,只有人与自然真正和谐,人与社会矛盾才能真正化解。

新型文明形态——生态文明的建设需要站在一个新的角度看待人与自然关系,既要看到自然的使用价值,更应该珍视大自然的神圣价值、精神价值和生命价值;同时更需要对个人主义价值观和工具理性加以约束。这种约束的力量既需要"向前"获取,也需要"向后"获取即向传统中获取,充分利用优秀传统生态伦理思想纾缓"现代性"对生态道德的侵蚀,树立正确对待自然,尊重自然,敬畏生命的价值观。

解决人与自然的矛盾是否需要充分张扬人的理性?在人与自然关系上,适度控制理性的膨胀,是否有利于矛盾的解决?西南少数民族传统思想与经验给了我们某些启示。相比现代人,古代西南少数民族理性还不够成熟,他们不得不借助于神话、原始宗教"认知"自然现象。在人与自然的关系上,他们往往认为天、地、人、自然万物同源共生,互相依存,这是一种原始的、素朴的、非理性的自然观念,这种观念在西南少数民族形形色色的创世神话中表现得淋漓尽致。此

---

① 张彭松:《生态伦理对"现代性"道德的超越》,《道德与文明》2010 年第 4 期,第 109 页。

② [美]霍尔姆斯·罗尔斯顿:《环境伦理学》,杨通进译,中国社会科学出版社 2000 年版,第 455 页。

外，土地崇拜、动植物崇拜、禁忌等文化形态也都蕴藏着这些观念。

被"进步"观念浸染的现代人，很难理解这种非理性的自然观，甚至认为这是落后、愚昧的体现。固然，人类文明向前发展必须以认识自然为基础。自然奥秘应该探究，但自然也应该受到尊重。可是，人类在此两方面经常顾此失彼。客观上，西南少数民族非理性的自然观，对自然的确足够尊重，却失之理性高度，而现代性工具理性虽有助于认识自然，却失之尊重。近代以来的历史经验表明，失去对自然的尊重是造成生态危机内在根源。

完全退回到传统中去显然不合时宜，但如果能用传统的价值观来矫正现代性道德对生态道德的影响，能够对工具理性有所限制，在理性进取与尊重自然之间寻求平衡，树立对自然的敬畏感，使人与自然关系回归到本来状态，那么，当代生态文明建设的内在基础就可以筑牢了。

二 共生价值：对人类中心主义与非人类中心主义价值观的超越

当代西方生态伦理学最激烈的争论是围绕生态伦理学的"伦理根据"而展开，对于这个问题不同回答，要么属于人类中心主义，要么属于非人类中心主义，概莫能外。

人类中心主义是现代性道德一个缩影，是现代性道德唯一信守的原则，也是生态问题最深刻的价值根源。现代工业社会导致生活之善与自然之善越来越分离。科学与技术为工业社会的繁荣奠定了基础，它也"将自然当作冷漠的、无价值的、机械的力量，从而分割开伦理与自然的联系"[①]。从哲学上看，人类中心主义是西方传统人道主义（或人本主义）思想在生态问题的反映。这种传统本质上是一种主体形而上学思想。它把人视为绝对的"一"：人被视为是宇宙的精华，人处于"存在之链"和"价值之链"的顶端，是最高的存在。人之外的存在都是依赖于人这个主体，没有任何内在价值。

---

① ［美］戴斯·贾丁斯：《环境伦理学——环境哲学导论》，林官明、杨爱民译，北京大学出版社2002年版，第152页。

第十二章　西南少数民族传统生态伦理思想的当代价值 ◀

非人类中心主义主张将人与人、人与社会之间的道德扩展到人与自然，将善恶、良心、正义、义务扩展到自然领域，与人类中心主义形成对立之势。非人类中心主义普遍认为真正的生态伦理学应该把人与自然看成一个有机整体，把这个有机整体的利益视为最高价值。人类的经济模式、生活方式、社会发展是否符合生态伦理，就应该以有利于保护生态系统和谐、美丽、平衡和可持续发展作为最根本尺度和最高标准。利奥波德提出，对生态共同体是否有利，要运用那种使土地伦理发展过程中得以舒展进行的"杠杆"："从什么是合乎伦理的，以及什么是伦理上的权利，同时什么是经济上的应付手段的角度，去检验每一个问题。当一个事物有助于保护生物共同体的和谐、稳定和美丽的时候，它就是正确的，当它走向反面时，就是错误。"[①]

利奥波德、史怀泽、罗尔斯顿等人已经对人类中心主义做了彻底的批判。利奥波德提醒人类中心主义："事实上，人只是生物队伍中的一员的事实，已由对历史的生态学认识所证实。"[②] 史怀泽警告人类不要无视其他生命，如果一味地为满足自己的利益而灭害其他生命，最终必然导致人类自身的毁灭。"善是保存和促进生命，恶是阻碍和毁灭生命。"[③] "敬畏生命、生命的休戚与共是世界中的大事。"[④] 罗尔斯顿呼吁人类在改造自然之时，应该考虑到人与自然组成的系统的完整性、稳定性："但这种改造应该是对地球生态系统之美丽、完整和稳定的一种补充，而不应该是对它施暴。我们的改造活动得是合理的，是丰富了地球的生态系统的；我们得能够证明牺牲某些价值是为了更大的价值。因此，所谓'对'，并非维持生态系统的现状，而是保持其美丽、稳定与完整。"[⑤] 这些批判剑指人类中心主义的要害，

---

① [美]奥尔多·利奥波德:《沙乡年鉴》，侯文蕙译，吉林人民出版社1997年版，第213页。
② 同上书，第195页。
③ [法]阿尔贝特·史怀泽:《敬畏生命》，陈泽环译，上海社会科学院出版社1992年版，第19页。
④ 同上。
⑤ [美]霍尔姆斯·罗尔斯顿:《哲学走向荒野》，刘耳、叶平译，吉林人民出版社2000年版，第30—31页。

· 315 ·

▶ 西南少数民族传统生态伦理思想研究

人类不要过度膨胀自己的野心,不要忽略其他生命存在。

但是,非人类中心主义尤其是生物中心主义在反对以人为中心时,又陷入了以"物"为中心的尴尬境地。"'自然中心主义'同'人类中心主义'一样,都没有超出形而上学的思维逻辑,仍然是形而上学内部的一个派别,只不过是用'自然'这个绝对的'一'取代了'人'这个绝对的'一'"[1]。此外,非人类中心主义在实践上,也必然遇到一些违背常理的困境,它无法真正调和人与自然之间的矛盾。

过度地抬高物的地位与过度地抬高人的地位同样会陷入形而上学的困境。人之外的一切生命和自然物并无所谓"内在价值"。离开人的利益来谈自然的价值,此种生态伦理学将在现实中寸步难行;当然,自然界的生命和物质也并非只具有"工具性价值"。我们认为,自然界具有"共生价值",所谓共生是指人与自然界互相依赖:自然界为人提供物质和能量,人赋予自然界意义,人与自然界处于一个相互关联的整体之中,我们不妨以西南少数民族传统生态伦理智慧为例。

西南少数民族普遍崇土、敬土、爱土,非但如此,他们还把对土地深情延伸到自然物:山石、水井、林木、动物、粮食。彝族人相信土地是万物之母,认为土地能种出庄稼,完全是土地神或地母的功劳。他们也对土地上谷物如"苦荞"崇拜,哈尼族、侗族等少数民族都崇拜土地,也都把这种崇拜延伸到土地上物质。稻神崇拜、水崇拜、古井崇拜、古树崇拜、风水林崇拜、竹崇拜还有瑰丽多彩的石头崇拜,无不是他们热爱自然、尊敬自然的最生动的表现。但是,这种尊敬又不完全是非人类中心主义所主张的那种以物为中心的形而上学的思想和价值观。他们既有崇拜,但又不失理性,既超越了人类中心主义以人为中心,又超越了非人类中心主义以自然为中心,可以说是一种"共生价值"意识。苗族、彝族、哈尼族、佤族、土家族、壮族等少数民族崇拜牛;普米族、土家族、纳西族、彝族等少数民族崇

---

[1] 刘福森:《西方的"生态伦理观"与"形而上学困境"》,《哲学研究》2017 年第 1 期。

第十二章　西南少数民族传统生态伦理思想的当代价值

拜虎。哈尼族、怒族、白族、布朗族、侗族等民族的蛇崇拜文化，侗族、傣族、布依族等民族的鱼崇拜文化以及各种形式的禁忌等都是他们尊重自然、敬畏生命的表现。同样，他们对自然界其他生命的敬畏，只是一定程度上把某些动物看成与人类"平等"，克服人类中心主义的缺陷，同时又超越非人类中心主义。

第二节　西南少数民族传统生态伦理思想对当代中国生态文明建设的价值

一　尊重自然、敬畏生命的实践范本

为了良好的生态环境，无论是西方还是当代中国都需要重建生态价值观，同时在实践层面，人类同样需要一次大变革。面对日益严峻的环境恶化现状，人类应该真正尊重自然、敬畏生命，把自然当成共生的朋友。

尊重自然、敬畏生命首先必须扬弃近代以来"祛魅"化的自然观。所谓"祛魅"（Entzauberung）是德国社会学家马克斯·韦伯首次提出的概念，意指"除魔""解咒""去神秘化"，即把魔力从世界中排除出去，并使世界理性化。"祛魅"之后的自然不再神秘，不再令人敬畏，而是可以认识、改造、支配的存在。"在过去，在世界任何地区，构成人类生活态度最重要因素之一者，乃巫术与宗教的力量，以及奠基于对这些力量之信仰而来的伦理义务的观念。"[1]

从渔猎文明、农业文明到工业文明，人类对待自然的方式不断变化。在渔猎文明时代，人类对自然认识能力极为有限，认为日月星辰、山川草木、鸟兽虫鱼……自然界的一切都充满了神秘的力量，万物都有灵性和神性，人与自然处于一种原始的和谐状态。农业文明时代，人们开始用自然的原因来解释自然界的现象。自然是人类可以影响和作用的物质世界，不再是渔猎时代那种充满神秘甚至恐怖的世

---

[1] ［德］马克斯·韦伯：《韦伯作品集：中国宗教，宗教与世界》（第5卷），康乐、简惠美译，广西师范大学出版社2004年版，第460页。

▶ 西南少数民族传统生态伦理思想研究

界。此时,人类高度依赖自然,人认识自然能力得到了提高,人的活动范围比原始时期扩大,同时对自然影响力大幅提升,人口增多,但没有超出资源承载能力,总的说来,人与自然关系还是处于一种和谐状态。在基督教的世界观里,自然被视为上帝的造物,自然本身不具神性,只是上帝的作品。自然失去了令人敬畏的神性,变成了人类管理、研究、改造的对象。近代机械论哲学把自然看成一部机器,大物理学家开普勒的观点颇具代表性:"天界的机器不应比拟为神性的有机体,而应比作钟表装置。"[1] 人类坚信自然界是有意义的,而且可以直接去理解它,"人们不再醉心于求解有机主义世界中的拟人观之谜了,他们逐渐成为机械主义世界中的关注事实的观察者和理论家"[2]。自然不再具有生命,也不再受到上帝庇护,上帝也只是机械师和钟表匠。自然按照机械原则运行,并且遵循一定的规律,这些规律可以用数学形式加以表述。人类只要掌握这些规律,就可以认识和改造自然。人类社会进步的基础就在于掌握自然规律进而征服和控制自然。人们普遍相信科学将所向无敌,人类控制自然的能力似乎没有止境地提升。人的理性之光驱散了蒙昧,人类依靠科技提高了对自然的控制能力,人类不再敬畏自然,自然成为被征服的对象,被掠夺的对象。

西方近代以来的自然观和对待自然的方式在"西学东渐"进程中,逐渐渗入到中国人观念世界里,强烈地影响和改变着中国人,而且在某些方面比西方人来得更为激进。例如,科学主义思想与中国复杂的社会转型问题相夹杂,变成一种极端化的信念,一直充当着中国人的价值权威,这大大超越它在发源地的待遇。不过,由于大山阻隔,在偏僻的大西南尤其像贵州、云南、四川的大山深处的少数民族,很晚才受到"西学东渐"或"欧风美雨"的影响。例如在新中国成立很长一段时间后,云南一些地方才告别刀耕火种的生产方式。正因如此,许多动植物图腾崇拜、禁忌、自然崇拜文化到今天依然还

---

[1] [英] 约翰·H. 布鲁克:《科学与宗教》,苏贤贵译,复旦大学出版社2000年版,第125页。

[2] 霍尔顿(G. Holton):《物理科学的概念和理论导论》(上册),张大卫等译,人民教育出版社1983年版,第68页。

第十二章　西南少数民族传统生态伦理思想的当代价值

依稀可见，生态自然观也得以流传。

当其他地方都在快速"现代化"时，西南地区一些少数民族却还在坚守某些传统，这些传统一度被视为"落后"的代表，但是，这些传统所蕴含的生态伦理思想并不会因"现代化"的到来而黯然失色，反而愈加熠熠生辉，也必将在"美丽中国"建设过程中发挥它的作用。

"美丽中国"建设是一个复杂的系统工程，首先需要改变的是对待自然的态度。而这方面，西南少数民族传统的生态文化为我们提供了不可多得的范本。西南少数民族在生产与生活实践中，在适应和改造生存环境过程中，积累了人与自然和谐的宝贵经验以及人与自然万物和谐共存的智慧。他们把人与自然万物看成是"共生"、同源共祖的关系。他们的宗教信仰、习俗禁忌以及各种形式的土地崇拜、山崇拜、石崇拜、水崇拜、植物崇拜、动物崇拜等自然崇拜都淋漓尽致地表现了西南少数民族先民对自然的敬畏和尊重。这些宗教信仰、自然崇拜等形式虽然在今天有些人看来是没有科学依据的，但这些崇拜不仅使得少数民族心灵上得到了某种安慰和满足，同时又约束和规范着人们的行为，客观上起到了保护自然环境的作用。

如今这个"祛魅化"、崇尚科学，处处以科学为圭臬的时代，但凡不符合科学的东西或不能得到科学证实的东西，一律被视为"非科学"。在很多人眼里，大自然只有未被发现的真理，没有神秘超自然的东西。在此背景下，今天更应该积极弘扬西南少数民族优秀传统生态文化，学习他们善待自然、尊重万物的方式。弘扬西南少数民族对待自然的传统方式，对于恢复自然的神圣性、从"祛魅"再到重新"复魅"、为环境危机问题的解决，助推当代中国生态文明建设，都将起到积极的作用。

二　信仰对世俗化与消费主义的纾缓

早在一个世纪之前，马克斯·韦伯就断言我们进入到一个"祛魅"的时代、一个理性的时代。事实确证了他的断言，我们已经进入到一个世俗化、人本化、功利化、物质化、娱乐化、享乐的时代。人类生活和生存方式发生了深刻变化：物欲膨胀、消费无度、物质主义和消费主义在社会生活中普遍盛行；另外，人类正面临前所未有的生态失衡、环境污染、文明冲突、道德滑坡、精神危机等困境。

"祛魅"一个直接的后果是"世俗化"（secularization）。"世俗化"原指教会财产逐渐被王宫绝对控制的过程，也指教职人员回到世俗社会的现象。"世俗化"是一个与神圣化、禁欲主义对应的概念，它表示宗教思想、宗教行为、宗教组织失去社会意义或者表示宗教团体的价值取向从彼世转向现世等。美国宗教社会学家彼得·贝格尔的解释颇具代表性："所谓世俗化意指这样一个过程，通过这个过程，社会和文化的一部分摆脱了宗教制度和宗教象征的控制。"[①]

严格说来，在宗教意义上，近代中国并无一个"世俗化"的过程，因为中国的佛教、道教本质上就是一种世俗化的宗教。但是，近代以来的中国却经历了把神圣化的儒家权威赶下神坛的历史运动。实际上，儒家几千年来也在一定程度上充当了中国人的宗教[②]（正因如此，韦伯才把儒家称为"儒教"），就此而言，在现代性进程中，中国也算是经历了一个世俗化的过程。当代中国与世界一同处于一个世俗化的时代。

从生态视角看，世俗化最直接的后果表现在两个方面：

第一，世俗化撕碎了宗教信仰的神圣帷幕，普遍主义和理性原则代替了神学教条。人们对自然之物缺少神圣感和敬畏之心，在大自然面前肆无忌惮。大量的环境污染问题，不仅仅因为肮脏的利益，根本上是内心无信仰，缺少对自然的敬畏。

第二，世俗化导致了信仰力量瓦解和宗教禁忌消解，人们只关心现世生活和感官享受，而不是来世的生活，直接导致了消费主义和享乐主义。消费观念和消费方式也是影响生态环境的重要因素。消费主义主张生产之目的在于消费，生产决定消费，消费又反作用于生产。

[①] ［美］彼德·贝格尔：《神圣的帷幕》，高师宁译，上海人民出版社1991年版，第128页。

[②] 当然，儒家本身就是一种世俗化的产物。

第十二章　西南少数民族传统生态伦理思想的当代价值

消费活动一方面受到诸如水、空气、气候等生态条件的制约,另一方面消费活动又影响生态环境。消费是满足人们的需要,其最终目的是生存和发展,但是,当消费不是为了满足人的基本需要,而是为消费而消费,那么必然导致生态资源过度"消费"。

消费主义是一种典型的为消费而消费的浪潮。20世纪中叶以来,消费主义的价值观在西方国家颇为流行。"消费主义是西方国家曾经流行过的一种消费思潮,极力追求炫耀性消费、奢侈性消费,追求无节制的物质享受,并以此作为生活的目的和人生的价值所在。片面重视物质消费,物欲至上,享乐第一,忽视精神价值,忽视人的发展,崇尚物欲,崇尚感官刺激的价值观念与生活方式。"[1] 消费主义奉行消费至上、享乐至上的价值观,把尽量多地占有物质资料和社会财富当作人生目标,把幸福寄托在物质消费上。把消费当成人生目的。消费不仅仅是为了满足需要,更重要的是显示自己的身份、社会地位、经济实力。商品成了唯一能够确证人自身价值的东西,正如马尔库塞所言:"人们在自己的商品中认出了自己;他们在自己的汽车、高度保真的音响设备、错层式的住宅和厨房设备中发现了自己的灵魂。"[2] 消费主义奉行"你的消费决定了你的存在和价值"。

消费主义通过物质刺激人的本能欲望,完全抛弃传统的勤俭节约、艰苦朴素等美德。由于在生活实践中无所顾忌和毫无节制地消耗物质,消费主义必然造成过度地消耗自然资源,是造成生态环境问题的一个重要因素。然而不幸的是,在全球化过程中,消费主义迅速在全世界蔓延和扩散,对人们的消费观念和生活方式形成了巨大的影响,"消费主义是到目前为止最强有力的意识形态——现在,地球上已经没有任何一个地方能够逃脱我们良好生活愿望的魔法"[3]。随着

---

[1] [美]丹尼尔·贝尔:《资本主义文化矛盾》,赵一帆等译,生活·读书·新知三联书店1989年版,第209页。

[2] [美]赫尔伯特·马尔库塞:《单向度的人》,张峰等译,重庆出版社1988年版,第272页。

[3] [美]比尔·麦克基本:《自然的终结》,孙晓春等译,吉林人民出版社2000年版,第15页。

▶ 西南少数民族传统生态伦理思想研究

中国的改革开放和经济社会的发展，消费主义思潮也早已悄然登陆，而且随着人们生活水平的提高，消费主义愈来愈受追捧。中国游客在国外抢购奢侈品的现象，已经足以说明某些问题了。

人的消费活动最终影响到资源、环境、生态。消费主义假定自然资源取之不尽用之不竭，完全把自然看成是消费的对象。消费主义对物质无限需求与自然资源的有限性之间矛盾加速了人与自然之间的矛盾。在消费主义大行其道的当下，自然愈来愈成为满足人的欲望的工具。在市场机制的作用下，消费拉动生产，同时生产又刺激消费，在利润的驱使下，生产企业不断推出新商品，增加商品的数量，这势必消耗更多的自然资源。

如何化解世俗化的消极后果，减缓消费主义的危害，我们认为应该借助"信仰"的力量。此处所谓的"信仰"，并非要求民众匍匐在自然或神灵脚下，更不是鼓励民众信教，而是要求民众保持对自然和一切神圣之物的敬畏之心。当代中国生态文明建设尤其需要这种敬畏之心。尽管我们不可能完全模仿西南少数民族传统的自然崇拜和习俗禁忌，可是他们对自然的山川河流、鸟兽虫鱼等发自内心的敬畏之举，值得傲慢的现代人学习和借鉴。在中国这样一个人口众多，资源相对匮乏的国家进行生态文明建设，就必须依靠"信仰"的力量来抵制物质主义、消费主义从而减少资源消耗。西南少数民族在资源相对缺乏的地理环境下，坚守他们古老的信仰，养成了节约资源、俭朴生活的良好习惯，这对于消费主义盛行、追求享乐的不良的社会风气无疑具有极大的警醒和教育意义。当然，我们不主张退回到历史，完全放弃现代物质生活条件，而是希望当代人认识到地球资源的有限性，减少浪费、降低消耗，从而有利于生态文明建设。

三 善于协调人与自然矛盾的示范性作用

西南少数民族生态伦理思想与实践为解决人与自然之间的矛盾提供了实践典范。当人的需求与自然资源发生矛盾时，西南少数民族为我们提供了如何巧妙地利用自然，与自然和谐共存的生态智慧。例如侗族、傣族、布依族、苗族等少数民族，为了适应当地的自然环境，

第十二章 西南少数民族传统生态伦理思想的当代价值

他们因地制宜，就地取材，建造了适合当地自然环境和气候特征的"干栏式"传统建筑，无不体现了这些少数民族顺应自然和合理利用自然的生态伦理智慧，这种智慧还表现在他们的饮食、穿衣等方面。再如，哈尼族等少数民族能够因地制宜，化不利因素为有利因素，创造性地在山坡上种植水稻，不仅解决了温饱，而且还形成美丽的梯田文化。这些协调人与自然关系的典范，体现出既充分、巧妙地利用自然环境维持自己的生存，又保护了自然环境的生态智慧。

反观现代化进程，我们更多地依赖科技"暴力"强行改造自然，为了扩展建筑面积，我们可以填海、可以削山，而不愿意放弃人类的利益。在"美丽中国"建设过程中，那种粗暴地改造自然的观念与行为显然与我们的目标背道而驰，必须舍弃，而应该学习和借鉴西南少数民族传统生态实践经验。

此外，生态文明建设应该是人人参与，人人有责，但是，许多人都认为保护生态环境是政府的职责，民众参与度明显不够。毋庸多言，我国政府一直努力改善生态环境，但是，仅靠政府努力显然不够。政府固然应该在生态保护方面承担更多的责任，但如果在生态保护的舞台上，始终是政府唱独角戏，广大群众只是围观，而不积极主动地参与，民间的力量始终不介入，那么生态建设必然举步维艰。生态保护只依赖于政府，那么势必消耗大量的公共资源。

在激发、组织群众参与生态保护方面，西南少数民族传统生态实践为当代中国提供了实践文本。西南少数民族生态伦理实践带有很强的自发性和自律性，其力量源泉来自各种形式的自然崇拜、宗教信仰、民风民俗、乡规民约等，"政府"或"官方"几乎不出场。相比之下，全国绝大多数的环境保护行动都是来自政府。从以往生态保护经验来看，我国政府更多的是依赖行政、法律、经济等手段，这些硬性的手段固然必不可少，但是，这些手段仅仅是一种外在的"他律"，而且行政、法律、经济等硬性手段很难触及社会生活每一个方面，必然会留下一些"死角"。如果这种"他律"手段能够辅以"自律"手段，如果广大人民群众像西南少数民族的先民那样自觉地敬畏和尊重自然，能够自觉制定和遵守那些不是法律的"法律"——乡规民约，那么生态文明建设，美丽中国建设就相对容易得多。

小 结

建设生态文明是关系人民福祉、关乎民族未来的长远大计。"人与自然是生命共同体，人类应该尊重自然、顺应自然、保护自然。人类只有遵循自然规律才能有效防止在开发利用自然上走弯路，人类对大自然的伤害最终会伤及人类自身，这是无法抗拒的规律。"[①] 我国当今的生态伦理研究应该紧紧围绕这一个伟大目标展开，在此过程中，应该大胆地吸收国外生态伦理学中积极有用的成分。西方生态伦理学虽然在理论上存在某些缺陷，但是，这些理论仍然可以为解决生态危机，保护自然环境等方面提供许多可贵的视角，它们是当代中国生态文明建设必不可少的理论依据；同时，我国的生态文明建设也应该利用中国传统文化丰富的资源。西南少数民族在长期的生产与生活实践中，在长期与大自然相处中，积累了许多宝贵的生态伦理思想与实践经验。它不仅是西方生态伦理学一个有用的参照物，更是当代中国生态文明建设不可或缺的重要思想资源与经验源泉。传承和发扬这些生态伦理思想和实践经验，有助于改变我们对大自然的态度，从而树立敬畏自然，尊重生命等生态价值观；有助于我们对生产方式的利与弊保持清醒的头脑，走绿色、可持续发展道路；也有助于阻止消费主义的横行，推行健康、节约、环保、低碳的消费理念……西南少数民族的历史已经证明，如果完全鄙视所有"神圣"的东西如宗教信仰、自然崇拜等，那么就很难真正尊重自然。西南少数民族的生态实践经验告诉我们，当代生态文明建设，不仅要广泛使用现代科学技术，也应该尊重那些"非科学"的神圣信仰以及借鉴古老的成功经验；不仅要积极运用行政、法律、经济等"他律"性的硬性手段，也要善于发挥传统生态伦理思想的作用，使生态保护意识内化于人们的内心，从而化作实践的力量。

---

① 《中国共产党第十九次全国代表大会文件汇编》，人民出版社2017年版，第40页。

余　　论

英国历史学家阿诺德·汤因比说,"历史家通常只是说明而非纠正他们在其中生活与工作着的那个社会的思想"①。汤因比过于自谦了,"纠正"社会思想固然很难,但历史家的作用并非只是"说明"或解释。马克思完全不会同意汤因比的观点,他在意的是"改变世界":"哲学家总是努力解释世界,而问题在于改变世界。"的确,只解释世界而不改变世界,那么对文明进步就起不到任何作用,但是,在改变世界之前,世界还是需要解释,毕竟人类总是带着思想观念去改变世界。尽管按照马克思的说法,改变世界的根本动力来自于生产力与生产关系、经济基础与上层建筑的矛盾运动,然而很多情况下,世界能不能改变、世界怎么改变,还需要人类思想观念改变。

改变生态环境恶化的现状刻不容缓,但如果不改变或"纠正"人类的思想价值观念,任何努力都将可能事倍功半,甚至徒劳无功。

导致生态环境恶化的因素有政治、经济、文化等,但根本原因是源自人心的贪婪,所以,人与自然关系的和解之道应该从人心入手。然而,改变人心谈何容易,正如王阳明所言"破山中贼易,破心中贼难"。改变人们的价值观念,破解生态问题必须重新审视人与自然之间的关系,必须彻底反思人类的文化观念、生产方式和生活方式。但是,在反思和清理这些文化观念和生产方式时,该以什么标准作为参照?庆幸的是,我国西南少数民族传统的处理人与自然关系的智慧正

---

① [英]阿诺德·汤因比:《历史研究》(上卷),郭小凌等译,上海世纪出版集团2010年版,第3页。

好可以充当这个角色。

西南少数民族在长期生产与生活实践中，凭着他们的勤劳和智慧学会了如何与自然相处，适应了当地的自然环境，以独特的生存方式创造了美好的家园，并积累了丰富的生态伦理思想。这些思想概括起来主要有：人与自然万物平等意识，尊重与敬畏自然、感恩自然、主动保护自然、善待与珍惜生命，天人合一、崇尚节俭、珍惜自然资源、合理开发自然资源等。这些生态伦理思想是在独特的自然地理条件下，在长期的文化交往中逐渐形成的，既有普遍性特征又有他们民族的、地域的特征，主要表现在：

第一，零散性。西南少数民族传统生态伦理思想并没有集中于某种文化形态之中。在西南少数民族历史上也几乎没有人对他们与自然相处的经验进行归纳总结。这些生态伦理思想散落在各种文化形态之中：文学艺术、传统习俗、生产生活、宗教信仰、乡规民约等，因而这些生态伦理思想不具有系统性。

第二，彻底性。人与自然关系、人对土地的感情、人们对森林与水等资源的保护、对自然的敬畏等方面，西南少数民族传统生态伦理思想更真实，更具现实性。佛教生态伦理强调"众生平等""万物皆有佛性"以及道教生态伦理强调"顺其自然""返璞归真""天人合一""道法自然"等，这些思想在某些方面都比当代西方生态伦理学要更加彻底。

第三，感性与直观性。西南地区许多少数民族没有自己的文字，因此，几乎没有任何一个民族对本民族的生态伦理思想进行过理论上的概括和学理上的论证。善恶与幸福、尊重生命、热爱自然、保护自然等价值观念往往是以情感化、文学化、拟人化、神话化等形式表述在各种文化形态之中，而缺少系统的阐述和逻辑论证。因此，西南少数民族生态伦理是一种感知性、体悟性、经验性很强的实践伦理。

第四，朴素性。用当代现象学理论视角来看，西南少数民族的生态伦理思想是一种主客体未分的前科学、前理论的思想。它并不是一种理论化、系统化的思想，在很大程度上是一种本源的、原初的经验意识，因而具有原始朴素性，也正因如此，它才较为真实地展现了西南少数民族与自然相处的原初经验和风貌。

第五，自发性与自愿性。西南少数民族生态伦理思想与实践具有很强的自发性和自愿性。在形形色色的自然崇拜、宗教信仰、民风民俗文化中，无不是出于少数民族群众内心和现实的需要而自发形成的，尤其是传统的乡规民约，它是乡村居民自发组织起来的，自愿参与、共同商讨、共同制定的对所有成员都具有一定约束效力的行为规范，因而具有自发性与自愿性特征。

第六，功利性。中国传统文化许多部分尤其是民间信仰文化，具有很强的功利性。风水占卜、禁忌习俗、符咒法术、祭祀鬼神等风俗都带有祈求消灾免祸、求子、求富贵、求平安等功利性需求。这些功利需求同样也存在于西南少数民族传统生态文化之中，这些少数民族祭祀祖先、神灵、禁忌等习俗文化都是有计划、有目的的，当然，这些带有功利性需求的生态伦理文化在客观上起到了保护生态的作用。

第七，浓厚的宗教色彩。西南少数民族的生态伦理思想，很大一部分是蕴含在他们的原始宗教如动物崇拜与禁忌、植物崇拜与禁忌、图腾崇拜或正统宗教如佛教与道教之中。那些宝贵的尊重生命、敬畏自然、天人合一、贵柔尚俭等生态伦理思想很大部分是通过他们宗教情感和宗教经验、宗教习俗表现出来。

当然，西南少数民族的生态伦理观念毕竟是朴素的、经验的、感性的，很难对人与自然关系予以全面辩证的解释。随着社会发展，有些生态伦理观念也不太适合现代社会发展和人们的精神需求，因此，在继承这些生态伦理思想的同时还需要进行提升和转化。

令人担忧的是，社会的快速变迁、生产与生活方式等方面的骤变对西南少数民族传统生态伦理思想的传承和弘扬提出了严峻挑战。一方面，随着城镇化的步伐推进，大量的少数民族村民走出大山，抛弃传统的生产和生活方式而外出务工，导致传统生态伦理思想所寄生的土壤——乡土社会逐渐衰落；另一方面，现代性道德也对西南少数民族传统的生态伦理观念形成强有力的冲击。就此而言，传统生态伦理的相关研究还肩负着传承和保护职责。

参考文献

一 学术著作

《马克思恩格斯选集》（1—4卷），人民出版社1995年版。

陈天俊等：《仡佬族文化研究》，贵州人民出版社1999年版。

戴平：《中国民族服饰文化研究》，上海人民出版社2000年版。

刀承华：《傣族文化史》，云南民族出版社2005年版。

邓启耀：《民族服饰：一种文化符号——中国西南少数民族服饰文化研究》，云南人民出版社2011年版。

范生姣、麻勇恒：《苗族侗族文化概论》，电子科技大学出版社2009年版。

丰培超：《环境伦理》，作家出版社1998年版。

傅华：《生态伦理学探究》，华夏出版社2002年版。

甘绍平：《应用伦理学前沿问题研究》，江西人民出版社2002年版。

高发元：《中国西南少数民族道德研究》，云南民族出版社1990年版。

高力：《民族伦理学引论》，新疆人民出版社2001年版。

高其才：《习惯法的当代传承与弘扬——来自广西金秀的田野考察报告》，中国人民大学出版社2015年版。

高其才：《中国少数民族习惯法研究》，清华大学出版社2003年版。

谷德明：《中国少数民族神话》，中国民间文艺出版社1987年版。

贵州省民族事务委员会：《布依族文化大观》，贵州民族出版社2012年版。

郭家骥：《生态文化与可持续发展》，中国书籍出版社2010年版。

郭家骥：《西双版纳傣族的稻作文化研究》，云南大学出版社1998年版。

韩云洁：《羌族文化传承与教育》，民族出版社2014年版。

何怀宏：《生态伦理——精神资源与哲学基础》，河北大学出版社2002年版。

何明：《"他者的倾诉"：还话语权予文化持有者——最后的蘑菇房》，中国社会科学出版社2009年版。

何星亮：《图腾与中国文化》，江苏人民出版社2008年版。

何星亮：《中国自然崇拜》，江苏人民出版社2008年版。

何星亮：《中国自然神与自然崇拜》，上海三联书店1992年版。

洪修平：《中国佛教与儒道思想》，宗教文化出版社2004年版。

黄绍文、廖国强等：《云南哈尼族传统生态文化研究》，中国社会科学出版社2013年版。

雷毅：《深层生态学思想研究》，清华大学出版社2001年版。

李德洙：《中国少数民族文化史》，辽宁人民出版社1994年版。

李培超：《伦理拓展主义的颠覆》，湖南师范大学出版社2004年版。

李学良：《滇南少数民族农耕文化研究》，民族出版社2006年版。

梁庭望：《壮族文化概论》，广西教育出版社2000年版。

刘湘溶：《人与自然的道德话语——环境伦理学的进展和反思》，湖南师范大学出版社2004年版。

卢风：《生态文明新论》，中国科学技术出版社2013年版。

卢风：《应用伦理学概论》，中国人民大学出版社2008年版。

罗国杰：《伦理学》，人民出版社1989年版。

马昌仪、刘锡诚：《石与石神》，学苑出版社1994年版。

蒙培元：《人与自然：中国哲学的生态观》，人民出版社2004年版。

潘朝霖、韦宗林主编：《中国水族文化研究》，贵州人民出版社2004年版。

裴广川：《环境伦理学》，高等教育出版社2002年版。

祁春英：《中国少数民族服饰文化艺术研究》，民族出版社2012

年版。

佘正荣：《中国生态伦理传统的诠释与重建》，人民出版社2002年版。

唐凯麟：《伦理学》，高等教育出版社2001年版。

万建中：《禁忌与中国文化》，人民出版社2001年版。

吴大华：《侗族习惯法研究》，北京大学出版社2012年版。

吴大华：《民族法律文化散论》，民族出版社2004年版。

夏伟东：《道德本质论》，中国人民大学出版社1991年版。

熊坤新：《民族伦理学》，中央民族大学出版社1997年版。

徐仁瑶、王晓莉：《少数民族建筑》，中央民族大学出版社1994年版。

徐嵩龄：《环境伦理学进展——评论与阐释》，社会科学文献出版社1999年版。

徐万邦、祁庆富：《中国少数民族文化通论》，中央民族大学出版社1996年版。

杨廷硕、罗康隆、潘盛之：《民族文化与生境》，贵阳人民出版社1992年版。

叶平：《回归自然——新世纪的生态伦理》，福建人民出版社2004年版。

叶平：《生态伦理学》，东北林业大学出版社2000年版。

尹绍亭：《一个充满争议的文化生态体系——云南刀耕火种研究》，云南人民出版社1991年版。

余谋昌：《生态哲学》，陕西人民教育出版社2000年版。

余谋昌、王耀先：《环境伦理学》，高等教育出版社2004年版。

袁珂：《中国神话史》，上海文艺出版社1988年版。

云南省民族事务委员会：《傣族文化大观》，云南民族出版社2013年版。

云南省民族事务委员会：《哈尼族文化大观》，云南民族出版社2013年版。

云南省民族事务委员会：《纳西族文化大观》，云南民族出版社2013

年版。

云南省民族事务委员会：《彝族文化大观》，云南民族出版社 2013 年版。

曾建平：《自然之思：西方生态伦理思想探究》，中国社会科学出版社 2004 年版。

赵富荣：《中国佤族文化》，民族出版社 2005 年版。

赵寅松：《白族文化研究》，云南人民出版社 2008 年版。

周明甫、金星华：《中国少数民族文化简论》，民族出版社 2006 年版。

［美］阿尔贝特·史怀泽：《敬畏生命》，陈泽环译，上海社会科学院出版社 1992 年版。

［美］奥尔多·利奥波德：《沙乡年鉴》，侯文蕙译，吉林人民出版社 1997 年版。

［美］保罗·沃伦·泰勒：《尊重自然：一种环境伦理学理论》，雷毅等译，首都师范大学出版社 2010 年版。

［美］戴斯·贾丁斯：《环境伦理学——环境哲学导论》，林官明、杨爱民译，北京大学出版社 2002 年版。

［美］霍尔姆斯·罗尔斯顿：《环境伦理学》，杨通进译，中国社会科学出版社 2000 年版。

［美］纳什：《大自然的权利》，杨通进译，青岛出版社 1999 年版。

［英］彼得·辛格：《动物的解放》，孟祥森、钱永祥译，光明日报出版社 1999 年版。

［英］弗雷泽：《金枝》，徐育新等译，中国民间文艺出版社 1987 年版。

二　学术论文

陈少峰：《论环境伦理和经济可持续发展之关系》，《道德与文明》2000 年第 1 期。

丁立群：《人类中心主义与生态危机的实质》，《哲学研究》1997 年第

11 期。

杜玉欢等:《刀耕火种变迁蕴含的生态学原理》,《中央民族大学学报》(自然科学版) 2013 年第 2 期。

方立天:《佛教生态哲学与现代生态意识》,《文史哲》2007 年第 4 期。

冯金朝等:《云南哈尼梯田生态系统研究》,《中央民族大学学报》(自然科学版) 2008 年第 1 期。

甘绍平:《我们需要何种生态伦理》,《哲学研究》2002 年第 8 期。

高力:《原始宗教与民族道德》,《思想战线》1994 年第 3 期。

郭家骥:《云南少数民族的生态文化与可持续发展》,《云南社会科学》2001 年第 4 期。

黄龙光:《少数民族水文化概论》,《云南师范大学学报》(哲学社会科学版) 2014 年第 3 期。

李本书:《善待自然:少数民族伦理的生态意蕴》,《北京师范大学学报》(社会科学版) 2005 年第 4 期。

李培超:《关于生态伦理学研究中的几个问题》,《哲学研究》1998 年第 1 期。

李培超、陈学谦:《中国环境伦理学本土化诉求述评》,《思想战线》2009 年第 3 期。

李子贤:《评哈尼族自然宗教形态研究》,《思想战线》1996 年第 4 期。

廖小平:《生态伦理、代际伦理与可持续发展》,《道德与文明》2002 年第 3 期。

刘福森:《自然中心主义伦理观的理论困境》,《中国社会科学》1997 年第 3 期。

刘福森、李力新:《人道主义,还是自然主义?——为人类中心主义辩护》,《哲学研究》1995 年第 12 期。

卢风:《整体主义环境哲学对现代性的挑战》,《中国社会科学》2012 年第 9 期。

罗康隆:《生计资源配置与生态环境保护——以贵州黎平黄岗侗族社

区为例》,《民族研究》2011 年第 5 期。

马现诚:《佛教净土观念与中国古代作家的人文生态观》,《广西民族学院学报》(哲学社会科学版) 2006 年第 1 期。

马志生:《人与自然关系的多重含义》,《自然辩证法研究》1999 年第 11 期。

彭瑛、张白平:《神灵·祖先·土地:一个屯堡村落的信仰秩序》,《贵州民族研究》2011 年第 3 期。

卿希泰:《道教生态伦理思想及其现实意义》,《四川大学学报》(哲学社会科学版) 2002 年第 1 期。

鄢爱红:《佛教的生态伦理思想与可持续发展》,《齐鲁学刊》2007 年第 3 期。

索小霞:《少数民族传统文化中积极的文化精神与文化主张》,《贵州社会科学》2003 年第 4 期。

覃明兴:《人类中心主义研究综述》,《哲学动态》1997 年第 6 期。

田海平:《从"控制自然"到"遵循自然"——人类通往生态文明必须具备的一种伦理觉悟》,《天津社会科学》2008 年第 5 期。

万俊人:《美丽中国的哲学智慧与行动意义》,《中国社会科学》2013 年第 5 期。

万俊人:《生态伦理学三题》,《求索》2003 年第 4 期。

王国聘:《生存智慧的新探索——现代环境伦理的理论与实践》,《南京社会科学》1997 年第 7 期。

王宪昭:《我国少数民族神话中的同源共祖现象探微》,《长江大学学报》(社会科学版) 2007 年第 6 期。

王永莉:《试论西南民族地区的生态文化与生态环境保护》,《西南民族大学学报》(人文社会科学版) 2006 年第 7 期。

王正平:《论人与自然关系的道德问题》,《哲学研究》1989 年第 1 期。

魏德东:《佛教的生态观》,《中国社会科学》1999 年第 5 期。

肖巍:《生态伦理学何以可能》,《复旦学报》(社会科学版) 2000 年第 2 期。

许启贤：《中国古人的生态环境伦理意识》，《中国人民大学学报》1999年第4期。

杨存田：《土地情结——中国文化的一个重要原点》，《北京大学学报》（哲学社会科学版）2001年第5期。

杨通进：《环境伦理学的基本理念》，《道德与文明》2000年第1期。

杨卫军：《生态文化与和谐社会》，《理论导刊》2007年第5期。

杨筑慧：《侗族糯稻种植的历史变迁——以黔东南黎、榕、从为例》，《云南民族大学学报》（哲学社会科学版）2014年第5期。

叶平：《生态权利观和生态利益观探讨》，《哲学动态》1995年第3期。

余谋昌：《生态伦理学是新时代的潮流》，《哲学动态》1988年第10期。

曾建平：《试论环境道德教育的重要地位》，《道德与文明》2003年第3期。

张彭松：《生态危机的现代性根源》，《求索》2005年第1期。

张桥贵：《云南少数民族原始宗教的现代价值》，《世界宗教研究》2003年第3期。

张泽洪：《中国西南少数民族的土主信仰》，《中南民族大学学报》（人文社会科学版）2006年第5期。

张泽洪：《中国西南少数民族宗教中的虎崇拜研究》，《中央民族大学学报》（人文社会科学版）2007年第6期。

章建刚：《人对自然有伦理关系吗》，《哲学研究》1995年第4期。

郑晓云：《社会变迁中的傣族文化——一个西双版纳傣族村寨的人类学研究》，《中国社会科学》1997年第5期。

朱洪光等：《自然环境恶化的社会经济原因》，《农村生态环境》2000年第2期。

后　　记

　　我来西南求学、工作已近二十年。工作之余，我去过一些少数民族村寨，所到之处满眼尽是森林、田野、村舍、溪流、牛羊……一幅幅和谐景象。这些少数民族村寨何以有如此之美的生态？带着这个问题我们进入了课题研究。

　　在研究过程中，我们采用"生态伦理"话语体系观照西南少数民族与自然的关系，尽管如此方式确能分析和看清某些问题，但遗憾的是，这毕竟是西方的术语。中国传统文化中没有类似的概念体系。西方的"生态伦理"话语系统隐秘地预设了人与自然二分：自然乃是对象性存在，人与自然关系是理论性、反思性。然而，在西南少数民族传统文化中，人与自然关系却并非如此。在他们的传统中，人与自然关系是一种前理论的非反思的关系，是体悟性、感知性、经验性关系。前理论的非反思的体悟性经验一旦被理论化、概念化，那么必然会导致其失去本真的一面，但学术研究又不得不如此。为了克服这两者之间的沟壑，我们采用一种略显特殊的研究与写作方式：在某些地方尽量采用不加修饰的叙述式，不使用过多的理论套路。如此一来，本书可能会使部分读者觉得理论分析不足，但是在我们看来，牺牲某些理论深度是值得的，因为这有助于客观地还原西南少数民族与自然之间那种原始的、朴素的经验性关系。

　　当然，西南少数民族传统文化源远流长，其生态伦理思想散落于各种文化形态之中，一部书稿不可能穷尽所有问题，我们只好详略取舍，有些传统文化如文学艺术、儒家文化中的生态伦理思想并没有纳入。尽管如此，此书仍然在总体上将西南少数民族传统生态伦理思想主要方面囊括无遗，超越了西南少数民族传统生态伦理思想零散研究之局限，还原了西南少数民族传统生态伦理思想之全貌。

  学术研究严肃而又神圣，作者常有汲深绠短之忧，恐学识不深、能力不逮而遭学林耻笑。虽修改多次，但书中纰漏之处仍不在少数，诚盼读者诸君批评赐正。

谢仁生

2019年6月于遵义